工业和信息化人才培养规划教材
Industry And Information Technology Training Planning Materials

高职高专计算机系列
Technical And Vocational Education

数据库访问与数据库程序设计（项目式）

Database Access and Programming

陈承欢 ◎ 编著

人民邮电出版社

北京

图书在版编目（CIP）数据

数据库访问与数据库程序设计：项目式 / 陈承欢编著． —— 北京：人民邮电出版社，2012.12
工业和信息化人才培养规划教材．高职高专计算机系列
ISBN 978-7-115-29304-6

Ⅰ．①数… Ⅱ．①陈… Ⅲ．①数据库系统—高等职业教育—教材 Ⅳ．①TP311.13

中国版本图书馆CIP数据核字(2012)第214184号

内 容 提 要

本书采用"项目导向、任务驱动"的方式，通过大量的实例探讨了ADO.NET、LINQ、JDBC等数据访问技术，着重分析了Windows、Web、JVM等运行环境中数据库连接、数据提取与更新、数据绑定与数据验证的实现方法，并对一个完整的数据库应用系统进行了剖析。

本书科学规划和重构教材内容，设置了8个教学单元：创建数据库对象→连接数据库→从数据表中获取单一数据→从单个数据表中提取数据→从多个相关数据表中提取数据→更新数据表的数据→数据绑定和数据验证→基于多层架构的数据库应用系统设计。面向教学全过程设置了8个必要的教学环节：教学导航→前导知识→技能训练→技能拓展→考核评价→知识疏理→单元小结→单元习题。以真实项目为载体组织教学内容，精选了"电子商务系统"和"学生管理系统"两个项目作为教学项目，围绕66项操作任务展开分析。教、学、做、评一体化设计，在每一个教学单元都设置了考核评价环节。配套的教学资源丰富，教学项目、教学方案、考核方案、电子教案、授课计划等教学资源一应俱全。

本书可以作为高等本科院校和高等职业院校计算机类各专业以及其他各相关专业的教材和参考书，也可以作为从事数据库应用系统开发的技术人员的参考书。

工业和信息化人才培养规划教材——高职高专计算机系列
数据库访问与数据库程序设计（项目式）

◆ 编　著　陈承欢
责任编辑　王　威

◆ 人民邮电出版社出版发行　北京市崇文区夕照寺街14号
邮编　100061　电子邮件　315@ptpress.com.cn
网址　http://www.ptpress.com.cn
中国铁道出版社印刷厂印刷

◆ 开本：787×1092　1/16
印张：17.5　　　　　　2012年12月第1版
字数：444千字　　　　 2012年12月北京第1次印刷

ISBN 978-7-115-29304-6
定价：38.00元

读者服务热线：(010)67170985　印装质量热线：(010)67129223
反盗版热线：(010)67171154

前言

　　如今，数据库应用系统的应用领域越来越广，系统的性能和安全性倍受关注，大多数数据库应用系统处理数据请求所需时间中的75%～95%花费在数据库访问环节，系统的性能主要取决于数据库访问环节。而在10～15年之前，如果数据库应用程序存在性能问题，95%是由数据库管理软件造成的。对于多数数据库应用系统，性能问题主要出现在数据库中间件上，即连接用户界面和数据库的中间程序。在数据库应用系统的执行过程中，中间件扮演了重要角色。作为数据库应用系统的开发者，必须重视和关注数据库访问环节，熟悉和掌握数据库访问技术，保证所开发数据库应用系统的性能优良。

　　本书具有以下特色和创新点。

　　（1）认真分析职业岗位需求和学生能力现状，科学规划和重构教材内容，合理设计教学单元，优化教学单元的顺序。

　　本书内容整体上分为两个层次：单个数据库应用程序设计和综合数据库应用系统设计，本教材的数据库应用程序设计涉及两种开发平台（.NET平台和Java平台）、两种开发环境（Visual Studio 2008、NetBeans IDE 7.0.1）、两种编程语言（C#和Java）、两种数据库管理系统（SQL Server和Oracle）、3种运行环境（Windows、Web和JVM）和3种数据库访问方式（ADO.NET、LINQ和JDBC）。站在数据库应用系统的模块化和层次化设计的角度设计教学单元，对教材内容的取舍和顺序安排遵循学生的认识规律和技能的形成规律，教材整体上按照"数据存储－数据库连接－数据提取与更新－数据展现"4个层次对教材内容进行系统设计和程序化。

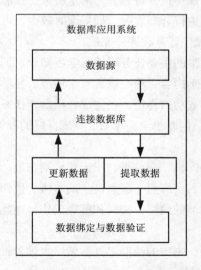
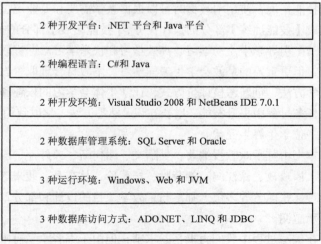

　　本书分为8个教学单元：创建数据库对象→连接数据库→从数据表中获取单一数据→从单个数据表中提取数据→从多个相关数据表中提取数据→更新数据表的数据→数据绑定和数据验证→基于多层架构的数据库应用系统设计。每一个单元按照".NET平台的Windows窗体中使用ADO.NET方

式访问 SQL Server 数据库→.NET 平台的 Web 页面中使用 ADO.NET 方式访问 SQL Server 数据库→.NET 平台的 Web 页面中使用 LINQ 方式访问 SQL Server 数据库→Java 平台中使用 JDBC 方式访问 SQL Serve 数据库→Java 平台中使用 JDBC 方式访问 Oracle 数据库的顺序完成各项操作任务。

（2）以真实项目为载体组织教学内容，精选了"电子商务系统"和"学生管理系统"两个项目作为教学项目。教材围绕 66 项操作任务展开分析，采用"项目导向、任务驱动、理论实践一体化"的教学方法，引导学生在完成各项操作任务过程中熟悉和掌握数据库访问技术，积累数据库程序开发经验，形成数据库应用系统开发能力，满足就业岗位需求。

（3）充分考虑教学实施的需求，合理设置教学环节，方便教和学，有利于提高教学效率和教学效果。面向教学全过程设置了 8 个必要的教学环节，即教学导航→前导知识→技能训练→技能拓展→考核评价→知识疏理→单元小结→单元习题。"前导知识"环节主要为分析和完成各项任务提供必备的知识准备，"知识疏理"环节对数据库访问技术进行系统化和条理化的归纳总结，使读者较系统地掌握数据库访问技术，学习理论知识的主要目的是应用所学知识解决实际问题，在完成各项操作任务的过程中，在实际需求的驱动下理解知识和构建知识结构，最终掌握知识并固化为能力。

（4）教、学、做、评一体化设计，采用过程考核与综合考核相结合，在每一个教学单元都设置了考核评价环节，考核内容、评分要求和评价方式明确具体，前 7 个单元的考核为过程考核，单元 8 为综合考核。

（5）本书配套的教学资源丰富，教学项目、教学方案、考核方案、电子教案、授课计划、操作任务与理论知识索引等教学资源一应俱全，本教材既有教学指导书的功能，也有学习指导书的功能，力求做到想师生之所想，急师生之所急。

（6）本书教学组织方式灵活，适合于理论实践一体化方式组织教学，一个教学单元对应 4～14 课时，可以以串行方式（连续 3～4 周）组织教学，也可以以并行方式（每周安排 6～8 课时，共 8 周左右，每周完成一个教学单元）组织教学。本教材将操作任务特意分为两个层级：技能训练和技能拓展，使用本教材时可以根据教学需要和专业定位进行合理取舍，如果课时较少，可以只完成【技能训练】部分的操作任务，【技能拓展】部分的操作任务在课外完成。

（7）引导学生主动学习、高效学习和快乐学习。课程教学的主要任务固然是学习知识、训练技能，但更重要的是教会学生怎样学习。本教材合理取舍教学内容、精心设置教学环节、科学优化教学方法、创新考核评价方式，让学生体会学习的乐趣和成功的喜悦，在完成各项操作任务和考核任务过程中提升技能、增长知识、熟悉方法、学以致用，同时也学会学习、养成良好的习惯，让每一位学生终生受益。

本书由陈承欢教授编著，吴献文、谢树新、郭外萍、冯向科、颜珍平、宁云智、刘志成、颜谦和、潘玫玫、徐江鸿、刘荣胜、杨茜玲、林东升、裴来芝、言海燕、薛志良、刘东海、侯伟、唐丽玲、张丽芳等多位老师参与了教学项目的设计和部分章节的编写、校对和整理工作，在此一并表示感谢。

在编写过程中我们力求精益求精，但由于编者水平有限，书中的疏漏之处敬请广大读者批评指正。

编　者
2012 年 7 月

参考授课计划及操作任务与理论知识索引

单元序号	单元名称	任务数量	建议课时	建议考核分值
单元1	创建数据库对象与探究数据库访问方式	5	6	4
单元2	连接数据库	7	4	6
单元3	从数据表中获取单一数据	8	6	10
单元4	从单个数据表中提取数据	12	8	12
单元5	从多个相关数据表中提取数据	7	4	12
单元6	更新数据表的数据	11	10	16
单元7	数据绑定与数据验证	10	12	16
单元8	基于多层架构的数据库程序设计	6	14	24
合计		66	64	100

单元序号	操作任务索引	理论知识索引
单元1	【任务1-1】创建 SQL Server 数据库 ECommerce 及数据表和存储过程 【任务1-2】创建项目 Unit1 和 WebSite1 【任务1-3】在项目中添加 DBML 文件 LinqDataClass1.dbml 与数据表映射 【任务1-4】创建 Oracle 数据库 eCommerce 及数据表和存储过程 【任务1-5】在 NetBeans IDE 中创建 Java 应用程序项目 JavaApplication1	（1）探究数据库访问方式 （2）ADO.NET 概述 （3）.NET Framework 数据提供程序
单元2	【任务2-1】创建与测试.NET 平台的数据库连接 【任务2-2】输出数据库连接的属性 【任务2-3】测试多种不同的 ADO.NET 数据库连接方式 【任务2-4】在.NET 平台的 Web 页面中测试 ADO.NET 数据库连接 【任务2-5】在.NET 平台的 Web 页面中测试 LINQ 数据库连接 【任务2-6】在 Java 平台中测试 JDBC 方式连接 SQL Server 数据库 【任务2-7】在 Java 平台中测试 JDBC 方式连接 Oracle 数据库	（1）ADO.NET 的 SqlConnection 连接对象 （2）ADO.NET 的 OleDBConnection 连接对象 （3）JDBC 简介 （4）使用 JDBC 访问数据库
单元3	【任务3-1】获取并输出"商品类型表"中的商品类型总数 【任务3-2】获取并输出"用户表"中指定用户的 E-mail 【任务3-3】获取并输出"商品数据表"中商品的最大金额 【任务3-4】在 Web 页面中获取并输出"商品数据表"中商品的最大金额 【任务3-5】使用 LINQ 方式对"商品数据表"进行数据统计 【任务3-6】使用 LINQ 方式获取并输出"商品类型表"中指定类型编号对应的类型名称	（1）ADO.NET 的 SqlCommand 对象 （2）LINQ 简介 （3）LINQ 的查询表达式与常用子句 （4）JDBC 的 Statement 对象

续表

单元序号	操作任务索引	理论知识索引
单元3	【任务3-7】使用JDBC方式从SQL Server数据库的"商品数据表"中获取并输出商品的最高价格 【任务3-8】使用JDBC方式从Oracle数据库的"用户表"中获取并输出指定用户的密码	（5）JDBC的ResultSet对象
单元4	【任务4-1】使用SqlDataReader对象从"商品类型表"中获取并输出符合要求的商品类型 【任务4-2】使用SqlDataReader对象获取并输出"用户表"的结构数据 【任务4-3】使用SqlDataReader对象从"商品数据表"中获取并输出指定类型商品的部分数据 【任务4-4】使用SqlDataAdapter对象从"商品数据表"中获取并输出商品的部分数据 【任务4-5】使用DataView对象从"商品数据表"中获取并输出符合要求的部分商品数据 【任务4-6】使用DataView对象实现动态排序和筛选 【任务4-7】查找符合条件的商品数据 【任务4-8】使用SqlDataReader对象在Web页面中输出部分用户数据 【任务4-9】使用LINQ查询子句提取符合条件的商品类型 【任务4-10】使用存储过程提取指定类型的商品数据 【任务4-11】使用JDBC方式从SQL Server数据库的"商品数据表"中提取符合条件的商品数据 【任务4-12】使用JDBC方式从Oracle数据库的"用户表"中提取用户数据	（1）使用SqlDataReader对象从数据源中提取数据 （2）使用SqlDataAdapter对象从数据源中提取数据 ① SqlDataAdapter对象 ② DataSet对象及其组成对象 ③ DataView对象
单元5	【任务5-1】从两个数据表中提取符合条件的商品数据 【任务5-2】使用两个数据适配器浏览两个相关数据表的数据 【任务5-3】使用一个数据适配器浏览两个相关数据表的数据 【任务5-4】在Web页面中浏览两个相关数据表的用户数据 【任务5-5】使用LINQ方式浏览两个相关数据表中符合条件的部分商品数据 【任务5-6】使用JDBC方式跨表计算指定购物车中商品的总数量和总金额 【任务5-7】使用JDBC方式获取指定用户的类型名称	使用DataRelation对象创建DataTable对象之间的关系
单元6	【任务6-1】使用ADO.NET的数据命令实现用户注册 【任务6-2】使用包含参数的数据命令实现新增支付方式 【任务6-3】使用包含参数的存储过程实现新增送货方式 【任务6-4】使用SqlCommandBuilder对象自动生成命令方式实现数据更新 【任务6-5】使用手工编写代码方式设置数据适配器的命令属性实现数据更新 【任务6-6】使用包含参数的存储过程实现数据更新操作	（1）ADO.NET数据记录的状态与版本 （2）ADO.NET的数据更新 （3）JDBC的PreparedStatement对象

续表

单元序号	操作任务索引	理论知识索引
单元6	【任务6-7】在Web页面中使用ADO.NET的数据命令实现用户注册功能 【任务6-8】在Web页面中使用LINQ方式实现用户注册功能 【任务6-9】在Web页面中使用LINQ方式修改与删除用户数据 【任务6-10】使用JDBC方式更新SQL Server数据表的数据 【任务6-11】使用JDBC方式更新Oracle数据表的数据	
单元7	【任务7-1】使用ADO.NET方式浏览与查询员工数据 【任务7-2】使用ADO.NET方式验证客户数据 【任务7-3】使用ADO.NET方式验证数据表中的记录与字段数据 【任务7-4】Web页面中的数据绑定与记录位置移动 【任务7-5】Web页面中GridView控件的数据绑定与记录位置移动 【任务7-6】网站客户端和服务器端的数据验证 【任务7-7】在Web页面中使用LINQ方式实现数据绑定 【任务7-8】在Java平台中绑定SQL Server数据源与数据浏览 【任务7-9】在Java平台中表格的数据绑定与数据浏览 【任务7-10】在Java平台中绑定Oracle数据源与数据浏览	（1）ADO.NET的数据绑定 （2）ADO.NET中记录位置的改变 （3）ADO.NET的数据验证
单元8	【任务8-1】基于多层架构实现商品数据的浏览与更新 【任务8-2】基于多层架构实现商品信息管理 【任务8-3】基于多层架构实现购物车管理 【任务8-4】基于多层架构实现订单管理 【任务8-5】在Java平台中基于多层架构实现客户信息管理 【任务8-6】在Java平台中基于多层架构实现用户信息更新	JDBC的CallableStatement对象

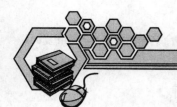

重要说明

1. 案例系统开发环境

（1）编程环境。

Microsoft Visual Studio 2008、ASP.NET 3.5、NetBeans IDE 7.0.1。

（2）编程语言。

C#、Java

（3）数据库管理系统。

Microsoft SQL Server 2008、Oracle 11g。

（4）数据访问方式。

ADO.NET、LINQ、JDBC。

2. 命名空间说明

编写程序时，为了避免重复书写命名空间，应先引入相应的命名空间，有些命名空间在创建 WinForm 窗体或 Web 页面时系统会自动引入，有些命名空间需要编程者自行引入。

在.NET 平台设计 WinForm 窗体应用程序时，编程者常引入的命名空间如下：

using System.Data;

using System.Data.SqlClient。

有时也需要引入以下命名空间。

using System.Text.RegularExpressions;

using System.Security.Cryptography。

在.NET 平台设计 Web 应用程序时，编程者常引入的命名空间如下：

using System.Data;

using System.Data.SqlClient;

using System.Text;

using System.Configuration。

设计 Java 应用程序时，编程者常引入的命名空间如下：

import java.sql.*;

import javax.swing.*;

import java.util.*。

有时也需要引入以下命名空间：

import java.util.Date;

import java.text.SimpleDateFormat;

import javax.swing.table.*;

import java.util.logging.Level;

import java.util.logging.Logger。

在本教材的各单元中，编写程序时一般都要根据需要引入相应的命名空间，为避免重复，以后各单元不再重复予以说明。

3. 类的成员变量与方法的局部变量的有效作用域说明

对于只在方法内部使用的变量，在方法内部定义这些变量，其作用域为定义该变量的方法内部。对于多个方法共享的变量，在类内部的方法之外定义，其作用域为整个类的所有方法。

例如，以下程序段中定义了 5 个 ADO.NET 对象，其中 sqlConn、ds、bmb 3 个变量在类内的方法之外声明，其有效作用域为整个类的所有方法。而 strConn、sqlDa 变量在事件过程 Form1_Load 内部声明，其有效作用域仅为 Form1_Load 事件过程的内部，其他的方法或事件过程不能使用这两个变量。

```
using System.Data.SqlClient;
public partial class Form1 : Form
  {
    SqlConnection sqlConn = new SqlConnection();
    DataSet ds = new DataSet();
    BindingManagerBase bmb;
    private void Form1_Load(object sender, EventArgs e)
     {
        String strConn = "Server=(local);Database=Book;User ID=sa;Password=123";
        SqlDataAdapter sqlDa;
        sqlConn.ConnectionString = strConn;
        ……
     }
```

4. 关于数据表名称和字段名称的说明

为了明显区分数据表名称、字段名称和 SQL 语句的关键字，本书中的数据表名称和字段名称都采用汉字，在实际的数据库程序开发中，建议代用英文名称，这里特此说明。

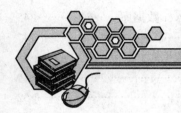

目 录

单元 1 创建数据库对象与探究数据库访问方式 1
- 教学导航 1
- 前导知识 2
- 技能训练 3
- 1.1 创建 SQL Server 数据库及其对象 3
  - 【任务 1-1】 创建 SQL Server 数据库 ECommerce 及数据表和存储过程 3
- 1.2 在 Visual Studio 集成开发环境中创建项目和网站 23
  - 【任务 1-2】 创建项目 Unit1 和 WebSite1 23
- 1.3 在项目中添加 DBML 文件与数据表映射 25
  - 【任务 1-3】 在项目中添加 DBML 文件 LinqDataClass1.dbml 与数据表映射 25
- 1.4 创建 Oracle 数据库及其对象 27
  - 【任务 1-4】 创建 Oracle 数据库 eCommerce 及数据表和存储过程 27
- 1.5 在 NetBeans IDE 中创建 Java 应用程序项目 28
  - 【任务 1-5】 在 NetBeans IDE 中创建 Java 应用程序项目 JavaApplication1 28
- 1.6 探究数据库访问方式 30
- 1.7 ADO.NET 概述 31
- 1.8 .NET Framework 数据提供程序 33
- 单元小结 34
- 单元习题 34

单元 2 连接数据库 35
- 教学导航 35
- 前导知识 36
- 技能训练 37
- 2.1 在.NET 平台中使用 ADO.NET 方式连接 SQL Server 数据库 37
  - 【任务 2-1】 创建与测试.NET 平台的数据库连接 37
  - 【任务 2-2】 输出数据库连接的属性 38
  - 【任务 2-3】 测试多种不同的 ADO.NET 数据库连接方式 39
- 2.2 在.NET 平台的 Web 页面中使用 ADO.NET 方式连接 SQL Server 数据库 ... 43
  - 【任务 2-4】 在.NET 平台的 Web 页面中测试 ADO.NET 数据库连接 43
- 2.3 在.NET 平台的 Web 页面中使用 LINQ 方式连接 SQL Server 数据库 44
  - 【任务 2-5】 在.NET 平台的 Web 页面中测试 LINQ 数据库连接 44
- 2.4 在 Java 平台中使用 JDBC 方式连接 SQL Server 数据库 45

　　　　【任务 2-6】　　在 Java 平台中测试 JDBC 方式连接 SQL Server 数据库 ················ 45
　　2.5　在 Java 平台中使用 JDBC 方式连接 Oracle 数据库 ·························· 47
　　　　【任务 2-7】　　在 Java 平台中测试 JDBC 方式连接 Oracle 数据库 ················ 47
　　2.6　ADO.NET 的 SqlConnection 连接对象 ··· 49
　　2.7　ADO.NET 的 OleDBConnection 连接对象 ····································· 52
　　2.8　JDBC 简介 ··· 53
　　2.9　使用 JDBC 访问数据库 ··· 54
　　单元小结 ··· 55
　　单元习题 ··· 55

单元 3　从数据表中获取单一数据 ·· 56

　　教学导航 ··· 56
　　前导知识 ··· 57
　　技能训练 ··· 57
　　3.1　在.NET 平台的 Windows 窗体中使用 ADO.NET 方式从 SQL Server
　　　　数据表中获取单一数据 ··· 57
　　　　【任务 3-1】　　获取并输出"商品类型表"中的商品类型总数 ················ 57
　　　　【任务 3-2】　　获取并输出"用户表"中指定用户的 E-mail ················ 59
　　　　【任务 3-3】　　获取并输出"商品数据表"中商品的最大金额 ·············· 60
　　3.2　在.NET 平台的 Web 页面中使用 ADO.NET 方式从 SQL Server
　　　　数据表中获取单一数据 ··· 61
　　　　【任务 3-4】　　在 Web 页面中获取并输出"商品数据表"中商品的最大金额 ······ 61
　　3.3　在.NET 平台的 Web 页面中使用 LINQ 方式从 SQL Server
　　　　数据表中获取单一数据 ··· 63
　　　　【任务 3-5】　　使用 LINQ 方式对"商品数据表"进行数据统计 ············· 63
　　　　【任务 3-6】　　使用 LINQ 方式获取并输出"商品类型表"中指定类型
　　　　　　　　　　　编号对应的类型名称 ··· 64
　　3.4　在 Java 平台中使用 JDBC 方式从 SQL Server 数据表中获取单一数据 ······ 65
　　　　【任务 3-7】　　使用 JDBC 方式从 SQL Server 数据库的"商品数据表"中
　　　　　　　　　　　获取并输出商品的最高价格 ·································· 65
　　3.5　在 Java 平台中使用 JDBC 方式从 Oracle 数表中获取单一数据 ············· 67
　　　　【任务 3-8】　　使用 JDBC 方式从 Oracle 数据库的"用户表"中获取并
　　　　　　　　　　　输出指定用户的密码 ··· 67
　　3.6　ADO.NET 的 SqlCommand 对象 ··· 68
　　3.7　LINQ 简介 ··· 71
　　3.8　LINQ 的查询表达式与常用子句 ·· 72
　　3.9　JDBC 的 Statement 对象 ·· 75
　　3.10　JDBC 的 ResultSet 对象 ··· 76
　　单元小结 ··· 77
　　单元习题 ··· 77

单元 4　从单个数据表中提取数据 ·· 78

教学导航 ·· 78
前导知识 ·· 79
技能训练 ·· 80

4.1　在.NET 平台的 Windows 窗体中使用 ADO.NET 方式从单个 SQL Server 数据表中提取数据 ·· 80

【任务 4-1】　使用 SqlDataReader 对象从"商品类型表"中获取并输出符合要求的商品类型 ·· 80

【任务 4-2】　使用 SqlDataReader 对象获取并输出"用户表"的结构数据 ········ 82

【任务 4-3】　使用 SqlDataReader 对象从"商品数据表"中获取并输出指定类型商品的部分数据 ·· 83

【任务 4-4】　使用 SqlDataAdapter 对象从"商品数据表"中获取并输出商品的部分数据 ·· 85

【任务 4-5】　使用 DataView 对象从"商品数据表"中获取并输出符合要求的部分商品数据 ··· 87

【任务 4-6】　使用 DataView 对象实现动态排序和筛选 ······································ 88

【任务 4-7】　查找符合条件的商品数据 ··· 91

4.2　在.NET 平台的 Web 页面中使用 ADO.NET 方式从单个 SQL Server 数据表中提取数据 ·· 94

【任务 4-8】　使用 SqlDataReader 对象在 Web 页面中输出部分用户数据 ········· 94

4.3　在.NET 平台的 Web 页面中使用 LINQ 方式从单个 SQL Server 数据表中提取数据 ·· 96

【任务 4-9】　使用 LINQ 查询子句提取符合条件的商品类型 ···························· 96

【任务 4-10】　使用存储过程提取指定类型的商品数据 ······································ 97

4.4　在 Java 平台中使用 JDBC 方式从单个 SQL Server 数据表中提取数据 ········· 98

【任务 4-11】　使用 JDBC 方式从 SQL Server 数据库的"商品数据表"中提取符合条件的商品数据 ·· 98

4.5　在 Java 平台中使用 JDBC 方式从单个 Oracle 数据表中提取数据 ·················· 99

【任务 4-12】　使用 JDBC 方式从 Oracle 数据库的"用户表"中提取用户数据 ······· 99

4.6　使用 SqlDataReader 对象从数据源中提取数据 ··· 101

4.7　使用 SqlDataAdapter 对象从数据源中提取数据 ·· 102

4.7.1　SqlDataAdapter 对象 ·· 102
4.7.2　DataSet 对象及其组成对象 ··· 105
4.7.3　DataView 对象 ·· 107

单元小结 ··· 111
单元习题 ··· 111

单元 5　从多个相关数据表中提取数据 ·· 112

教学导航 ··· 112

前导知识 ··· 113
技能训练 ··· 114
5.1 在.NET 平台的 Windows 窗体中使用 ADO.NET 方式从多个相关 SQL Server
    数据表中提取数据 ··· 114
　　【任务 5-1】 从两个数据表中提取符合条件的商品数据 ······················· 114
　　【任务 5-2】 使用两个数据适配器浏览两个相关数据表的数据 ·············· 115
　　【任务 5-3】 使用一个数据适配器浏览两个相关数据表的数据 ·············· 118
5.2 在.NET 平台的 Web 页面中使用 ADO.NET 方式从多个相关 SQL Server
    数据表中提取数据 ··· 119
　　【任务 5-4】 在 Web 页面中浏览两个相关数据表的用户数据 ················ 119
5.3 在.NET 平台的 Web 页面中使用 LINQ 方式从多个相关 SQL Server
    数据表中提取数据 ··· 121
　　【任务 5-5】 使用 LINQ 方式浏览两个相关数据表中符合条件的部分商品数据 ········ 121
5.4 在 Java 平台中使用 JDBC 方式从多个相关 SQL Server 数据表中提取数据 ········ 122
　　【任务 5-6】 使用 JDBC 方式跨表计算指定购物车中商品的总数量和总金额 ········ 122
5.5 在 Java 平台中使用 JDBC 方式从多个相关 Oracle 数据表中提取数据 ·········· 124
　　【任务 5-7】 使用 JDBC 方式获取指定用户的类型名称 ······················· 124
5.6 使用 DataRelation 对象创建 DataTable 对象之间的关系 ······················· 126
单元小结 ··· 127
单元习题 ··· 127

单元 6　更新数据表的数据 ··· 128

教学导航 ··· 128
前导知识 ··· 129
技能训练 ··· 130
6.1 在.NET 平台的 Windows 窗体中使用 ADO.NET 方式更新 SQL Server
    数据表的数据 ··· 130
　　【任务 6-1】 使用 ADO.NET 的数据命令实现用户注册 ······················· 130
　　【任务 6-2】 使用包含参数的数据命令实现新增支付方式 ···················· 131
　　【任务 6-3】 使用包含参数的存储过程实现新增送货方式 ···················· 133
　　【任务 6-4】 使用 SqlCommandBuilder 对象自动生成命令方式实现数据更新 ········ 134
　　【任务 6-5】 使用手工编写代码方式设置数据适配器的命令属性实现数据更新 ········ 137
　　【任务 6-6】 使用包含参数的存储过程实现数据更新操作 ···················· 140
6.2 在.NET 平台的 Web 页面中使用 ADO.NET 方式更新 SQL Server
    数据表的数据 ··· 143
　　【任务 6-7】 在 Web 页面中使用 ADO.NET 数据命令实现用户注册 ······· 143
6.3 在.NET 平台的 Web 页面中使用 LINQ 方式更新 SQL Server 数据表的数据 ········ 145
　　【任务 6-8】 在 Web 页面中使用 LINQ 方式实现用户注册功能 ············· 145
　　【任务 6-9】 在 Web 页面中使用 LINQ 方式修改与删除用户数据 ·········· 146
6.4 在 Java 平台中使用 JDBC 方式更新 SQL Server 数据表的数据 ················ 149
　　【任务 6-10】 使用 JDBC 方式更新 SQL Server 数据表的数据 ·············· 149

6.5　在 Java 平台中使用 JDBC 方式更新 Oracle 数据表的数据 ……………………… 153
　　【任务 6-11】　使用 JDBC 方式更新 Oracle 数据表的数据 ……………………… 153
6.6　ADO.NET 数据记录的状态与版本 …………………………………………………… 155
6.7　ADO.NET 的数据更新 ………………………………………………………………… 156
6.8　JDBC 的 PreparedStatement 对象 …………………………………………………… 160
单元小结 ……………………………………………………………………………………… 160
单元习题 ……………………………………………………………………………………… 161

单元 7　数据绑定与数据验证 ………………………………………………………… 162

教学导航 ……………………………………………………………………………………… 162
前导知识 ……………………………………………………………………………………… 163
技能训练 ……………………………………………………………………………………… 164
7.1　在.NET 平台的 Windows 窗体中使用 ADO.NET 方式实现数据
　　绑定与数据验证 ……………………………………………………………………… 164
　　【任务 7-1】　使用 ADO.NET 方式浏览与查询员工数据 ……………………… 164
　　【任务 7-2】　使用 ADO.NET 方式验证客户数据 ……………………………… 167
　　【任务 7-3】　使用 ADO.NET 方式验证数据表中的记录与字段数据 ………… 172
7.2　在.NET 平台的 Web 页面中使用 ADO.NET 方式实现数据绑定与数据验证 …… 177
　　【任务 7-4】　Web 页面中的数据绑定与记录位置移动 ………………………… 177
　　【任务 7-5】　Web 页面中 GridView 控件的数据绑定与记录位置移动 ……… 181
　　【任务 7-6】　网站客户端和服务器端的数据验证 ……………………………… 182
7.3　在.NET 平台的 Web 页面中使用 LINQ 方式实现数据绑定 ……………………… 187
　　【任务 7-7】　在 Web 页面中使用 LINQ 方式实现数据绑定 …………………… 187
7.4　在 Java 平台中使用 JDBC 方式绑定 SQL Server 数据源 ………………………… 188
　　【任务 7-8】　在 Java 平台中绑定 SQL Server 数据源与数据浏览 …………… 188
　　【任务 7-9】　在 Java 平台中表格的数据绑定与数据浏览 ……………………… 194
7.5　在 Java 平台中使用 JDBC 方式绑定 Oracle 数据源 ………………………………… 196
　　【任务 7-10】　在 Java 平台中绑定 Oracle 数据源与数据浏览 ………………… 196
7.6　ADO.NET 的数据绑定 ………………………………………………………………… 200
　　7.6.1　ADO.NET 数据绑定的方式 …………………………………………………… 200
　　7.6.2　ADO.NET 数据绑定的对象 …………………………………………………… 202
　　7.6.3　Web 页面中的数据绑定 ……………………………………………………… 203
7.7　ADO.NET 中记录位置的改变 ………………………………………………………… 203
7.8　ADO.NET 的数据验证 ………………………………………………………………… 205
　　7.8.1　在数据表示层对数据进行验证 ………………………………………………… 205
　　7.8.2　在业务逻辑层对数据进行验证 ………………………………………………… 208
　　7.8.3　设置数据记录的错误信息与数据验证 ………………………………………… 209
　　7.8.4　设置数据表中字段的错误信息与数据验证 …………………………………… 209
单元小结 ……………………………………………………………………………………… 209
单元习题 ……………………………………………………………………………………… 210

单元 8　基于多层架构的数据库程序设计 ····· 211

教学导航 ····· 211
前导知识 ····· 212
技能训练 ····· 212
8.1　在.NET 平台基于多层架构的 C/S 模式数据库程序设计
　　（使用 ADO.NET 方式访问 SQL Server 数据库）····· 212
　　【任务 8-1】　基于多层架构实现商品数据的浏览与更新 ····· 212
8.2　在.NET 平台基于多层架构的 B/S 模式数据库程序设计
　　（使用 ADO.NET 方式访问 SQL Server 数据库）····· 221
　　【任务 8-2】　基于多层架构实现商品管理 ····· 221
　　【任务 8-3】　基于多层架构实现购物车管理 ····· 235
8.3　在.NET 平台基于多层架构的 B/S 模式数据库程序设计
　　（使用 LINQ 方式访问 SQL Server 数据库）····· 246
　　【任务 8-4】　基于多层架构实现订单管理 ····· 246
8.4　在 Java 平台中基于多层架构的数据库程序设计
　　（使用 JDBC 方式访问 SQL Server 数据库）····· 250
　　【任务 8-5】　在 Java 平台中基于多层架构实现客户管理 ····· 250
8.5　在 Java 平台中基于多层架构的数据库程序设计
　　（使用 JDBC 方式访问 Oracle 数据库）····· 257
　　【任务 8-6】　在 Java 平台中基于多层架构实现用户管理 ····· 257
8.6　JDBC 的 CallableStatement 对象 ····· 262
单元小结 ····· 263

参考文献 ····· 264

单元 1 创建数据库对象与探究数据库访问方式

数据库应用系统一般可分为 4 层：用户界面层、业务逻辑层、数据访问层和数据实体层。用户界面层通过 Windows 窗体或 Web 网页实现用户与系统的交互；业务逻辑层实现系统的业务逻辑；数据访问层主要实现数据检索与数据更新；数据实体层包含各种实体类，通常情况下一个实体类对应数据库中的一张关系表，通过实体类实现对数据的封装。数据库访问就是从后台数据库中提取数据，展示在用户界面中；同样将用户界面中数据更新返回后台数据库。要实现数据库的成功访问，首先要创建数据库、数据表、存储过程等对象。本单元将后面各个单元中所涉及的数据库、数据表和存储过程集中进行创建和介绍。

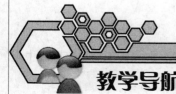

教学导航

教学目标	（1）熟练创建本书所涉及的数据库、数据表和数据过程，包括 SQL Server 数据库和 Oralce 数据库 （2）熟悉 Select 语句、Insert 语句、Update 语句、Delete 语句的使用方法 （3）熟悉数据访问环境中 SQL 语句的表现形式 （4）熟悉 Connection、Command、DataReader、DataAdapter、DataSet、DataView 等对象的基本概念及其关系 （5）学会在 Visual Studio 集成开发环境中创建项目和网站 （6）学会在 NetBeans IDE 中创建 Java 应用程序项目 （7）了解 ADO.NET 的工作原理和 ADO.NET 的数据库访问对象，了解.NET Framework 数据提供程序 （8）了解 ADO.NET 访问数据库的基本途径
教学方法	任务驱动法、分层技能训练法等
课时建议	6 课时（含考核评价）

前导知识

ADO.NET 访问的主要对象是各种形式的数据库，访问数据库时需要使用 SQL 语句和存储过程，数据命令对象、数据读取器对象、数据适配器对象都是执行 SQL 语句或存储过程。结构化查询语言（Structure Query Language，SQL）是操作数据库的标准语言。

ADO.NET 访问数据库时，要使用 SQL 语句，经常使用的 SQL 语句主要有 Select、Insert、Update 和 Delete 语句。

1. Select 语句

SQL 的主要功能之一是实现数据查询，使用 Select 语句从数据表中查询符合特定条件的记录。

（1）Select 语句的基本语法格式。

```
Select [Distinct] [Top (数值)] 字段列表 From 表名 [Where 条件]
[Order By 排序字段名 ASC|DESC] [Group By 分组字段名] [Having 筛选条件表达式]
```

（2）数据访问环境中 Select 语句的表现形式。

在 SQL Server 查询分析器环境中执行 Select 语句 "Select 员工编号，员工姓名，性别 From 员工信息表 Where 员工编号='10102'"，可以查询"员工信息表"表中"员工编号"为"10102"的数据，而在实际数据访问环境中，员工编号一般为可变的数据，通常以 TextBox 控件的 Text 属性、ComboBox 控件的 SelectedItem 属性存储这些数据，一般写成以下形式。

```
string strSelect=" Select 员工编号,员工姓名,性别 From 员工信息表 Where 员工编号=' " + txtCode.Text + "%' "
```

2. Insert 语句

ADO.NET 访问数据库时，经常需要向数据库中插入数据。例如，向"员工信息表"表中新增员工数据，就可以使用 Insert 语句来实现。

（1）Insert 语句的基本语法格式。

```
Insert Into 数据表名称(字段1，字段2，…) Values(字段值1，字段值2，…)
```

（2）数据访问环境中 Insert 语句的表现形式。

数据表中新增记录时，在数据访问环境中不能将存储在控件中的字段值直接写成常量的形式，而应该以变量的形式表示，一般写成以下形式。

```
string strInsert=" Insert Into 员工信息表(员工编号,员工姓名,性别) Values(' " + txtCode.Text + " ', ' " + txtName.Text + " ', ' " + txtSex.Text + " ' )"
```

在实际数据访问环境中，如果事先定义了参数，也可以利用参数存储新增的数据，一般写成以下形式。

```
Insert Into 员工信息表( 员工编号,员工姓名,性别 ) Values( @code , @name , @Sex )
```

3. Update 语句

由于数据不断变化，需要使用 Update 语句实现数据更新。

（1）Update 语句的基本语法格式。
```
Update 数据表名 Set 字段1=字段值1，字段2=字段值2，[Where 条件]
```
（2）数据访问环境中 Update 语句的表现形式。

数据表中更新数据时，在数据访问环境中不能将存储在控件中的字段值直接写成常量的形式，而应该以变量的形式表示，一般写成以下形式。
```
string strUpdate=" Update 员工信息表 Set 姓名=' " + txtName.Text + " ',性别=' " + txtSex.Text + " ' Where 员工编号=' " + txtCode.Text + " ' "
```
在实际数据访问环境中，如果事先定义了参数，也可以利用参数存储修改的数据，一般写成以下形式。
```
Update 员工信息表 Set  姓名=@Name,性别=@Sex  Where 员工编号=@Code
```

4. Delete 语句

对于数据表中的无用数据，需要使用 Delete 语句来删除。

（1）Delete 语句的基本语法格式。
```
Delete From 数据表名称 [Where 条件]
```
（2）数据访问环境中 Delete 语句的表现形式。

在数据表中删除记录时，在数据访问环境中不能将存储在控件中的字段值直接写成常量的形式，而应该以变量的形式表示，一般写成以下形式。
```
string strDelete=" Delete From 员工信息表 Where 员工编号=' " + txtCode.Text + " ' "
```
在实际数据访问环境中，如果事先定义了参数，也可以利用参数存储数据，一般写成以下形式。
```
Delete From 员工信息表 Where 员工编号=@Code
```

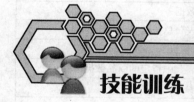

1.1 创建 SQL Server 数据库及其对象

【任务 1-1】 创建 SQL Server 数据库 ECommerce 及数据表和存储过程

【任务描述】

（1）创建 SQL Server 数据库 ECommerce。

（2）在数据库 ECommerce 中创建多个 SQL Server 数据表："用户表"、"用户类型表"、"购物车商品表"、"订单信息表"、"订单商品详情表"、"商品数据表"、"客户信息表"、"员工信息表"、"商品类型表"、"客户类型表"、"部门信息表"、"发货方式表"、"付款方式表"、"送货方式表"。

（3）创建数据库 ECommerce 的关系图 DiagramECommerce。

（4）创建数据库 ECommerce 的多个存储过程，各个存储过程的名称及功能如表 1-1 所示。

表 1-1　　　　　　　　　数据库 ECommerce 中存储过程的名称及功能

序号	存储过程名称	存储过程的功能
1	getUserInfo	从"用户表"和"用户类型表"中获取用户信息
2	getCategoryInfo	从"商品类型表"中获取类型编号
3	productCategoryList	从"商品类型表"中获取商品类型数据
4	getMaxAmount	计算"商品数据表"中商品金额
5	getProductData	根据类型编号从"商品数据表"中获取相关数据
6	productDetail	根据商品编码从"商品数据表"中获取相关数据
7	getGoodsInfoByCategory	根据商品类型从"商品数据表"中获取相关数据
8	insertGoodsData	向"商品数据表"中插入商品数据
9	updateGoodsData	根据商品编码更新"商品数据表"中的相关商品数据
10	deleteGoodsData	根据商品编码删除"商品数据表"中的相关记录
11	productMostPopular	获取 5 条购买次数最多的商品数据
12	productByCategory	根据类型编号返回该类型所有的商品数据
13	productSearch	返回符合限定条件的商品数据
14	customerLogin	选择用户名和密码作为输入参数的用户,如果没有符合的记录则返回值为'0'
15	getCustomerInfo	从"客户信息表"中获取相关客户数据
16	customerDetail	根据用户编号选择对应客户的用户名和密码
17	updateCustomerInfo	根据客户编号更新"客户信息表"中的相关客户数据
18	shoppingCartMigrate	更新"购物车商品表"的购物车编号
19	shoppingCartAddItem	向购物车添加商品订购信息或者更新商品订购数量
20	shoppingCartItemCount	获得购物车编号为传入参数的购物车内商品种类总和
21	shoppingCartList	获取"购物车商品表"中选购商品的相关数据
22	shoppingCartTotal	根据指定的购物车编号计算"购物车商品表"总金额
23	shoppingCartUpdate	更新"购物车商品表"的购买数量
24	shoppingCartRemoveItem	根据指定的购物车编号删除"购物车商品表"中指定的商品数据
25	shoppingCartEmpty	根据指定的购物车编号清空"购物车商品表"
26	calCart	计算指定购物车指定商品的购买总数量和总金额
27	getExistingOrderCode	从"订单信息表"中获取订单总金额
28	orderAdd	向"订单信息表"中添加订单信息;将从"购物车商品表"中查询到的购物车详细商品信息添加到"订单商品详情表"中;将从"购物车商品表"中查询到的购物车详细商品信息添加到"购物车商品历史表"中;清空当前用户的购物车
29	getOrderAmount	从"订单信息表"中获取指定订单的订单总金额
30	InsertDeliveryData	向"送货方式表"中插入新记录

【任务实施】

1. 启动 Microsoft SQL Server Management Studio

通过 Windows 的开始菜单或桌面快捷方式启动 Microsoft SQL Server Management Studio。

2. 创建 SQL Server 数据库 ECommerce

在 Microsoft SQL Server Management Studio 的"对象资源管理器"窗口中创建数据库 Ecommerce。

3. 创建数据库 ECommerce 的多个 SQL Server 数据表

在"对象资源管理器"窗口中创建多个数据表,这些数据表的结构数据和示例数据分别如表 1-2~表 1-29 所示。

"用户表"的结构数据如表 1-2 所示。

表 1-2　　　　　　　　　　　　　"用户表"的结构数据

字 段 名 称	数据类型(字段长度)	是否允许 Null 值	约　　束
用户 ID	int	否	主键
用户编号	char(6)	是	
用户名	nvarchar(30)	是	
密码	varchar(10)	是	
E-mail	nvarchar(50)	是	
用户类型	int	否	外键
注册日期	smalldatetime	是	

"用户类型表"的结构数据如表 1-3 所示。

表 1-3　　　　　　　　　　　　　"用户类型表"的结构数据

字 段 名 称	数据类型(字段长度)	是否允许 Null 值	约　　束
用户类型 ID	int	否	主键
类型名称	nvarchar(20)	是	

"购物车商品表"的结构数据如表 1-4 所示。

表 1-4　　　　　　　　　　　　　"购物车商品表"的结构数据

字 段 名 称	数据类型(字段长度)	是否允许 Null 值	约　　束
购物车编号	varchar(30)	否	主键
商品编码	char(6)	是	主键
购买数量	int	是	
购买日期	smalldatetime	是	

"订单信息表"的结构数据如表 1-5 所示。

表 1-5　　　　　　　　　　　　　"订单信息表"的结构数据

字 段 名 称	数据类型(字段长度)	是否允许 Null 值	约　　束
订单编号	char(10)	否	主键
客户	varchar(30)	否	外键
收货人姓名	nvarchar(30)	是	
付款方式	nvarchar(20)	是	外键
送货方式	nvarchar(20)	是	外键
订单总金额	money	是	
下单时间	datetime	是	
订单状态	nvarchar(20)	是	
索要发票	nvarchar(10)	是	
发票内容	nvarchar(20)	是	
操作员	char(6)	否	外键

"订单商品详情表"的结构数据如表1-6所示。

表1-6　　　　　　　　　　　"订单商品详情表"的结构数据

字 段 名 称	数据类型（字段长度）	是否允许 Null 值	约　　束
ID	int	否	主键
订单编号	char(10)	否	外键
购物车编号	nvarchar(30)	是	
商品编码	char(6)	否	外键
购买数量	int	是	

"商品数据表"的结构数据如表1-7所示。

表1-7　　　　　　　　　　　"商品数据表"的结构数据

字 段 名 称	数据类型（字段长度）	是否允许 Null 值	约　　束
商品编码	char(6)	否	主键
商品名称	nvarchar(50)	是	
类型编号	char(6)	否	外键
价格	money	是	
优惠价格	money	是	
折扣	float	是	
库存数量	int	是	
售出数量	int	是	
货币单位	nvarchar(10)	是	
商品说明	nvarchar(255)	是	
图片地址	nvarchar(100)	是	
生产日期	smalldatetime	是	

"客户信息表"的结构数据如表1-8所示。

表1-8　　　　　　　　　　　"客户信息表"的结构数据

字 段 名 称	数据类型（字段长度）	是否允许 Null 值	约　　束
客户编号	char(6)	否	主键
客户名称	nvarchar(20)	是	
收货地址	nvarchar(50)	是	
手机号码	varchar(20)	是	
固定电话	varchar(20)	是	
E-mail	nvarchar(20)	是	
邮政编码	char(6)	是	
客户类型	int	否	外键
身份证号	varchar(18)	是	

"员工信息表"的结构数据如表1-9所示。

表 1-9　　　　　　　　　　　　　"员工信息表"的结构数据

字 段 名 称	数据类型（字段长度）	是否允许 Null 值	约　　束
员工编号	char(6)	否	主键
员工姓名	nvarchar(20)	是	
性别	nchar(2)	是	
部门	char(10)	否	外键
职位	nvarchar(20)	是	
工作岗位	nvarchar(20)	是	
出生日期	smalldatetime	是	
身份证号码	varchar(18)	是	
手机号码	varchar(20)	是	
固定电话	varchar(20)	是	
E-mail	nvarchar(20)	是	
邮政编码	char(6)	是	
住址	nvarchar(50)	是	
照片	nvarchar(50)	是	

"商品类型表"的结构数据如表 1-10 所示。

表 1-10　　　　　　　　　　　　　"商品类型表"的结构数据

字 段 名 称	数据类型（字段长度）	是否允许 Null 值	约　　束
类型编号	char(6)	否	主键
类型名称	nvarchar(20)	是	
父类编号	char(6)	是	
显示顺序	int	是	
类型说明	ntext	是	

"客户类型表"的结构数据如表 1-11 所示。

表 1-11　　　　　　　　　　　　　"客户类型表"的结构数据

字 段 名 称	数据类型（字段长度）	是否允许 Null 值	约　　束
客户类型 ID	int	否	主键
客户类型	nvarchar(20)	是	
客户类型说明	nvarchar(50)	是	

"部门信息表"的结构数据如表 1-12 所示。

表 1-12　　　　　　　　　　　　　"部门信息表"的结构数据

字 段 名 称	数据类型（字段长度）	是否允许 Null 值	约　　束
部门编号	char(10)	否	主键
部门名称	nvarchar(20)	是	
部门负责人	nvarchar(20)	是	

续表

字 段 名 称	数据类型（字段长度）	是否允许 Null 值	约　　束
联系电话	nvarchar(20)	是	
办公地点	nvarchar(30)	是	

"发货方式表"的结构数据如表 1-13 所示。

表 1-13　　　　　　　　　　　"发货方式表"的结构数据

字 段 名 称	数据类型（字段长度）	是否允许 Null 值	约　　束
ID	int	否	主键
发货方式	nvarchar(20)	是	

"付款方式表"的结构数据如表 1-14 所示。

表 1-14　　　　　　　　　　　"付款方式表"的结构数据

字 段 名 称	数据类型（字段长度）	是否允许 Null 值	约　　束
支付 ID	int	否	主键
付款方式	nvarchar(20)	是	
支付说明	nvarchar(50)	是	

"送货方式表"的结构数据如表 1-15 所示。

表 1-15　　　　　　　　　　　"送货方式表"的结构数据

字 段 名 称	数据类型（字段长度）	是否允许 Null 值	约　　束
送货 ID	int	否	主键
送货方式	nvarchar(20)	是	
送货说明	nvarchar(50)	是	

"用户表"的示例数据如表 1-16 所示。

表 1-16　　　　　　　　　　　"用户表"的示例数据

用户编号	用 户 名	密　码	E-mail	用 户 类 型	注 册 日 期
100001	admin	123456	admin@163.com	1	2012-3-28
100002	good	123	good@163.com	2	2012-3-28
100003	沙丽	666	sali@126.com	3	2012-3-28
111111	门玲	666	ml888@163.com	4	2012-3-28
100005	舒新	888	sx@qq.com	5	2012-3-28
111112	尹慧君	6688	yhj@163.com	5	2012-3-28
111118	褚霞	123	qx@qq.com	5	2012-3-28
111119	田石	123456	tsh@qq.com	5	2012-3-28
111120	辛梓	123456	xz@163.com	4	2012-3-28
111121	向海	666	xh@163.com	4	2012-3-28

"用户类型表"的示例数据如表 1-17 所示。

表 1-17　　　　　　　　　　　　　　"用户类型表"的示例数据

用户类型 ID	类 型 名 称
1	系统管理员
2	商品管理员
3	订单管理员
4	VIP 客户
5	普通客户

"购物车商品表"的示例数据如表 1-18 所示。

表 1-18　　　　　　　　　　　　　"购物车商品表"的示例数据

购物车编号	商 品 编 码	购 买 数 量	购 买 日 期
100001	101001	3	2011-3-23
100001	101007	1	2011-3-23
100001	201005	2	2011-3-23
100001	301008	1	2011-3-23
CHEN2011\Administrator	101004	1	2011-4-1
CHEN2011\Administrator	101007	2	2011-4-1

"订单信息表"的示例数据如表 1-19 所示。

表 1-19　　　　　　　　　　　　　"订单信息表"的示例数据

订单编号	客户	收货人姓名	付款方式	送货方式	订单总金额	下单时间	订单状态	操作员
100000	admin	向东	1	2	¥17,030.00	2011-3-19	审核中	93001
100001	admin	向东	1	2	¥3,249.00	2011-3-19	审核中	96200
100002	admin	向东	1	2	¥3,000.00	2011-3-19	审核中	96200
100003	admin	向东	1	2	¥2,650.00	2011-3-19	审核中	93001
100004	admin	向东	1	2	¥630.00	2011-3-19	审核中	96200

"订单商品详情表"的示例数据如表 1-20 所示。

表 1-20　　　　　　　　　　　　"订单商品详情表"的示例数据

订单编号	购物车编号	商 品 编 码	购 买 数 量
100000	admin	101002	1
100000	admin	101004	2
100000	admin	101006	2
100000	admin	101008	3
100000	admin	201005	1
100001	admin	301004	1
100002	admin	101005	1
100002	admin	101007	1
100003	admin	101006	1
100004	admin	102030	1
100005	admin	101003	1
100006	admin	101007	1
100007	admin	101006	1
100008	admin	101001	1
100009	admin	101008	1

"商品数据表"的示例数据如表1-21所示。

表1-21　　　　　　　　　　　"商品数据表"的示例数据

商品编码	商品名称	类型编号	价格	优惠价格	库存数量	售出数量
318775	联想 G460A-IFI	0301	¥4,399.50	¥3,699.50	10	2
345402	摩托罗拉 XT806	010101	¥1,799.00	¥2,499.00	10	2
346488	海信 LED42K01PZ	0201	¥3,288.00	¥3,288.00	10	2
353051	三星 S5830	010101	¥2,058.00	¥1,858.00	20	2
355613	金立 A350	010101	¥1,500.00	¥1,400.00	10	2
355844	佳能 IXUS220 HS	0102	¥1,580.00	¥1,480.00	10	2
359505	华硕 P8H67-V	0302	¥900.00	¥799.00	10	2
389185	长虹 3DTV55860i	0201	¥8,499.00	¥7,999.00	15	2
515306	戴尔 Ins14V-258B	0301	¥4,450.00	¥3,999.00	10	2
519798	摩托罗拉 ME863	010101	¥3,298.00	¥2,766.00	10	2
521437	中兴（ZTE）V960	010101	¥1,499.00	¥1,599.00	10	2
537232	诺基亚 N9	010101	¥3,399.00	¥3,399.00	10	2

"客户信息表"的示例数据如表1-22所示。

表1-22　　　　　　　　　　　"客户信息表"的示例数据

客户编号	客户名称	收货地址	手机号码	固定电话
100001	向东	湖南省株洲市	1305415866	22786868
100002	夏丽	湖南省株洲市	1895658456	22786868
E-mail	邮政编码	身份证号	客户类型	
luck@126.com	412001	430224196512151227	1	
luck@163.com	412000	430204197405180024	2	

"员工信息表"的示例数据如表1-23所示。

表1-23　　　　　　　　　　　"员工信息表"的示例数据

员工编号	员工姓名	性别	部门	职位	出生日期	身份证号码
10102	李玉强	男	100004		1960-5-4	43128119600504161X
16602	欧旭芳	女	100001		1968-4-12	430802196804121216
18259	聂秋	男	100005		1970-2-18	431226197002186050
21410	夏小成	男	100003		1977-2-11	431121197702116914
24259	钟秀卿	女	100001	主任	1965-8-27	431281196508270813
84448	郭斌	男	100002	处长	1982-11-11	431127198211113417
84576	潘荣平	男	100005		1978-2-28	431225197802282417
93001	俸辉	女	100004		1977-11-2	431281197711021011
94148	江炳华	男	100006		1970-8-12	522726197008120017
96200	荣婷	女	100006		1980-3-22	22020219800322211X

"商品类型表"的示例数据如表 1-24 所示。

表 1-24   "商品类型表"的示例数据

类型编号	类型名称	父类编号	显示顺序	类型说明	类型编号	类型名称	父类编号	显示顺序	类型说明
01	数码产品	0			0302	电脑配件	03		
0101	通信产品	01			030201	CPU	0302		
010101	手机	0101			030202	硬盘	0302		
010102	对讲机	0101			030203	内存	0302		
010103	固定电话	0101			0303	外设产品	03		
0102	摄影机	01			030301	键盘	0303		
0103	摄像机	01			030302	鼠标	0303		
02	家电产品	0			030303	移动硬盘	0303		
0201	电视机	02			030304	音箱	0303		
0202	洗衣机	02			04	图书音像	0		
020204	主板	0302			05	办公用品	0		
020205	显示器	0302			06	服饰鞋帽	0		
0203	空调	02			07	食品饮料	0		
0204	冰箱	02			08	皮具箱包	0		
03	电脑产品	0			09	化妆洗护	0		
0301	笔记本	03			10	钟表首饰	0		

"客户类型表"的示例数据如表 1-25 所示。

表 1-25   "客户类型表"的示例数据

客户类型 ID	客户类型	客户类型说明
1	普通客户	
2	银卡会员	
3	金卡会员	

"部门信息表"的示例数据如表 1-26 所示。

表 1-26   "部门信息表"的示例数据

部门编号	部门名称	部门负责人	联系电话	办公地点
100001	办公室	苏沙平	82783888	201
100002	财务部	林静	82494925	204
100003	人事部	夏海	82494960	203
100004	业务部	丁一	82783889	301
100005	品质部	林洁	82795894	206
100006	服务部	粟鹏	82579541	302
10007	技术部	李玖	82578569	303

"发货方式表"的示例数据如表 1-27 所示,"送货方式表"的示例数据如表 1-28 所示。

表 1-27 "发货方式表"的示例数据

ID	发货方式
1	普通快递
2	普通邮递
3	特快专递
4	自行提货

表 1-28 "送货方式表"的示例数据

送货 ID	送货方式	送货说明
1	普通快递	
2	普通邮递	
3	特快专递	
4	自行提货	

"付款方式表"的示例数据如表 1-29 所示。

表 1-29 "付款方式表"的示例数据

支付 ID	付款方式	支付说明
1	网上支付	
2	货到付款	
3	邮局汇款	
4	银行转账	
5	其他方式	

4. 创建数据库 ECommerce 的关系图 DiagramECommerce

数据库 ECommerce 的关系图 DiagramECommerce 如图 1-1 所示。

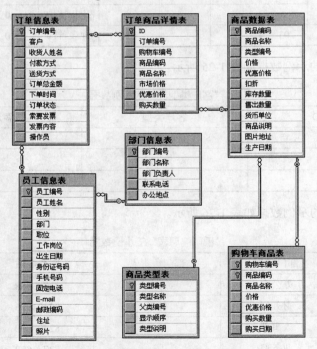

图 1-1 数据库 ECommerce 的关系图

5. 创建数据库 ECommerce 的多个存储过程

在"对象资源管理器"窗口中创建多个存储过程,这些存储过程的代码分别如表 1-30~

表 1-59 所示。

存储过程 getUserInfo 的代码如表 1-30 所示。

表 1-30　　　　　　　　　　存储过程 getUserInfo 的代码

/*存储过程名称：getUserInfo　　*/	
序号	程序代码
01	Create Procedure dbo.getUserInfo
02	(
03	@code char(6)
04	)
05	As
06	Select u.用户编号,u.用户名,u.密码,u.E-mail,t.类型名称
07	From 用户表 As u ,用户类型表 As t
08	Where u.用户编号=@code

存储过程 getCategoryInfo 的代码如表 1-31 所示。

表 1-31　　　　　　　　　　存储过程 getCategoryInfo 的代码

/*存储过程名称：getCategoryInfo　　*/	
序号	程序代码
01	Create Procedure dbo.getCategoryInfo
02	As
03	Begin
04	Select 类型编号 From 商品类型表
05	End

存储过程 productCategoryList 的代码如表 1-32 所示。

表 1-32　　　　　　　　　　存储过程 productCategoryList 的代码

/*存储过程名称：productCategoryList　　*/	
序号	程序代码
01	Create Procedure dbo.productCategoryList
02	--按照类型名称正序排列返回"商品类型表"中的所有记录
03	As
04	Select Top 27 类型编号,类型名称,父类编号 From 商品类型表 Order By 类型编号

存储过程 getMaxAmount 的代码如表 1-33 所示。

表 1-33　　　　　　　　　　存储过程 getMaxAmount 的代码

/*存储过程名称：getMaxAmount　　*/	
序号	程序代码
01	Create Procedure dbo.getMaxAmount
02	(
03	@maxAmount money output
04	)
05	As
06	Begin
07	Select @maxAmount=MAX(价格*库存数量) From 商品数据表
08	End
09	

存储过程 getProductData 的代码如表 1-34 所示。

表 1-34　　　　　　　　　存储过程 getProductData 的代码

/*存储过程名称：getProductData　*/	
序号	程序代码
01	Create Procedure dbo.getProductData
02	（
03	@categoryCode char(6)
04	）
05	As
06	Select 商品编码,商品名称,价格,库存数量 From 商品数据表
07	Where 类型编号　Like　rtrim(@categoryCode)+'%'

存储过程 productDetail 的代码如表 1-35 所示。

表 1-35　　　　　　　　　存储过程 productDetail 的代码

/*存储过程名称：productDetail　*/	
序号	程序代码
01	Create Procedure dbo.productDetail
02	（
03	@goodsCode char(6),
04	@goodsName nvarchar(30) output,
05	@price money output,
06	@preferentialPrice money output,
07	@imageAddress nvarchar(50) output
08	）
09	As
10	Select @goodsCode=商品编码, @goodsName=商品名称, @price=价格,
11	@preferentialPrice=优惠价格, @imageAddress=图片地址
12	From 商品数据表　Where 商品编码=@goodsCode

存储过程 getGoodsInfoByCategory 的代码如表 1-36 所示。

表 1-36　　　　　　　　存储过程 getGoodsInfoByCategory 的代码

/*存储过程名称：getGoodsInfoByCategory　*/	
序号	程序代码
01	Create Procedure getGoodsInfoByCategory
02	@categoryID varchar(6)
03	As
04	Begin
05	Select 商品名称,价格,库存数量 From 商品数据表 Where 商品类型=@categoryID
06	End

存储过程 insertGoodsData 的代码如表 1-37 所示。

表 1-37　　　　　　　　　　　存储过程 insertGoodsData 的代码

*存储过程名称：insertGoodsData　　*/	
序号	程序代码
01	Create Procedure insertGoodsData
02	@goodsCode char(6),
03	@goodsName nvarchar(30),
04	@category varchar(6),
05	@stockNumber int,
06	@price money,
07	@preferentialPrice money
08	As
09	Begin
10	Insert Into dbo.商品数据表(商品编码,商品名称,类型编号,库存数量,价格,优惠价格)
11	Values(@goodsCode,@goodsName,@category,@stockNumber,@price,@preferentialPrice)
12	Return @@rowcount
13	End

存储过程 updateGoodsData 的代码如表 1-38 所示。

表 1-38　　　　　　　　　　　存储过程 updateGoodsData 的代码

/*存储过程名称：updateGoodsData　　*/	
序号	程序代码
01	Create Procedure updateGoodsData
02	@goodsCode char(6),
03	@goodsName nvarchar(30),
04	@category varchar(6),
05	@stockNumber int,
06	@price money,
07	@preferentialPrice money
08	As
09	Begin
10	Update dbo.商品数据表　Set 商品编码=@goodsCode,商品名称=@goodsName,
11	类型编号=@category,库存数量=@stockNumber,价格=@price,
12	优惠价格=@preferentialPrice　Where 商品编码=@goodsCode
13	Return @@rowcount
14	End

存储过程 deleteGoodsData 的代码如表 1-39 所示。

表 1-39　　　　　　　　　　　存储过程 deleteGoodsData 的代码

/*存储过程名称：deleteGoodsData　　*/	
序号	程序代码
01	Create Procedure deleteGoodsData
02	@goodsCode char(6)
03	As
04	Begin
05	Delete dbo.商品数据表　Where 商品编码=@goodsCode
06	Return @@rowcount
07	End

存储过程 productMostPopular 的代码如表 1-40 所示。

表1-40　　　　　　　　　　存储过程 productMostPopular 的代码

/*存储过程名称：productMostPopular */	
序号	程序代码
01	Create Procedure dbo.productMostPopular
02	As
03	--返回5条购买次数最多的商品数据
04	Select Top 5　订单商品详情表.商品编码,订单商品详情表.商品名称,
05	订单商品详情表.优惠价格,商品数据表.图片地址,
06	Sum(订单商品详情表.购买数量) As　总数量
07	From　订单商品详情表
08	Inner Join　商品数据表　On　订单商品详情表.商品编码=商品数据表.商品编码
09	Group By　订单商品详情表.商品编码,订单商品详情表.商品名称,
10	订单商品详情表.优惠价格,商品数据表.图片地址
11	Order By　总数量　DESC

存储过程 productByCategory 的代码如表1-41所示。

表1-41　　　　　　　　　　存储过程 productByCategory 的代码

/*存储过程名称：productByCategory */	
序号	程序代码
01	Create Procedure dbo.productByCategory
02	(
03	@categoryName nvarchar(20)
04	)
05	As
06	--根据类型编号返回该类型所有的商品数据
07	Declare @categoryCode varchar(6)
08	Select @categoryCode=类型编号　From　商品类型表　Where　类型名称=@categoryName
09	Select Top 8　商品编码,图片地址,商品名称,价格,优惠价格,类型编号
10	From dbo.商品数据表
11	Where　类型编号　Like　　@categoryCode+'%'
12	Order By　商品编码

存储过程 productSearch 的代码如表1-42所示。

表1-42　　　　　　　　　　存储过程 productSearch 的代码

/*存储过程名称：productSearch */	
序号	程序代码
01	Create Procedure dbo.productSearch
02	(
03	@search nvarchar(50)
04	)
05	As
06	--返回符合限定条件的商品数据
07	Select Top 8　商品编码,商品名称,价格,优惠价格,图片地址
08	From　商品数据表
09	Where　商品编码　Like　　'%'+@search + '%'
10	Or　商品名称　Like　　'%'+@search + '%'

存储过程 customerLogin 的代码如表 1-43 所示。

表 1-43　　　　　　　　　　存储过程 customerLogin 的代码

/*存储过程名称：customerLogin　　*/	
序号	程序代码
01	Create Procedure dbo.customerLogin
02	(
03	@customerName nvarchar(30),
04	@password varchar(10),
05	@customerCode char(6) output
06	)
07	As
08	--选择用户名和密码作为输入参数的用户
09	Select @customerCode=用户编号　From 用户表 Where 用户名=@customerName
10	And 密码=@password
11	--如果没有符合的记录则返回值为'0'
12	If　@@Rowcount<1
13	Select @customerCode='0'

存储过程 getCustomerInfo 的代码如表 1-44 所示。

表 1-44　　　　　　　　　　存储过程 getCustomerInfo 的代码

/*存储过程名称：getCustomerInfo　　*/	
序号	程序代码
01	Create Procedure dbo.getCustomerInfo
02	As
03	Begin
04	Select　客户编号,客户名称,手机号码,E-mail,身份证号,邮政编码,收货地址
05	From　客户信息表
06	End
07	

存储过程 customerDetail 的代码如表 1-45 所示。

表 1-45　　　　　　　　　　存储过程 customerDetail 的代码

/*存储过程名称：customerDetail　　*/	
序号	程序代码
01	Create Procedure dbo.customerDetail
02	(
03	@customerCode char(6),
04	@customerName nvarchar(30) output,
05	@password varchar(10) output
06	)
07	As
08	--根据用户编号选择对应用户的用户名和密码
09	Select　@customerName=用户名,@password=密码
10	From 用户表 Where 用户编号=@customerCode

存储过程 updateCustomerInfo 的代码如表 1-46 所示。

表 1-46　　　　　　　　　　存储过程 updateCustomerInfo 的代码

/*存储过程名称：updateCustomerInfo */	
序号	程序代码
01	Create Procedure dbo.updateCustomerInfo
02	@customerCode char(6),
03	@customerName nvarchar(20),
04	@phone varchar(20),
05	@email nvarchar(20),
06	@IDcardCode varchar(18),
07	@postalcode char(6),
08	@address nvarchar(50)
09	As
10	Begin
11	Select * From 客户信息表
12	Update 客户信息表 Set 客户名称=@customerName,手机号码=@phone,
13	E-mail=@email,身份证号=@IDcardCode,邮政编码=@postalcode,
14	收货地址=@address Where 客户编号=@customerCode
15	Return @@rowcount
16	End

存储过程 shoppingCartMigrate 的代码如表 1-47 所示。

表 1-47　　　　　　　　　　存储过程 shoppingCartMigrate 的代码

/*存储过程名称：shoppingCartMigrate */	
序号	程序代码
01	Create Procedure dbo.shoppingCartMigrate
02	(
03	@originalCartCode varchar(30),
04	@newCartCode varchar(30)
05	)
06	As
07	Update 购物车商品表 Set 购物车编号=@newCartCode
08	Where 购物车编号=@originalCartCode

存储过程 shoppingCartAddItem 的代码如表 1-48 所示。

表 1-48　　　　　　　　　　存储过程 shoppingCartAddItem 的代码

/*存储过程名称：shoppingCartAddItem */	
序号	程序代码
01	Create Procedure dbo.shoppingCartAddItem
02	(
03	@cartCode varchar(30),
04	@goodsCode char(6),
05	@quantity int,
06	@currentDate date
07	)
08	As
09	--声明变量 countItem
10	Declare @countItem int
11	--查询要添加的商品是否在目前用户购物车中已经存在

序号	程序代码
12	Select @countItem=Count(商品编码)
13	From 购物车商品表
14	Where 商品编码=@goodsCode And 购物车编号=@cartCode
15	--如果要添加的商品在目前购物车中已经存在，则更新该条商品订购数据
16	If @countItem>0
17	Update 购物车商品表 Set 购买数量=(@quantity+购物车商品表.购买数量)
18	Where 商品编码=@goodsCode And 购物车编号=@cartCode
19	--如果要添加的商品在目前购物车中不存在，则添加该条商品订购信息
20	Else
21	Insert Into 购物车商品表(购物车编号,商品编码,购买数量,购买日期)
22	Values(@cartCode,@goodsCode,@quantity,@currentDate)

存储过程 shoppingCartItemCount 的代码如表 1-49 所示。

表 1-49   存储过程 shoppingCartItemCount 的代码

/*存储过程名称：shoppingCartItemCount */	
序号	程序代码
01	Create Procedure dbo.shoppingCartItemCount
02	(
03	@cartCode varchar(30),
04	@itemCount int output
05	)
06	As
07	--获得@cartCode 为传入参数的购物车内商品种类总和
08	Select @itemCount=Count(商品编码)
09	From 购物车商品表
10	Where 购物车编号=@cartCode

存储过程 shoppingCartList 的代码如表 1-50 所示。

表 1-50   存储过程 shoppingCartList 的代码

/*存储过程名称：shoppingCartList */	
序号	程序代码
01	Create Procedure dbo.shoppingCartList
02	(
03	@cartCode varchar(30)
04	)
05	As
06	Select 商品数据表.商品编码,商品数据表.商品名称,商品数据表.优惠价格,
07	商品数据表.图片地址,购物车商品表.购买数量
08	Cast((商品数据表.优惠价格*购物车商品表.购买数量) As money) As 总金额
09	From 购物车商品表,商品数据表
10	Where 购物车商品表.商品编码=商品数据表.商品编码
11	And 购物车商品表.购物车编号=@cartCode
12	Order By 购物车商品表.商品编码

存储过程 shoppingCartTotal 的代码如表 1-51 所示。

表 1-51　　　　　　　　　存储过程 shoppingCartTotal 的代码

\/*存储过程名称：shoppingCartTotal　　*\/	
序号	程序代码
01	Create Procedure dbo.shoppingCartTotal
02	(
03	@cartCode varchar(30),
04	@totalAmount money output
05	)
06	As
07	Select @totalAmount=Sum(购物车商品表.购买数量*商品数据表.优惠价格)
08	From　购物车商品表,商品数据表
09	Where　购物车商品表.购物车编号=@cartCode
10	And　购物车商品表.商品编码=商品数据表.商品编码

存储过程 shoppingCartUpdate 的代码如表 1-52 所示。

表 1-52　　　　　　　　　存储过程 shoppingCartUpdate 的代码

\/*存储过程名称：shoppingCartUpdate　　*\/	
序号	程序代码
01	Create Procedure dbo.shoppingCartUpdate
02	(
03	@cartCode varchar(30),
04	@productCode char(6),
05	@quantity int
06	)
07	As
08	Update　购物车商品表　Set　购买数量=@quantity
09	Where　购物车编号=@cartCode And　商品编码=@productCode

存储过程 shoppingCartRemoveItem 的代码如表 1-53 所示。

表 1-53　　　　　　　　存储过程 shoppingCartRemoveItem 的代码

\/*存储过程名称：shoppingCartRemoveItem　　*\/	
序号	程序代码
01	Create Procedure dbo.shoppingCartRemoveItem
02	(
03	@cartCode varchar(30),
04	@productCode char(6)
05	)
06	As
07	Delete From　购物车商品表　Where　购物车编号=@cartCode And　商品编码=@productCode

存储过程 shoppingCartEmpty 的代码如表 1-54 所示。

表 1-54　　　　　　　　　　存储过程 shoppingCartEmpty 的代码

序号	程序代码
/*存储过程名称：shoppingCartEmpty */	
01	Create Procedure dbo.shoppingCartEmpty
02	(
03	@cartCode varchar(30)
04	)
05	As
06	--删除@cartCode 为传入参数的所有购物车信息
07	Delete From　购物车商品表　Where　购物车编号=@cartCode

存储过程 calCart 的代码如表 1-55 所示。

表 1-55　　　　　　　　　　存储过程 calCart 的代码

序号	程序代码
/*存储过程名称：calCart */	
01	Create Procedure dbo.calCart
02	@code nvarchar(30),
03	@number int output,
04	@amount money output
05	As
06	Begin
07	Select * From　购物车商品表　Where　购物车编号=@code
08	Select @number=SUM(c.购买数量),@amount=SUM(p.价格*c.购买数量)
09	From　购物车商品表　As c,商品数据表　As p
10	Where c.商品编码=p.商品编码 And c.购物车编号=@code
11	End

用于获取"订单信息表"中已有订单中最新订单编号的存储过程 getExistingOrderCode 的代码如表 1-56 所示。

表 1-56　　　　　　　　　存储过程 getExistingOrderCode 的代码

序号	程序代码
/*存储过程名称：getExistingOrderCode */	
01	Create Procedure dbo.getExistingOrderCode
02	(
03	@existingCode char(10) output
04	)
05	As
06	Declare @num int
07	Select @num=count(订单编号) From　订单信息表
08	If @num>0
09	Select @existingCode=Max(订单编号) From　订单信息表
10	Else
11	Select @existingCode='0'

存储过程 orderAdd 的代码如表 1-57 所示。

表 1-57　　　　　　　　　存储过程 orderAdd 的代码

*存储过程名称：orderAdd　*/	
序号	程序代码
01	Create Procedure dbo.orderAdd
02	(
03	@orderCode char(10),
04	@cartCode varchar(30),
05	@cartAmount float,
06	@orderDate datetime,
07	@returnCode char(10) Output
08	)
09	As
10	--声明存储过程代码块开始
11	Begin Tran Addorder
12	--向订单信息表中添加订单信息
13	Insert Into 订单信息表(订单编号,客户,订单总金额,下单时间)
14	Values(@orderCode,@cartCode,@cartAmount,@orderDate)
15	--返回刚刚添加的订单的订单编号
16	Select @returnCode=@@Identity
17	--将从购物车商品表中查询到的购物车详细商品信息添加到订单商品详情表中
18	Insert Into 订单商品详情表(订单编号,购物车编号,商品编码,商品名称,
19	市场价格,优惠价格,购买数量)
20	--从购物车商品表中查找购物车详细商品数据
21	Select @orderCode,购物车商品表.购物车编号,购物车商品表.商品编码,
22	商品数据表.商品名称,商品数据表.价格,
23	商品数据表.优惠价格,购买数量
24	From 购物车商品表
25	Inner Join 商品数据表 On 购物车商品表.商品编码=商品数据表.商品编码
26	Where 购物车商品表.购物车编号=@cartCode
27	--将从购物车商品表中查询到的购物车详细商品信息添加到购物车商品历史表中
28	Insert Into 购物车商品历史表(购物车编号,商品编码,商品名称,价格,
29	优惠价格,购买数量)
30	--从购物车商品表中查找购物车详细商品数据
31	Select 购物车商品表.购物车编号,购物车商品表.商品编码,
32	商品数据表.商品名称,商品数据表.价格,商品数据表.优惠价格,购买数量
33	From 购物车商品表
34	Inner Join 商品数据表 On 购物车商品表.商品编码=商品数据表.商品编码
35	Where 购物车商品表.购物车编号=@cartCode
36	--调用清空购物车商品表的存储过程,清空当前用户的购物车
37	Exec shoppingCartEmpty @cartCode
38	--声明存储代码块结束
39	Commit Tran Addorder

存储过程 getOrderAmount 的代码如表 1-58 所示。

表 1-58 存储过程 getOrderAmount 的代码

/*存储过程名称：getOrderAmount */	
序号	程序代码
01	Create Procedure getOrderAmount
02	@orderCode char(10),
03	@name nvarchar(20),
04	@orderAmount money output
05	As
06	Begin
07	Select * From 订单信息表
08	Select @orderAmount=订单总金额 From 订单信息表
09	Where 订单编号=@orderCode And 收货人=@name
10	End

存储过程 InsertDeliveryData 的代码如表 1-59 所示。

表 1-59 存储过程 InsertDeliveryData 的代码

/*存储过程名称：InsertDeliveryData */	
序号	程序代码
01	Create Procedure InsertDeliveryData
02	@delivery nvarchar(20),
03	@description nvarchar(50)
04	As
05	Begin
06	Insert Into dbo.送货方式表(送货方式,送货说明) Values(@delivery,@description)
07	Return @@rowcount
08	End

1.2 在 Visual Studio 集成开发环境中创建项目和网站

【任务 1-2】 创建项目 Unit1 和 WebSite1

【任务描述】

（1）在 Microsoft Visual Studio 集成开发环境中创建项目 Unit1。
（2）在已有解决方案 Unit1 中新建网站 WebSite1。
（3）在项目 Unit1 中添加引用 System.Data.OracleClient。

【任务实施】

1. 启动 Microsoft Visual Studio

通过 Windows 的开始菜单或桌面快捷方式启动 Microsoft Visual Studio。

2. 在 Microsoft Visual Studio 集成开发环境中创建项目 Unit1

在 Microsoft Visual Studio 集成开发环境中，选择【文件】→【新建】→【项目】命令，如图 1-2 所示，打开【新建项目】对话框。

在【新建项目】对话框左侧的"项目类型"列表中选择"Visual C#"，在右侧"模板"列表中选择"Windows 窗体应用程序"，在"名称"文本框中输入"Unit1"，在"位置"列表框中输入或定位到"盘符\DatabaseAccess\Unit01"，如图 1-3 所示，然后单击【确定】按钮完成一个项目的创建。

图 1-2　新建项目的菜单命令　　　　　　　图 1-3　【新建项目】对话框

创建的项目如图 1-4 所示。

3. 在已有解决方案 Unit1 中新建 WebSite1

在【解决方案资源管理器】窗口中用鼠标右键单击【解决方案 "Unit1"】，在弹出的快捷菜单中选择【添加】→【新建网站】命令，如图 1-5 所示。打开【添加新网站】对话框，在"网站位置和名称"列表框中输入或定位到"盘符\DatabaseAccess\Unit01\Unit1\WebSite1"，如图 1-6 所示。然后单击【确定】按钮完成一个网站的创建。

图 1-4　在【解决方案资源管理器】窗口中创建一个项目

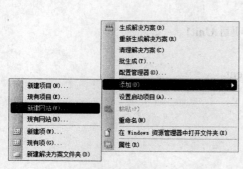
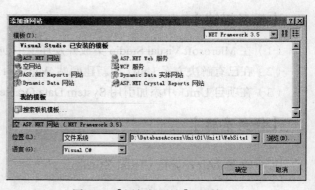

图 1-5　选择【新建网站】命令　　　　　　　图 1-6　【添加新网站】对话框

分别添加一个项目 Unit1 和 WebSite1 的解决方案 Unit1，如图 1-7 所示。

4. 在项目 Unit1 中添加引用 System.Data.OracleClient

在【解决方案资源管理器】中选择项目或网站名称，然后单击鼠标右键，在弹出的快捷菜单中选择【添加引用】命令，打开【添加引用】对话框，切换到".NET"选项卡，然后选择组件"System.Data.OracleClient"，如图 1-8 所示。也可以切换到"项目"选项卡，选择已有项目，接着单击【确定】按钮完成引用的添加。

成功添加的引用如图 1-9 所示。

图 1-7　在【解决方案资源管理器】窗口中添加一个网站

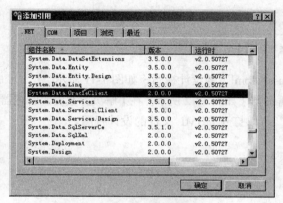

图 1-8　【添加引用】对话框

图 1-9　在项目 Unit1 中添加引用

【技能拓展】

1.3　在项目中添加 DBML 文件与数据表映射

【任务 1-3】　在项目中添加 DBML 文件 LinqDataClass1.dbml 与数据表映射

【任务描述】

（1）创建 DBML 文件 LinqDataClass1.dbml。
（2）在 Visual Studio 的【服务器资源管理器】中连接"ECommerce"数据库。
（3）将数据表"用户表"和"用户类型表"映射到 DBML 文件。

【任务实施】

1. 创建 DBML 文件 LinqDataClass1.dbml

在【解决方案资源管理器】中用鼠标右键单击项目名称，选择【添加】→【新建项】命令，打开【添加新项】对话框，在左侧的"类别"列表中选择"Visual C#项"，在右侧的"模板"列表中选择"LINQ to SQL 类"，在"名称"文本框中输入"LinqDataClass1.dbml"，如图 1-10 所示。

然后单击【添加】按钮完成"LINQ to SQL 类"的添加。

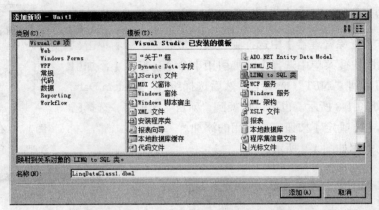

图 1-10 【添加新项】对话框

此时会自动打开 DBML 文件"LinqDataClass1.dbml"的设计视图,如图 1-11 所示。

DBML 文件创建完成后的【解决方案资源管理器】如图 1-12 所示。在【解决方案资源管理器】窗口中双击 DBML 文件"LinqDataClass1.dbml"可以打开 DBML 文件的设计视图。

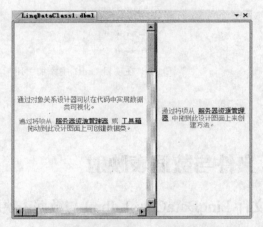

图 1-11 DBML 文件"LinqDataClass1.dbml"的设计视图　　图 1-12 在【解决方案资源管理器】中添加 DBML 文件

2. 在 Visual Studio 的【服务器资源管理器】中连接"ECommerce"数据库

在 Microsoft Visual Studio 集成开发环境中,打开【服务器资源管理器】,在该窗口中创建数据连接,连接"ECommerce"数据库,然后展开数据库的"表"节点,如图 1-13 所示。

3. 将数据表"用户表"和"用户类型表"映射到 DBML 文件

将"ECommerce"数据库中的数据表"用户表"和"用户类型表"拖曳到"LinqDataClass1.dbml"的设计视图中,完成数据表到 DBML 文件的映射,如图 1-14 所示。

映射完成后系统自动创建一个名称为"LinqDataClass1DataContext"的数据上下文类,该类的程序代码自动生成,为"Ecommerce"数据库提供查询或操作数据的方法。

单元 1　创建数据库对象与探究数据库访问方式

图 1-13　在【服务器资源管理器】中创建数据连接

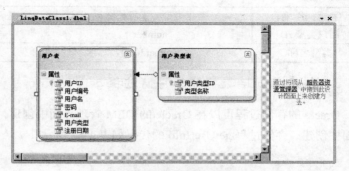

图 1-14　数据表映射到 DBML 文件

1.4　创建 Oracle 数据库及其对象

【任务 1-4】　创建 Oracle 数据库 eCommerce 及数据表和存储过程

【任务描述】

（1）创建 Oracle 数据库 eCommerce。
（2）创建 Oracle 数据表"用户表"和"用户类型表"。
（3）创建 Oracle 数据库的存储过程 getUserInfo。

【任务实施】

1. 创建 Oracle 数据库 eCommerce

通过 Oracle 的 DBCA（DataBase Configuration Assistant）的向导方式创建 "eCommerce" 数据库，也可以使用 PL/SQL 命令创建该数据库。

2. 创建 Oracle 的数据表

Oracle 中的 Database Console 称为 Oracle Enterprise Manager（缩写为 OEM），Oracle 的数据表可以在 Oracle 的 OEM 管理界面中创建，也可以在 SQL Developer 图形化界面中创建。

"用户表"的结构数据如表 1-60 所示，"用户类型表"的结构数据如表 1-61 所示。

表 1-60　　　　　　　　　　　　　　　　"用户表"的结构数据

字段名称	数据类型（字段长度）	是否允许 Null 值	约　束
用户编号	char(6)	否	主键
用户名	varchar2(30)	是	
密码	varchar2(10)	是	
E-mail	varchar2(50)	是	
用户类型	number	否	外键
注册日期	date	是	

27

表 1-61　　　　　　　　　　　"用户类型表"的结构数据

字　段　名　称	数据类型（字段长度）	是否允许 Null 值	约　　　束
用户类型 ID	number	否	主键
类型名称	varchar2(20)	是	

3. 创建 Oracle 数据库的存储过程 getUserInfo

Oracle 的存储过程可以在 Oracle 的 OEM 管理界面中创建，也可以在 SQL Developer 图形化界面中创建。存储过程 getUserInfo 的代码如表 1-62 所示。

表 1-62　　　　　　　　　　　存储过程 getUserInfo 的代码

/*存储过程名称：getUserInfo */	
序号	程序代码
01	Create Or Replace Procedure getUserInfo
02	(
03	code in Char,
04	userType out Varchar2
05	) As
06	Begin
07	Select t.类型名称 Into userType From 用户表 u, 用户类型表 t
08	Where　u.用户类型=t.用户类型 ID And u.用户编号=code;
09	End getUserInfo;
10	

1.5 在 NetBeans IDE 中创建 Java 应用程序项目

【任务 1-5】　在 NetBeans IDE 中创建 Java 应用程序项目 JavaApplication1

【任务描述】

（1）在 NetBeans 集成开发环境中创建 Java 应用程序项目 JavaApplication1。
（2）添加 JAR 文件 "sqljdbc4.jar" 和 "ojdbc6_g.jar"。

【任务实施】

1. 启动 NetBeans IDE

通过 Windows 的开始菜单或桌面快捷方式启动 NetBeans IDE。

2. 创建 Java 应用程序项目 JavaApplication1

在 NetBeans 集成开发环境中，选择【文件】→【新建项目】命令，打开【新建项目】对话框，在"类别"列表中选择"Java"，在"项目"列表中选择"Java 应用程序"，如图 1-15 所示。然后单击【下一步】按钮，打开【新建 Java 应用程序】对话框。

在【新建 Java 应用程序】对话框的"项目名称"文本框中输入"JavaApplication1"，在"项目位置"文本框中输入"盘符\DatabaseAccess\Unit01"，如图 1-16 所示，然后单击【完成】按钮完成 Java 应用程序项目的创建。

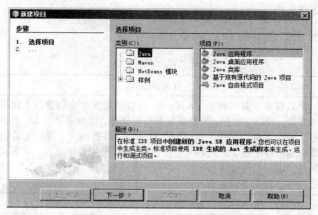

图 1-15 【新建项目】对话框

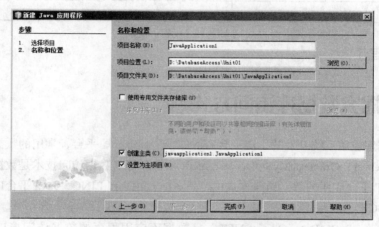

图 1-16 【新建 Java 应用程序】对话框

3. 添加 JAR 文件 "sqljdbc4.jar" 和 "ojdbc6_g.jar"

在 NetBeans IDE 集成开发环境的 "项目" 窗口，用鼠标右键单击 "库"，在弹出的快捷菜单中选择【添加 JAR/文件夹...】命令，打开【添加 JAR/文件夹】对话框，在该对话框中定位到存放 JAR 文件的文件夹，然后选择 JAR 文件 "sqljdbc4.jar" 和 "ojdbc6_g.jar"，如图 1-17 所示，最后单击【打开】按钮。

Java 应用程序项目创建完成，且添加必要的 JAR 文件后的 Java 项目窗口如图 1-18 所示。

图 1-17 【添加 JAR/文件夹】对话框

图 1-18 Java 项目窗口

【考核评价】

本单元的考核评价表如表 1-63 所示。

表 1-63　　　　　　　　　　　单元 1 的考核评价表

	任务描述		基本分
考核项目	（1）创建一个数据库，其名称为"Student"，在该数据库中创建以下数据表：学生信息（包括学号、姓名、性别、班级编号、身份证号、民族等字段）、班级信息（包含班级编号、班级名称等字段）、课程信息（包括课程编号、课程名称、学分、课时、课程类型编号等字段）、民族（包括民族 ID、民族等字段）、课程类型（包括课程类型编号、课程类型名称等字段）、用户（包括用户编号、用户名、E-mail、密码、注册日期等字段）等，且输入两条以上的记录		3
	（2）创建一个项目，其名称为"StudentUnit1"		1
评价方式	自我评价	小组评价	教师评价
考核得分			

【知识疏理】

1.6　探究数据库访问方式

目前，数据库应用系统开发的主流平台有.NET 平台和 Java 平台，常用的数据库管理系统有 Microsoft SQL Server、Oracle、MySQL、Microsoft Access 等。数据访问技术是数据库应用系统的核心部分，.NET 平台应用的数据访问方式主要是 ADO.NET 和 LINQ，Java 平台应用的数据访问方式主要是 JDBC。

ADO.NET（ActiveX Data Objects.NET）是数据库应用程序的数据访问接口，它提供了对 Microsoft SQL Server 数据源以及通过 OLE DB 和 XML 公开数据源的一致访问，使用 ADO.NET 连接数据源，并检索、处理和更新所包含的数据。ADO.NET 是.NET Framework 提供给.NET 开发人员的一组类，其功能全面而且灵活，在访问各种不同类型的数据时可以保持操作的一致性。ADO.NET 的各个类位于 System.Data.dll 中，并且与 System.Xml.dll 中的 XML 类相互集成。ADO.NET 的两个核心组件是：.NET Framework 数据提供程序和 DataSet。.NET Framework 数据提供的程序是一组包括 Connection、Command、DataReader 和 DataAdapter 对象的组件，负责与后台物理数据库的连接，而 DataSet 是断开连接结构的核心组件，用于实现独立于任何数据源的数据访问。

语言集成查询（Language-Integrated Query，LINQ）是 Microsoft 公司开发的一项数据访问新技术，LINQ 是 Visual Studio 2008 和.NET Framework 3.5 中一项突破性的创新，它在对象领域和数据领域之间架起了一座桥梁，以一致的方式直接利用程序语言本身访问各种不同类型的数据源，几乎可以查询或操作任何存储形式的数据，提高了应用程序的开发效率和安全性，减少了程序的出错率。LINQ 能够将查询功能直接嵌入.NET Framework 3.5 所支持的语言（C#、Visual Basic.NET 等）中，把数据从数据表中传递到内存的对象中，并将数据源转换为基于 IEnumerable 的对象集合，从而可以将 ADO.NET 操作数据库的方法转换为使用 LINQ 查询和处理基于 IEnumerable 的对象集合。查询操作可以通过编程语言自身来传达，而不是以字符串嵌入应用程序代码中。LINQ

主要包括 4 个组件：LINQ to Objects、LINQ to SQL、LINQ to DataSet 和 LINQ to XML，它们分别查询和处理对象数据（如集合等）、关系数据（如 SQL Server 数据库等）、DataSet 对象数据和 XML 结构数据（如 XML 文件）。LINQ to SQL 可以创建 LINQ 编程模型，并直接映射到关系数据库，可以直接创建表示数据的.NET Framework 类，并将这些类映射到数据库中的表、视图、存储过程和函数等对象。LINQ to DataSet 基于 ADO.NET，并为 ADO.NET 提供了更加高级的查询技术。

数据库连接（Java DataBase Connectivity，JDBC）是 Java 程序连接关系数据表的标准，由一组用 Java 语言编写的类和接口组成，Java 程序通过接口连接数据库，可以很方便地对数据库中的数据进行查询、新增、修改、删除等操作。

1.7 ADO.NET 概述

ADO.NET 是数据库应用程序的数据访问接口，其主要功能包括与数据库建立连接、向数据库发送 SQL 语句和处理数据库执行 SQL 语句后返回的结果。ADO.NET 包含了多个对象，使用这些对象应先引入相应的命名空间。"System.Data"命名空间提供了 ADO.NET 的基本类。"System.Data.SqlClient"命名空间中的类用于访问 Microsoft SQL Server 7.0 或更高版本的 SQL Server 数据库；"System.Data.OleDb"命名空间中的类用于访问 Access、SQL Server 6.5 或更低版本、DB2、Oracle 或其他支持 OLE DB 驱动程序的数据库；"System.Data.Odbc"命名空间中的类用于访问 ODBC 数据源；"System.Data.OracleClient"命名空间中的类用于访问 Oracle 数据库。

ADO.NET 涉及的基本概念和技术较多，为了便于读者形象地理解，我们首先用一个实例来说明。如图 1-19 所示，某商店需要从某生产厂家进货，首先必须在生产厂家与商家之间有运输通道（公路、铁路、水路、航空路线），然后商家向厂家发送订单，订单规定了所需货品的品种、数量、规格、型号等要求，厂家接收订单后发货，通过运输工具将货物运输到商家的仓库，最后商店从仓库取货到门面的柜台。

从数据库提取数据也与此类似，数据库相当于生产厂家，内存相当于商店的仓库。访问数据库时由 Connection 对象负责连接数据库；Command 对象下达 SQL 命令（相当于订单）；DataAdapter 使用 Command 对象在数据源中执行 SQL 命令，负责在数据库与 DataSet 之间传递数据（相当于运输工具）；内存中的 DataSet 对象用来保存所查询到的数据记录。另外 Fill 命令用来填充数据集 DataSet，Update 命令用来更新数据源，如图 1-20 所示。

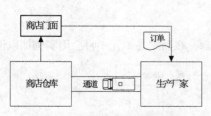
图 1-19　商店订购货物示意图

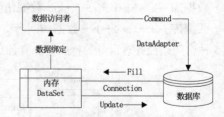
图 1-20　ADO.NET 工作原理示意图

数据库应用程序访问数据库的一般过程为：首先连接数据库；接着发出 SQL 命令，告诉数据库要提取哪些数据；最后返回所需的数据。

1. ADO.NET 的主要对象

ADO.NET 的主要对象如表 1-64 所示，通常情况下，Command 对象和 DataReader 对象配使用，Command 对象通过 ExecuteReader 执行 SQL 命令，并把结果返回给 DataReader 对象，DataReader 对象是一个单向的向前移动的记录集，利用 DataReader 对象的属性和方法输出数据。DataAdapter 对象和 DataSet 对象配合使用，DataAdapter 对象执行 SQL 命令，并通过自身的 Fill 方法填充 DataSet 对象，将数据存放在内存的数据集对象 DataSet 中，DataSet 对象可以包含多个数据表，通过 DataView 或 DataTable 显示 DataSet 对象中的数据。

表 1-64　　　　　　　　　　ADO.NET 的主要对象及其主要功能

对 象 名 称	含　　义	主　要　功　能
Conntion	连接对象	用于与数据库建立连接，使用一个连接字符串描述连接数据源所需的信息。连接 SQL Server 7.0 或更高版本的数据库使用 SqlConnection 对象，连接 OLE DB 数据源使用 OleDbConnection 对象
Command	命令对象	用于对数据源执行 SQL 命令并返回结果，SQL Server 7.0 或更高版本的数据库使用 SqlCommand 对象，OLE DB 数据源使用 OleDbCommand 对象
DataReader	数据读取器对象	用于单向读取数据源的数据，只能将数据源的数据从头至尾依次读出，SQL Server 7.0 或更高版本的数据库使用 SqlDataReader 对象，OLE DB 数据源使用 OleDbDataReader 对象
DataAdapter	数据适配器对象	用于对数据源执行 SQL 命令并返回结果，在 DataSet 与数据源之间建立通道，将数据源中的数据写入 DataSet 中，或者根据 DataSet 中的数据更新数据源。SQL Server 7.0 或更高版本的数据库使用 SqlDataAdapter 对象，OLE DB 数据源使用 OleDbDataAdapter 对象
DataSet	数据集对象	DataSet 对象是内存中存储数据的容器，是一个虚拟的中间数据源，它利用数据适配器所执行的 SQL 命令或存储过程来填充数据。一旦从数据源提取出所需的数据并填充到数据集对象中，就可以断开与数据源的连接
DataView	数据视图对象	用于创建 DataTable 中所存储数据的不同视图，对 DataSet 中的数据进行排序、过滤和查询等操作

2. ADO.NET 访问数据库的基本途径

ADO.NET 访问数据库的基本途径有以下 5 种，所要使用的 ADO.NET 对象如图 1-21 所示。
（1）数据库→a→b→c→数据访问者。
（2）数据库→a→b→d→e→数据访问者。
（3）数据库→a→b→i→g→h→数据访问者。
（4）数据库→a→b→i→g→j→k→数据访问者。
（5）数据库→a→f→g→h→数据访问者。
这 5 种访问途径各有自身的特点，也有各自的适用场合，在后续各单元中将会用实例加以说明。

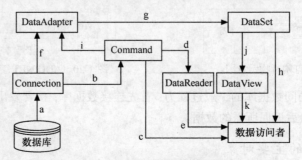

图 1-21　ADO.NET 访问数据库的基本途径示意图

1.8 .NET Framework 数据提供程序

.NET Framework 包含了 4 种.NET Framework 数据提供程序来访问特定类型的数据源：SQL Server .NET Framework 数据提供程序、Oracle .NET Framework 数据提供程序、OLE DB Framework 数据提供程序和 ODBC .NET Framework 数据提供程序。这 4 种.NET Framework 数据提供程序的类分别位于特定的命名空间中，用于访问不同类型的数据源。

1. SQL Server .NET Framework 数据提供程序

SQL Server .NET Framework 数据提供程序用于访问 Microsoft SQL Server 7.0 版本以上的数据库。SQL Server .NET Framework 数据提供程序的类位于 System.Data.SqlClient 命名空间中，这些类以"Sql"作为前缀，创建 Connection 对象的类称为"SqlConnection"，创建 Command 对象的类称为"SqlCommand"，创建 DataAdapter 对象的类称为"SqlDataAdapter"，创建 DataReader 对象的类称为"SqlDataReader"。

2. Oracle .NET Framework 数据提供程序

Oracle .NET Framework 数据提供程序用于访问 Oracle 数据库，Oracle .NET Framework 数据提供程序的类位于 System.Data.OracleClient 命名空间中，并且包括在 System.Data.OracleClient.dll 组件中，这些类以"Oracle"作为前缀，创建 Connection 对象的类称为"OracleConnection"，创建 Command 对象的类称为"OracleCommand"，创建 DataAdapter 对象的类称为"OracleDataAdapter"，创建 DataReader 对象的类称为"OracleDataReader"。

3. OLE DB Framework 数据提供程序

OLE DB Framework 数据提供程序用于访问支持 OLE DB 接口的数据库，如 Microsoft SQL Server 6.5 或更低版本的数据库、Microsoft Access 数据库、Oracle 数据库、Sybase 数据库和 DB2 数据库等。OLE DB Framework 数据提供程序通过本地的 OLE DB 数据驱动程序为数据库的操作提供服务。例如，访问 Microsoft SQL Server 数据库的 OLE DB 驱动程序为"SQLOLEDB.1"，访问 Microsoft Access 数据库的 OLE DB 驱动程序为"Microsoft .Jet . OLEDB.4.0"，访问 Oracle 数据库的 OLE DB 驱动程序为"MSDAORA"。

OLE DB Framework 数据提供程序的类位于 System.Data.OleDb 命名空间中，这些类以"OleDb"作为前缀，创建 Connection 对象的类称为"OleDbConnection"，创建 Command 对象的类称为"OleDbCommand"，创建 DataAdapter 对象的类称为"OleDbDataAdapter"，创建 DataReader 对象的类称为"OleDbDataReader"。

4. ODBC .NET Framework 数据提供程序

ODBC .NET Framework 数据提供程序使用 ODBC 驱动管理程序访问数据库，如 Microsoft SQL Server 数据库、Microsoft Access 数据库、Oracle 数据库等。ODBC .NET Framework 数据提供程序通过使用本地的 ODBC 驱动程序管理器提供对数据库的访问。例如，访问 Microsoft SQL Server 数据库的 ODBC 驱动程序为"SQL Server"，访问 Microsoft Access 数据库的 ODBC 驱动程序为"Microsoft

Access Driver(*.mdb)",访问 Oracle 数据库的 ODBC 驱动程序为"Microsoft ODBC for Oracle"。

ODBC .NET Framework 数据提供程序的类位于 System.Data.ODBC 命名空间中,这些类以"ODBC"作为前缀,创建 Connection 对象的类称为"ODBCConnection",创建 Command 对象的类称为"ODBCCommand",创建 DataAdapter 对象的类称为"ODBCDataAdapter",创建 DataReader 对象的类称为"ODBCDataReader"。

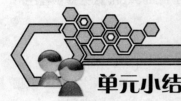

单元小结

本单元主要探讨了数据库、数据表和数据过程的创建,在 Visual Studio 集成开发环境中创建项目和网站,在 NetBeans IDE 中创建 Java 应用程序项目,分析了 Select 语句、Insert 语句、Update 语句、Delete 语句的使用方法和在数据访问环境中的表现形式,还介绍了 ADO.NET 的基本概念及主要对象、.NET Framework 数据提供程序等。

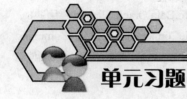

单元习题

(1)要查询"用户表"中"用户名"为"门玲"、"密码"为"666"的记录,写出 SQL 语句。如果在 cboUserName 中选择"用户名",在 txtPassword 中输入"密码",写出查询字符串。

(2)要查询姓"舒"且在"2012 年 3 月 1 日"之后才注册的用户信息,写出 SQL 语句。

(3)假设"用户表"中只有"用户 ID"、"用户名"、"密码"3 个字段,并且"用户 ID"为自动编号的字段,要向该表中插入一条记录,该记录的用户名为"administrator",密码为"123",写出 SQL 语句。

(4)修改"用户表"中"用户 ID"为"2"的密码,修改后的密码为"888",写出 SQL 语句。

(5)执行 SQL 语句"Delete From 用户表"后,"用户表"中剩下多少条记录?

单元 2 连接数据库

ADO.NET 是数据库应用程序的数据访问接口，它提供了对 Microsoft SQL Server 数据源以及通过 OLE DB 和 XML 公开的数据源的一致访问，使用 ADO.NET 连接数据源，并检索、处理和更新所包含的数据。要将后台数据库中的数据呈现在用户界面中，必须先连接到数据源，对于 ADO.NET，这个操作通过 Connection 对象来完成，Connection 对象用于建立与特定数据源的连接，其操作过程如下。

（1）建立 Connection 对象。
（2）打开连接。
（3）将数据操作命令通过连接传送到数据源执行并取得其返回的数据。
（4）数据处理完成后，关闭连接。

JDBC 提供了一种在 Java 应用程序中连接关系数据库的能力，JDBC API 为 Java 应用程序提供了一套访问一个或多个关系数据库的标准，任何支持该标准的数据库都可以被 Java 应用程序以一致的方式进行访问。Java 应用程序使用 JDBC 访问数据库时首先要加载相匹配的 JDBC 驱动程序，然后使用 DriverManager 类的 getConnection()方法创建与指定数据库的连接。

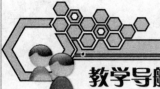
教学导航

教学目标	（1）掌握在.NET 平台中使用 ADO.NET 方式连接 SQL Server 数据库的方法 （2）掌握 ADO.NET 的 Connection 对象连接字符串的设置，SqlConnection 类的属性、方法和事件 （3）熟悉 ADO.NET 的数据库连接属性的输出方法

续表

教学目标	（4）熟悉多种不同的 ADO.NET 数据源（SQL Server 数据库、Oracle 数据库、Access 数据库、Excel 电子表格）的连接方式 （5）了解在.NET 平台的 Web 页面中使用 LINQ 方式连接 SQL Server 数据库的方法 （6）了解在 Java 平台中使用 JDBC 方式连接 SQL Server 数据库的方法
教学方法	任务驱动法、分层技能训练法等
课时建议	4 课时（含考核评价）

前导知识

ADO.NET 访问数据库的典型步骤是：建立连接→打开连接→执行操作→取得数据→关闭连接。首先必须学会如何建立连接。

ADO.NET 的 Connection 对象用于建立与特定数据源的连接，使用一个连接字符串来描述连接数据源所需的连接信息，包括所访问数据源的类型、所在位置和名称等信息。ADO.NET 创建 Connection 对象时根据所连接的数据库类型选择采用 SqlConnection 类或者 OleDbConnection 类。

SqlConnection 类用于连接 SQL Server 数据源，使用 SqlConnection 类时应引入命令空间 System.Data.SqlClient。

SqlConnection 类提供了以下两种构造函数来创建 SqlConnection 对象。

（1）使用默认构造函数 SqlConnection()创建 SqlConnection 对象。

默认构造函数不包括任何参数，它所建立的 SqlConnection 对象在未设定任何属性之前，它的 ConnectionString、Database 和 DataSource 属性的初始值为空字符值（""），而 ConnectionTimeout 属性的初始值为 15 秒。

使用 SqlConnection 类的默认构造函数建立连接时，先建立 SqlConnection 对象，然后再设置 ConnectionString 属性以便指定连接字符串，语法格式如下。

```
SqlConnection 连接对象名=new SqlConnection();
```

示例代码如下。

```
SqlConnection conn=new SqlConnection();
sqlConn.ConnectionString = "Server=(local);Database=ECommerce;
                          User ID=sa;Password=123456";
```

（2）使用带参数的构造函数 SqlConnection（String）创建 SqlConnection 对象，语法格式如下。

```
SqlConnection 连接对象名 = new SqlConnection(连接字符串);
```

这个构造函数以一个连接字符串作为参数，一般有两种表现方式。

① 将连接字符串作为参数，直接写在括号内，代码如下。

```
SqlConnection sqlConn = new SqlConnection("Server=(local);Database=ECommerce;User ID=sa;Password=123456");
```

② 先定义一个字符串变量保存连接字符串，然后以字符串变量作为构造函数的参数，示例代码如下。

```
String strConn = "Server=(local);Database=ECommerce;User ID=sa;Password=123456";
SqlConnection sqlConn = new SqlConnection(strConn);
```

如果连接 Access 数据库或者 Excel 电子表格，则必须使用 OleDbConnection 类。

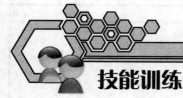

技能训练

2.1 在.NET平台中使用ADO.NET方式连接SQL Server数据库

【任务2-1】 创建与测试.NET平台的数据库连接

【任务描述】

（1）创建项目Unit2。

（2）在项目Unit2中创建控制台应用程序SqlConnection2_1，编写代码创建与测试.NET平台ADO.NET数据库连接sqlConn。

【任务实施】

（1）创建项目Unit2。
（2）在项目Unit2中创建控制台应用程序SqlConnection2_1。
（3）引入命名空间。
引入命名空间System.Data.SqlClient的代码如下。
```
using System.Data.SqlClient ;
```
（4）在类SqlConnection2_1的Main方法中编写代码，创建与测试.NET平台ADO.NET数据库连接，代码如表2-1所示。

表2-1　　　　　SqlConnection2_1类中Main方法的代码

/*类名称：SqlConnection2_1，方法名称：Main */	
序号	程序代码
01	SqlConnection sqlConn=new SqlConnection();
02	sqlConn.ConnectionString = "Server=(local);Database=ECommerce;
03	User ID=sa;Password=123456";
04	try
05	{
06	if (sqlConn != null && sqlConn.State == ConnectionState.Closed)
07	{
08	sqlConn.Open();
09	Console.WriteLine("数据库成功连接");
10	Console.Read();
11	}
12	}
13	catch (SqlException)
14	{
15	Console.WriteLine("数据库连接失败");
16	Console.Read();
17	}

续表

序号	程序代码
18	finally
19	{
20	if (sqlConn.State == ConnectionState.Open)
21	{
22	sqlConn.Close();
23	}
24	}

【运行结果】

SqlConnection2_1 程序的运行结果如图 2-1 所示。

数据库成功连接

图 2-1　SqlConnection2_1 程序的运行结果

【任务 2-2】　输出数据库连接的属性

【任务描述】

（1）在项目 Unit2 中创建控制台应用程序 SqlConnection2_2。
（2）创建 ADO.NET 数据库连接 sqlConn。
（3）输出数据库连接的属性。

【任务实施】

（1）在项目 Unit2 中创建控制台应用程序 SqlConnection2_2。
（2）在 SqlConnection2_2 类的 Main 方法中编写代码，创建数据库连接 sqlConn，并输出数据库连接的属性，代码如表 2-2 所示。

表 2-2　SqlConnection2_2 类的 Main 方法的代码

/*类名称：SqlConnection2_2，方法名称：Main */	
序号	程序代码
01	SqlConnection sqlConn = new SqlConnection();
02	sqlConn.ConnectionString = "Server=(local);Database=ECommerce;
03	User ID=sa;Password=123456";
04	try
05	{
06	if (sqlConn.State == ConnectionState.Closed)
07	{
08	sqlConn.Open();
09	Console.WriteLine("当前连接的计算机名称为：{0}", sqlConn.DataSource);
10	Console.WriteLine("当前连接的数据库名称为：{0}",sqlConn.Database);
11	Console.WriteLine("当前 SqlConnection 的状态为：{0}", sqlConn.State);
12	Console.WriteLine("与 SQL Server 实例通信的网络数据包大小为：{0}",
13	sqlConn.PacketSize);
14	Console.WriteLine("SqlConnection 等待服务器响应的时间为：{0}",
15	sqlConn.ConnectionTimeout);
16	Console.WriteLine("连接字符串为：{0}", sqlConn.ConnectionString);
17	Console.Read();
18	}
19	}

续表

序号	程序代码
20	catch (SqlException)
21	{
22	Console.WriteLine("数据库连接失败");
23	Console.Read();
24	}
25	finally
26	{
27	if (sqlConn.State == ConnectionState.Open)
28	{
29	sqlConn.Close();
30	}
31	}

【运行结果】

SqlConnection2_2 程序的运行结果如图 2-2 所示。

图 2-2 SqlConnection2_2 程序的运行结果

【任务 2-3】 测试多种不同的 ADO.NET 数据库连接方式

【任务描述】

（1）在项目 Unit2 中创建 Windows 窗体应用程序 SqlConnection2_3，该程序的运行外观如图 2-3 所示。

（2）测试使用 Windows NT 集成安全模式的数据库连接方式。

（3）测试使用 SQL Server 身份验证模式的数据库连接方式。

【任务实施】

（1）在解决方案 Unit2 中创建 Windows 窗体应用程序 SqlConnection2_3。

（2）设计窗体 SqlConnection2_3，该窗体的设计外观如图 2-4 所示，其属性设置如表 2-3 所示。

图 2-3 SqlConnection2_3 程序的运行外观

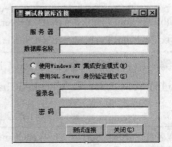

图 2-4 SqlConnection2_3 窗体的设计外观

表 2-3　　　　　　　　　　SqlConnection2_3 窗体中控件的属性设置

控件类型	属性名称	属性值	属性名称	属性值
Label	Name	lblServer	Text	服务器
	Name	lblDataBase	Text	数据库名称
	Name	lblLoginName	Text	登录名
	Name	lblPassword	Text	密码
TextBox	Name	txtServer	Text	（空）
	Name	txtDataBase	Text	（空）
	Name	txtLoginName	Text	（空）
	Name	txtPassword	Text	（空）
RadioButton	Name	rbWindowsNT	Text	使用 Windows NT 集成安全模式（&W）
	Name	rbSQLServer	Text	使用 SQL Server 身份验证模式（&S）
Button	Name	btnTestConntion	Text	测试连接
	Name	btnClose	Text	关闭（&C）

（3）声明类的私有成员变量 conn。

声明类的私有成员变量 conn 的代码如下。

```
private SqlConnection conn = new SqlConnection();
```

（4）编写事件过程 SqlConnection2_3_Load 的程序代码。

事件过程 SqlConnection2_3_Load 的程序代码如表 2-4 所示。

表 2-4　　　　　　　　事件过程 SqlConnection2_3_Load 的程序代码

/*事件过程名称：SqlConnection2_3_Load */	
序号	程序代码
01	rbWindowsNT.Checked = true;
02	lblLoginName.Enabled = false;
03	txtLoginName.Enabled = false;
04	lblPassword.Enabled = false;
05	txtPassword.Enabled = false;
06	txtServer.Text = "localhost";
07	txtDataBase.Text = "ECommerce";

（5）编写事件过程 rbWindowsNT_CheckedChanged 的程序代码。

事件过程 rbWindowsNT_CheckedChanged 的程序代码如表 2-5 所示。

表 2-5　　　　　　事件过程 rbWindowsNT_CheckedChanged 的程序代码

/*事件过程名称：rbWindowsNT_CheckedChanged */	
序号	程序代码
01	lblLoginName.Enabled = rbSQLServer.Checked;
02	txtLoginName.Enabled = rbSQLServer.Checked;
03	lblPassword.Enabled = rbSQLServer.Checked;
04	txtPassword.Enabled = rbSQLServer.Checked;

（6）编写事件过程 rbSQLServer_CheckedChanged 的程序代码。

事件过程 rbSQLServer_CheckedChanged 的程序代码如表 2-6 所示。

表 2-6　　　　　　事件过程 rbSQLServer_CheckedChanged 的程序代码

/*事件过程名称：rbSQLServer_CheckedChanged */	
序号	程序代码
01	lblLoginName.Enabled = rbSQLServer.Checked;

续表

序号	程序代码
02	txtLoginName.Enabled = rbSQLServer.Checked;
03	lblPassword.Enabled = rbSQLServer.Checked;
04	txtPassword.Enabled = rbSQLServer.Checked;
05	if (rbSQLServer.Checked)
06	{
07	txtLoginName.Text="sa";
08	txtPassword.Text = "123456";
09	}

（7）编写事件过程 btnTestConntion_Click 的程序代码。

事件过程 btnTestConntion_Click 的程序代码如表 2-7 所示。

表 2-7　　　　　　　　事件过程 btnTestConntion_Click 的程序代码

*事件过程名称：btnTestConntion_Click　　*/	
序号	程序代码
01	if (rbWindowsNT.Checked == true) //Windows 集成安全验证模式
02	{
03	if (checkSqlConnection(txtServer.Text, txtDataBase.Text))
04	{
05	MessageBox.Show("数据库连接成功！ ", "提示信息");
06	if (conn.State == ConnectionState.Open)
07	{
08	conn.Close();
09	}
10	}
11	}
12	else
13	{
14	if (checkSqlConnection(txtServer.Text, txtDataBase.Text,
15	txtLoginName.Text, txtPassword.Text))
16	{
17	MessageBox.Show("数据库连接成功！ ", "提示信息");
18	if (conn.State == ConnectionState.Open)
19	{
20	conn.Close();
21	}
22	}
23		
24	}

（8）创建方法 checkSqlConnection。

包含两个参数的重载方法 checkSqlConnection 的程序代码如表 2-8 所示。

表 2-8　　　　　　包含两个参数的重载方法 checkSqlConnection 的程序代码

/*方法名称：checkSqlConnection　　*/	
序号	程序代码
01	private bool checkSqlConnection(string DataSource, string DbName)
02	{
03	if (conn.State == ConnectionState.Closed)
04	{
05	string strConnSql = "server=" + DataSource + "; database=" + DbName
06	+ ";Integrated Security=SSPI;Persist Security Info=False;";
07	try
08	{
09	conn.ConnectionString = strConnSql;

序号	程序代码
10	if (conn.State == ConnectionState.Closed)
11	{
12	conn.Open();
13	}
14	return true;
15	}
16	catch (Exception ex)
17	{
18	MessageBox.Show(ex.Message, "错误提示信息", MessageBoxButtons.OK,
19	MessageBoxIcon.Error);
20	return false;
21	}
22	}
23	return false;
24	}

包含 4 个参数的重载方法 checkSqlConnection 的程序代码如表 2-9 所示。

表 2-9   包含 4 个参数的重载方法 checkSqlConnection 的程序代码

/*方法名称：checkSqlConnection   */

序号	程序代码
01	private bool checkSqlConnection(string DataSource, string DbName,
02	string UserId, string Password)
03	{
04	if (conn.State == ConnectionState.Closed)
05	{
06	string strConnSql = "Data Source=" + DataSource +
07	"; Initial Catalog=" + DbName +
08	";User Id=" + UserId +
09	";Password=" + Password;
10	try
11	{
12	conn.ConnectionString = strConnSql;
13	if (conn.State == ConnectionState.Closed)
14	{
15	conn.Open();
16	}
17	return true;
18	}
19	catch (Exception ex)
20	{
21	MessageBox.Show(ex.Message, "错误提示信息",
22	MessageBoxButtons.OK, MessageBoxIcon.Error);
23	return false;
24	}
25	}
26	return false;
27	}

【运行结果】

Windows 窗体应用程序 SqlConnection2_3 的运行外观如图 2-3 所示，单击【测试连接】按钮，会弹出图 2-5 所示的提示"数据库连接成功"的【提示信息】对话框，表示数据库连接成功。

选中"使用 SQL Server 身份验证模式"单选按钮，在"登录名"文本框中输入"sa"，在"密码"文本框中输入"123456"，如图 2-6 所示。然后单击【测试连接】按钮，也会弹出图 2-5 所示的【提示信息】对话框，表示数据库连接成功。

图 2-5 提示"数据库连接成功"

图 2-6 【测试数据库连接】对话框

2.2 在.NET 平台的 Web 页面中使用 ADO.NET 方式连接 SQL Server 数据库

【任务 2-4】 在.NET 平台的 Web 页面中测试 ADO.NET 数据库连接

【任务描述】

（1）创建 ASP.NET 网站 WebSite2。
（2）在网站 WebSite2 中添加 Web 窗体 "SqlConnection2_4.aspx"。
（3）在 web.config 文件中配置数据库连接字符串。
（4）编写程序创建与测试数据库连接并输出连接属性。

【任务实施】

（1）在解决方案 Unit2 中添加 ASP.NET 网站 WebSite2。
（2）在网站 WebSite2 中添加 Web 窗体 "SqlConnection2_4.aspx"。
（3）在 web.config 文件中配置数据库连接字符串。

web.config 文件中数据库连接字符串的代码如下。

```
<connectionStrings>
    <add name="ConnectionString"
         connectionString="Data Source=localhost;
                     Initial Catalog=ECommerce;
                     User ID=sa;  Password=123456"
         providerName="System.Data.SqlClient" />
    <add name="LinqConnectionString"
         connectionString="Data Source=localhost;
                     Initial Catalog=ECommerce;
                     User ID=sa;  Password=123456"
         providerName="System.Data.SqlClient" />
</connectionStrings>
```

（4）编写程序测试数据库连接并输出连接属性。

事件过程 Page_Load 的程序代码如表 2-10 所示。

表 2-10　　　　　　　　　事件过程 Page_Load 的程序代码

/*事件过程名称：Page_Load */	
序号	程序代码
01	string strSqlConn =
02	ConfigurationManager.ConnectionStrings["ConnectionString"].ConnectionString;

续表

序号	程序代码
03	///获取其连接
04	SqlConnection conn = new SqlConnection(strSqlConn);
05	try
06	{
07	if (conn != null && conn.State == ConnectionState.Closed)
08	{
09	conn.Open();
10	///显示连接的信息
11	Response.Write("当前连接的计算机名称为：" + conn.DataSource + "\<br\>");
12	Response.Write("当前连接的数据库名称为：" + conn.Database + "\<br\>");
13	Response.Write("等待服务器响应的时间为：" +
14	conn.ConnectionTimeout.ToString() + "\<br\>");
15	Response.Write("当前连接的状态为：" + conn.State.ToString() + "\<br\>");
16	Response.Write("连接字符串为：" + conn.ConnectionString + "\<br\>");
17	Console.Read();
18	}
19	}
20	catch (SqlException)
21	{
22	Console.WriteLine("数据库连接失败");
23	Console.Read();
24	}
25	finally
26	{
27	if (conn.State == ConnectionState.Open)
28	{
29	conn.Close();
30	}
31	}

【运行结果】

Web 窗体"SqlConnection2_4.aspx"的运行结果如图 2-7 所示。

```
当前连接的计算机名称为：localhost
当前连接的数据库名称为：ECommerce
等待服务器响应的时间为：15
当前连接的状态为：Open
连接字符串为：Data Source=localhost;Initial Catalog=ECommerce;User ID=sa;
```

图 2-7 Web 窗体"SqlConnection2_4.aspx"的运行结果

【技能拓展】

2.3 在.NET 平台的 Web 页面中使用 LINQ 方式连接 SQL Server 数据库

【任务 2-5】 在.NET 平台的 Web 页面中测试 LINQ 数据库连接

【任务描述】

（1）在网站添加 Web 窗体。

（2）测试连接。

【任务实施】

（1）在网站 WebSite2 中添加 Web 窗体"SqlConnection2_5.aspx"。
（2）编写程序测试数据库连接并输出连接属性。

事件过程 Page_Load 的程序代码如表 2-11 所示。

表 2-11　　Web 窗体"SqlConnection2_5.aspx"事件过程 Page_Load 的程序代码

/*事件过程名称：Page_Load　*/	
序号	程序代码
01	string strSqlConn =
02	ConfigurationManager.ConnectionStrings["LinqConnectionString"].ConnectionString;
03	///注意类名"LinqDataClassDataContext"必须与 LinqDatClass.designer.cs 文件中完全一致
04	LinqDataClassDataContext ldb = new LinqDataClassDataContext(strSqlConn);
05	///获取其连接
06	DbConnection conn = ldb.Connection;
07	///打开连接
08	conn.Open();
09	///显示连接的信息
10	Response.Write("当前连接的计算机名称为：" + conn.DataSource + " ");
11	Response.Write("当前连接的数据库名称为：" + conn.Database + " ");
12	Response.Write("等待服务器响应的时间为：" + conn.ConnectionTimeout.ToString() +
13	" ");
14	Response.Write("当前连接的状态为：" + conn.State.ToString() + " ");
15	Response.Write("连接字符串为：" + conn.ConnectionString + " ");
16	///关闭连接
17	conn.Close();

【运行结果】

Web 窗体"SqlConnection2_5.aspx"的运行结果如图 2-8 所示。

```
当前连接的计算机名称为：localhost
当前连接的数据库名称为：ECommerce
等待服务器响应的时间为：15
当前连接的状态为：Open
连接字符串为：Data Source=localhost;Initial Catalog=ECommerce;User ID=sa;
```

图 2-8　Web 窗体"SqlConnection2_5.aspx"的运行结果

2.4　在 Java 平台中使用 JDBC 方式连接 SQL Server 数据库

【任务 2-6】　在 Java 平台中测试 JDBC 方式连接 SQL Server 数据库

【任务描述】

（1）在 NetBeans IDE 集成开发环境中创建 Java 应用程序项目 JavaApplication2。

（2）在 Java 应用程序项目 JavaApplication2 中添加 JAR 文件"sqljdbc4.jar"。

（3）在 Java 应用程序项目 JavaApplication2 中创建类 JavaApplication2_6。

（4）编写 JavaApplication2_6 类 main 方法的程序代码，测试 JDBC 方式连接 SQL Server 数据库，并输出数据库的元数据。

【任务实施】

（1）在 NetBeans IDE 集成开发环境中创建 Java 应用程序项目 JavaApplication2。

（2）添加 JAR 文件"sqljdbc4.jar"。

（3）在 Java 应用程序项目 JavaApplication2 中创建类 JavaApplication2_6。

（4）引入命名空间。

引入命名空间 java.sql.* 的代码如下。

```
import java.sql.*;
```

（5）编写 JavaApplication2_6 类的 main 方法的程序代码。

main 方法的程序代码如表 2-12 所示。

表 2-12　　　　类 JavaApplication2_6 的 main 方法的程序代码

/*类名称：JavaApplication2_6，方法名称：Main　　*/	
序号	程序代码
01	// A. 注册 sqlserver JDBC 驱动程序
02	try {
03	Class.forName("com.microsoft.sqlserver.jdbc.SQLServerDriver");
04	System.out.println("驱动程序已装载，即将连接数据库。");
05	} catch (ClassNotFoundException ex) {
06	System.out.println("无法加载驱动程序："+ ex.getMessage());
07	return;
08	}
09	try {
10	// B. 创建新数据库连接，登录数据库的用户名是 sa，密码是 123456
11	Connection conn = DriverManager.getConnection("jdbc:sqlserver://localhost:1433;
12	DatabaseName=ECommerce", "sa", "123456");
13	// C. 取得连接数据(元数据)
14	DatabaseMetaData md = conn.getMetaData();
15	System.out.println("---");
16	System.out.print("数据库版本：");
17	System.out.println(md.getDatabaseProductVersion());
18	System.out.print("驱动事件过程名称：");
19	System.out.println(md.getDriverName());
20	System.out.print("驱动程序版本：");
21	System.out.println(md.getDriverVersion());
22	System.out.println("---");
23	// D. 关闭数据库连接
24	conn.close();
25	} catch (SQLException ex) {
26	System.out.println("数据库连接失败："+ ex.getMessage());
27	ex.printStackTrace();
28	return;
29	}

【运行结果】

程序 JavaApplication2_6 的运行结果如图 2-9 所示。

```
驱动程序已装载，即将连接数据库。
------------------------------------------------
数据库版本：10.00.1600
驱动程序名称：Microsoft SQL Server JDBC Driver 3.0
驱动程序版本：3.0.1301.101
------------------------------------------------
```

图 2-9　程序 JavaApplication2_6 的运行结果

2.5　在 Java 平台中使用 JDBC 方式连接 Oracle 数据库

【任务 2-7】　在 Java 平台中测试 JDBC 方式连接 Oracle 数据库

【任务描述】

（1）在 Java 应用程序项目 JavaApplication2 中创建类 JavaApplication2_7。

（2）在 Java 应用程序项目 JavaApplication2 中添加 JAR 文件"ojdbc6_g.jar"。

（3）编写 JavaApplication2_7 类的 main 方法的程序代码，测试 JDBC 方式连接 Oracle 数据库，并输出连接元数据。

【任务实施】

（1）在 Java 应用程序项目 JavaApplication2 中创建类 JavaApplication2_7。

（2）在 Java 应用程序项目 JavaApplication2 中添加 JAR 文件"ojdbc6_g.jar"。

（3）引入命名空间。

引入命名空间 java.sql.* 的代码如下。

```
import java.sql.*;
```

（4）编写 JavaApplication2_7 类的 main 方法的程序代码。

main 方法的程序代码如表 2-13 所示。

表 2-13　　　　JavaApplication2_7 类的 main 方法的程序代码

/*类名称：JavaApplication2_7，方法名称：Main　　*/	
序号	程序代码
01	try {
02	Class.forName("oracle.jdbc.driver.OracleDriver");
03	System.out.println("驱动程序已装载，即将连接数据库。");
04	} catch (ClassNotFoundException ex) {
05	System.out.println("无法加载驱动程序：" + ex.getMessage());
06	return;
07	}
08	try {
09	Connection conn = DriverManager.getConnection("jdbc:oracle:thin:@localhost:1521:eCommerce",

续表

序号	程序代码
10	"system", "123456");
11	DatabaseMetaData md = conn.getMetaData();
12	System.out.println("---");
13	System.out.print("数据库版本：");
14	System.out.println(md.getDatabaseProductVersion());
15	System.out.print("驱动事件过程名称：");
16	System.out.println(md.getDriverName());
17	System.out.print("驱动程序版本：");
18	System.out.println(md.getDriverVersion());
19	System.out.println("---");
20	// D. 关闭数据库连接
21	conn.close();
22	} catch (SQLException ex) {
23	System.out.println("数据库连接失败：" + ex.getMessage());
24	ex.printStackTrace();
25	return;
26	}

【运行结果】

程序 JavaApplication2_7 的运行结果如图 2-10 所示。

```
驱动程序已装载，即将连接数据库。
-----------------------------------------------
数据库版本：Oracle Database 11g Enterprise Edition Release 11.2.0.1.0 - Production
With the Partitioning, OLAP, Data Mining and Real Application Testing options
驱动程序名称：Oracle JDBC driver
驱动程序版本：11.2.0.1.0
-----------------------------------------------
```

图 2-10　程序 JavaApplication2_7 的运行结果

【考核评价】

本单元的考核评价表如表 2-14 所示。

表 2-14　　　　　　　　　　　　单元 2 的考核评价表

	任务描述	基本分
考核项目	（1）创建项目 StudentUnit2，在该项目中创建应用程序 Program2_1，编写代码创建与测试数据库连接，该连接用于访问数据库"Student"，并输出数据库连接属性	3
	（2）创建 ASP.NET 网站 WebSite2，在该网站中添加 1 个 Web 窗体 "Page2_2.aspx"，编写程序创建与测试数据库连接，该连接用于访问数据库"Student"，并在 Web 页面中输出连接属性	3
评价方式	自我评价　　　　　　　　　　　小组评价	教师评价
考核得分		

【知识疏理】

2.6 ADO.NET 的 SqlConnection 连接对象

ADO.NET 的 SqlConnection 对象用于建立与数据库的连接，建立数据库连接时，需要提供连接信息，如数据库所在的位置、数据库名称、用户账号、密码等相关信息，使用一个连接字符串来描述连接数据源所需的连接信息，包括所访问数据源的类型、所在位置、名称等信息。通过 SqlConnection 对象建立与 SQL Server 数据库的连接，通过 OleDbConnection 对象建立支持 OLE DB 的数据源连接。

1. 连接字符串

建立 SqlConnection 对象时的关键点就是设置正确的连接字符串，连接字符串主要包括连接一个数据源时所需的各项信息，主要键值如下。

（1）指定使用的 OLE DB 提供程序。
（2）指定连接的服务器。
（3）指定访问的数据库。
（4）登录时采用的安全性验证模式。
（5）连接被打开时，是否返回安全性相关信息。
（6）等待服务器响应的时间。

连接字符串中各个键值的作用和设置如表 2-15 所示。

表 2-15　　　　SqlConnection 对象的连接字符串中键值的功能及设置

键 值 名 称	可替代的键值名称	功 能 说 明
Provider		指定 OLE DB 提供程序，如果连接的数据源为 SQL Server 数据库，可以省略不写
Server	（1）Data Source （2）Address （3）Addr （4）Network Address	指定要连接的数据库服务器名称或网络地址，如果要连接本机上的 SQL Server，可设置为"(local)"、localhost、"."或者"127.0.0.1"
Database	Initial Catalog	指定要连接的数据库名称
Integrated Security	Trusted_Connection	（1）如果将此键值设置为 True，表示使用当前的 Windows 账户证书进行验证，也就是使用信任的连接，一般设置为 SSPI，也可以设置为 yes。 （2）如果将此键值设置为 False，必须在连接字符串中指定用户标识（User ID）与密码（Password）。该键值的默认值为 False，也就是说如果没有设置 Integrated Security 的属性值，则采用 SQL Server 登录账户来连接 SQL Server 数据库
User ID		指定 SQL Server 登录账户的名称
Password	Pwd	指定 SQL Server 登录账户的密码
Persist Security Info		如果将此键值设置为 False 或 No（建议使用，且为默认值），则当连接被打开或曾经处于打开状态时，并不会将安全性相关信息（如登录密码）作为连接的一部分返回

续表

键值名称	可替代的键值名称	功能说明
Connection Timeout		SqlConnection 等待服务器响应的时间（单位：秒），如果时间已到但服务器还未响应，将会停止尝试并抛出一个异常。默认值为 15 秒。0 表示没有限制，应避免使用

根据用户账号和用户密码进行身份验证的连接字符串的示例如下。

```
String strConn = "Server=(local);Database=ECommerce;User ID=sa;Password=123456";
```

采用 Windows 安全验证模式的连接字符串的示例如下。

```
String strConn = "Server=(local);Database=ECommerce; Integrated Security=SSPI ";
```

连接字符串中的各个配置项称为"键值"（Keyword），其书写规范如下。

（1）采用键值与属性值两两成对的写法，键值与属性值使用"="号来连接。

（2）每一对键值对之间使用";"分隔。

（3）键值不区分大小写。

（4）如果键值的属性值是布尔值，可以使用"yes"代替"true"，使用"no"代替"false"。整数值会被当作字符串。

（5）如果要在字符串中包括前置或后置空格，必须将属性值包括在单引号或双引号中。整数值、布尔值前后的任何前置或后置空格都会被忽略。

（6）如果属性值本身包括分号、单引号或双引号，则必须将此属性值包括在双引号中。属性值同时包括分号与双引号字符时，必须将此属性包括在单引号中。

（7）如果某个键值在连接字符串中重复设置多次，将采用最后一次设置的值。

2. SqlConnection 对象的主要属性

利用 SqlConnection 对象的各个属性，不仅可以获取连接的相关信息，还可以对连接进行所需的设置。SqlConnection 对象的主要属性如表 2-16 所示。

表 2-16　　　　　　　　　　SqlConnection 对象的主要属性

属性名	功能	注意事项
ConnectionString	取得或设置连接的连接字符串，其中包含源数据库名称和建立连接所需的其他参数	（1）当连接处于关闭状态时才可以设置 ConnectionString 属性 （2）如果重新设置一个当前处于关闭状态的连接的 ConnectionString 属性，则重新设置所有的连接字符串值与相关属性
DataSource	设置连接的数据库所在位置，一般为数据库所在的主机名称，或者是 Microsoft Access 文件的名称	不能使用 DataSource 属性来改变 SqlConnection 对象所要连接的 SQL Server 实例
Database	（1）如果连接当前处于关闭状态，该属性返回当初建立 SqlConnection 对象时在连接字符串中指定的数据库名称 （2）如果连接当前处于打开状态，该属性返回连接当前所使用的数据库名称	不能使用 Database 属性来改变连接所使用的数据库。要更改一个已打开的连接所使用的数据库，可以使用 ChangeDatabase 方法
ConnectionTimeout	取得在尝试建立连接时的等待时间，默认值为 15 秒	0 值表示无限制，即无限制地等待连接

续表

属 性 名	功　　　能	注 意 事 项
PacketSize	取得与 SQL Server 实例通信的网络数据包的大小（单位：字节）	如果传送大量的 image 数据，该属性可设置为大于默认值
ServerVersion	取得一个已打开的连接所连接的 SQL Server 实例的版本	返回的版本编号的格式为：主号.次号.组建
State	取得连接当前的状态，默认值为 Closed	如果连接当前是关闭的，将返回 0，如果连接是打开的，将返回 1

3. SqlConnection 对象的主要方法

（1）Open 方法。

Open 方法使用连接字符串中的数据来连接数据源并建立开放连接。

连接的打开是指根据连接字符串的设置与数据源建立顺畅的通信关系，以便为后来的数据操作做准备。使用 Open 方法打开连接称为显式打开方式，在某些情况下连接不需要使用 Open 打开，而是会随着其他对象的打开而自动打开，这种打开方式称为隐式打开，例如，调用数据适配器的 Fill 方法或 Update 方法就能隐式打开连接。

（2）Close 方法。

Close 方法用于关闭连接。

当调用数据适配器（DataAdapter）对象的 Fill 方法或 Upate 方法时，会先检查连接是否已打开，如果尚未打开，则先自行打开连接，执行其操作，然后再次关闭连接。

对于 Fill 方法，如果连接已经打开，则直接使用连接而不会关闭连接。

（3）ChangeDatabase 方法。

使用 ChangeDatabase 方法可以更改一个已打开的连接所使用的数据库。在使用 ChangeDatabase 方法时可能会产生如表 2-17 所示的异常。

表 2-17　　　　　使用 ChangeDatabase 方法时可能会出现的异常

异 常 类 型	出现异常的条件
ArgumentException	在 ChangeDatabase 方法中所指定的数据库名称无效
InvalidOperationException	连接尚未打开
SqlException	无法更改连接所使用的数据库

（4）BeginTransaction 方法。

BeginTransaction 方法用于建立事务对象，事务对象会支持允许提交或还原事务的方法。

（5）CreatCommand 方法。

CreatCommand 方法用于建立并返回与 SqlConnection 相关联的 SqlCommand 对象。

4. SqlConnection 对象的主要事件

在数据库应用程序中，一般数据源位于远程服务器上，需要通过网络来读取更新数据。如果连接出现问题，则无法成功从数据源提取数据。利用 Connection 对象的事件可以及时了解连接状况，处理各种可能的情况。

可以使用 SqlConnection 对象的 InfoMessage 事件从数据源取得警告或消息，并使用

SqlConnection 对象的 StateChange 事件来判断连接的状态是否更改。

（1）InfoMessage 事件。

当 SQL Server 返回警告或消息时便会引发 SqlConnection 对象的 InfoMessage 事件，因此可以使用该事件从数据源取得警告或消息。虽然从数据源返回错误会导致抛出异常，但是 InfoMessage 事件可以从数据源取得与错误不相关的信息。以 Microsoft SQL Server 为例，任何严重性为 10 或以下的信息都属于消息性信息，可以使用 InfoMessage 事件加以捕捉。

InfoMessage 事件的处理程序会接收 SqlInfoMessageEventArgs 类型的参数，使用该参数的属性可以取得事件的各项信息。

① Errors 属性：包括来自数据源的信息集合，从该集合可以取得错误代码、消息正文和错误来源等。

② Message 属性：取得来自数据源的错误全文。

③ Source 属性：取得生成错误的对象名称。

（2）StateChange 事件。

每当连接从打开状态转变成关闭状态或者从关闭状态转变成打开状态时，会触发 SqlConnection 对象的 StateChange 事件。StateChange 事件的处理程序会接收 StateChangeEventArgs 类型的参数，使用该参数的属性可以取得事件的各项信息。

① CurrentState 属性：用来指示连接更改后的状态，属于 ConnectionState 枚举类型。

② OriginalState 属性：用来指示连接更改前的状态，属于 ConnectionState 枚举类型。

2.7　ADO.NET 的 OleDBConnection 连接对象

OleDBConnection 对象主要用于访问 Oracle、Access 和 Excel 电子表格等类型的数据源，OleDBConnection 对象的连接字符串的主要键值有 Provider、Data Source、User ID 和 Password，各个键值的主要功能及设置如表 2-18 所示。

表 2-18　　　　OleDBConnection 对象的连接字符串中键值的功能及设置

数据源类型	Access	Oracle	Excel
Provider	Microsoft.Jet.OLEDB.4.0	MSDAORA	Microsoft.Jet.OLEDB.4.0
Data Source	指定数据库的完整路径	指定数据库名称	指定 Excel 文件的完整路径
User ID	指定登录用户名	指定登录用户名	-
Password	指定密码	指定密码	-
Extended Properties	-	-	Excel 8.0

连接 Access 数据库与连接 SQL Server 数据库有所不同，主要区别有：连接 Access 数据库必须使用 OleDbConnection 类，在连接字符串中将 Provider 键值设置为"Microsoft.Jet.OLEDB.4.0"，使用 Data Source 键值指定数据库文件的完整路径。

连接 Access 数据库的连接字符串示例如下。

```
String strConn = " Provider=Microsoft.Jet.OLEDB.4.0 ; Data Source=" + Application.StartupPath + "\book.mdb ";
```

其中"Application.StartupPath"表示当前 Visual Studio 项目文件夹中"bin"子文件夹的绝对路径。

访问 Excel 电子表格与访问 Access 数据库相似，连接字符串示例如下。

```
String strConn = " Provider=Microsoft.Jet.OLEDB.4.0 ; Extended Properties=Excel 8.0 Data Source=" + Application.StartupPath & "\book.xls ";
```

注意：访问 Excel 电子表格必须将"Extended Properties"键值设置为"Excel 8.0"。

2.8 JDBC 简介

数据库连接（Java DataBase Connectivity，JDBC）是 Java 程序连接关系数据库的标准，由一组用 Java 语言编写的类和接口组成。对 Java 程序开发者来说，JDBC 是一套用于执行 SQL 语句的 Java API，通过调用 JDBC 就可以在独立于后台数据库的基础上完成对数据库的操作；对数据库厂商而言，JDBC 只是接口模型，数据库厂商开发相应的 JDBC 驱动程序，就可以使数据库通过 Java 语言进行操作。

1. JDBC 的实现原理

JDBC 主要通过 java.sql 包提供的 API 供 Java 程序开发者使用，驱动程序厂商则通过实现这些接口封装各种对数据库的操作。JDBC 为多种关系数据库提供了统一访问接口，它可以向相应数据库发送 SQL 调用，将 Java 语言和 JDBC 结合起来，程序员只需编写一次程序就可以让程序在任何平台上运行。JDBC 可以说是 Java 程序开发者和数据库厂商之间的桥梁，Java 程序开发者和数据库厂商可以在统一的 JDBC 基准之下，负责各自的工作范围。同时，任何一方的改变对另一方都不会造成大的影响。

2. JDBC 的框架结构

JDBC 框架结构包括 4 个组成部分，即 Java 应用程序、JDBC API、JDBC Driver Manager 和 JDBC 驱动程序。Java 应用程序调用统一的 JDBC API，再由 JDBC API 通过 JDBC Driver Manager 装载 JDBC 数据库驱动程序，建立与数据库的连接，向数据库提交 SQL 请求，并将数据处理结果返回给 Java 应用程序。

在 JDBC 框架结构中，供程序员编程调用的接口与类集成在 java.sql 包和 javax.sql 包中，如 java.sql 包中常用的有 DriverManager 类、Connection 接口、Statement 接口和 ResultSet 接口。Driver Manager 类根据数据库的不同，注册、装载相应的 JDBC 驱动程序，JDBC 驱动程序负责直接连接相应的数据库。Connection 接口负责连接数据库并完成传送数据的任务。Statement 接口由 Connection 接口产生，负责执行 SQL 语句，包括查询、新增、修改和删除等操作。ResultSet 接口负责保存 Statement 执行后返回的查询结果。

3. JDBC 驱动程序的类型

JDBC 驱动程序有如下 4 种类型。

（1）JDBC-ODBC 桥。

JDBC-ODBC 桥将对 JDBC API 的调用转换为对 ODBC API 的调用，能够访问 ODBC 可以访问的所有数据库，如 Microsoft Access、Visual FoxPro 数据库等。但是这些方式执行效率低、功能不够强大。

（2）本地 JDBC API 调用+部分 Java 驱动程序。

这种方式将 JDBC API 调用转换为数据库厂商专用的 API 后再去访问数据库，其访问效率较低，容易导致服务器死机。

（3）中间数据访问服务器。

中间数据访问服务器驱动程序独立于数据库，它只和一个中间层进行通信，由中间层实现多个数据库的访问。与前两种驱动程序相比，中间数据访问服务器执行效率较高，驱动程序可以被动态地下载，但是不同的数据库需要下载不同的驱动程序。

（4）纯 Java 驱动程序。

纯 Java 驱动程序由数据库厂商提供，是最成熟的 JDBC 驱动程序，所有数据的存取操作都直接由驱动程序完成，存取速度快，而且可以跨平台。

2.9 使用 JDBC 访问数据库

（1）注册与加载连接数据库的驱动程序。

使用 Class.forName（JDBC 驱动程序类）的方式显式加载一个驱动程序类，由驱动程序负责向 DriverManager 类登记注册，在与数据库相连接时，DriverManager 将使用该驱动程序。

基本格式：Class.forName（"JDBC 驱动程序类"）；

例如，连接 SQL Server 的驱动程序如下。

```
Class.forName("com.microsoft.sqlserver.jdbc.SQLServerDriver");
```

连接 Oracle 的驱动程序如下。

```
Class.forName("oracle.jdbc.driver.OracleDriver");
```

（2）创建与数据库的连接。

创建与数据库的连接要用到 java.sql.DriverManager 类和 java.sql.Connection 类。

DriverManager 类是 JDBC 的管理层，作用于用户和驱动程序之间。在 DriverManager 类中存有已注册的驱动程序清单，当调用 getConnection 方法时，它检查清单中的所有驱动程序，一直找到可与 URL 中指定的数据库进行连接的驱动程序为止。只要加载了合适的驱动程序，DriverManager 对象就开始管理连接。使用 getConnection 方法将返回一个 Connection 对象，此方法的参数包括目的数据库的 URL、数据库用户名和密码。

与特定数据源建立连接是进行数据库访问操作的前提。一个 Connection 对象代表与数据库的一个连接。连接过程包括执行的 SQL 语句和在该连接上所返回的结果。只有在成功建立连接的前提下，SQL 语句才可能被传递到数据库，最终被执行并返回结果。

基本格式：Connection conn = DriverManager.getConnection("JDBC URL","数据库用户名","密码")；

例如，连接 SQL Server 2000 数据库的示例代码如下。

```
Connection conn = DriverManager.getConnection("jdbc:Microsoft:sqlserver://localhost:1433;
                        DatabaseName=ECommerce", "sa", "123456");
```

连接 SQL Server 2005 和 SQL Server 2008 数据库的示例代码如下。

```
Connection conn = DriverManager.getConnection("jdbc:sqlserver://localhost:1433;
                        DatabaseName=ECommerce", "sa", "123456");
```

连接 Oralce 数据库的示例代码如下。

```
Connection conn = DriverManager.getConnection("jdbc:oracle:thin:@localhost:1521
                        :eCommerce", "system", "123456");
```

（3）通过连接对象获取指令对象。

JDBC 提供了 3 个类用于向数据发送 SQL 语句，Connection 接口中的 3 个方法可以用于创建这些类的实例。它们分别是 Statement、PreparedStatement 和 CallableStatement。

（4）使用指令对象执行 SQL 语句。

（5）获取结果集，并对结果集作相应处理。

（6）释放资源。

单元小结

本单元通过多个实例探讨了在.NET 平台中使用 ADO.NET 方式连接 SQL Server 数据库的多种方法、ADO.NET 的数据库连接属性的输出方法、在.NET 平台的 Web 页面中使用 LINQ 方式连接 SQL Server 数据库的方法、在 Java 平台中使用 JDBC 方式连接 SQL Server 数据库和连接 Oracle 数据库的方法。还介绍了 ADO.NET 的 SqlConnection 和 OleDBConnection 连接对象、JDBC 的实现原理和框架结构、JDBC 驱动程序的类型、使用 JDBC 访问数据库的方法等。

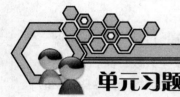

单元习题

（1）下列连接字符串的各项键值中，用于指定连接的数据库的是（　　）。
    A．Data Source   B．Database   C．Server   D．Workstation ID

（2）连接 Microsoft Access 数据库时，在连接字符串中将 Provider 键值设置为（　　）。
    A．MSDAORA   B．Microsoft.Jet.OLEDB.4.0
    C．SQLOLEDB   D．MSSQL

（3）下列选项中能正确表示 Visual Studio.NET 应用程序的可执行文件的路径（不包括可执行文件的名称）的是（　　）。
    A．Application.StartupPath   B．Application.UserAppDataPath
    C．Application.CommonAppDataPath D．Application.ExecutablePath

（4）使用连接对象的（　　）方法可以实现动态更改一个已打开的连接所使用的数据库。
    A．Open   B．ChangeDatabase
    C．StateChange   D．BeginTransaction

单元 3 从数据表中获取单一数据

设计数据库应用程序时,经常需要从数据表中获取单一数据,以"学生管理系统"为例,经常需要统计以下数据:全校学生总人数、男生人数、女生人数、各个班级的学生人数、优秀学生人数、课程平均成绩、班级平均成绩和学生平均成绩等。这些数据的统计主要涉及 SQL 中的查询语句,应用 ADO.NET 中的连接对象和数据命令对象便可以实现,本单元主要介绍如何统计数据源中的单一数据。

ADO.NET 访问数据源最直接的方式是使用数据命令访问数据库,将 SQL 语句传送到数据源执行或者直接执行数据源中的存储过程,从数据表中获取单一数据时经常使用这种方法。

教学导航

教学目标	(1) 掌握创建 ADO.NET 数据命令 SqlCommand 对象的方法 (2) 熟悉 ADO.NET 的 SqlCommand 类的属性和方法 (3) 掌握使用数据命令执行 Transact-SQL 语句和存储过程的方法 (4) 掌握使用数据命令的 ExecuteScalar 方法从数据表中获取单一数据的方法 (5) 掌握使用包含参数的存储过程从数据表中获取单一数据的方法 (6) 了解在.NET 平台的 Web 页面中使用 LINQ 方式从 SQL Server 数据表中获取单一数据的方法 (7) 了解在 Java 平台中使用 JDBC 方式从数据表中获取单一数据的方法
教学方法	任务驱动法、分层技能训练法等
课时建议	6 课时(含考核评价)

单元 3　从数据表中获取单一数据

使用 ADO.NET 的 Connection 对象建立连接后,可以使用 Command 对象对数据源执行 SQL 语句或存储过程,从而把数据返回到 DataReader 或者 DataSet 中,实现查询、修改和删除等操作。

调用 SqlCommand 对象的 ExecuteScalar 方法来执行数据命令主要应用于以下两种场合。

(1)通过 SqlCommand 对象所执行的 SQL 语句或存储过程只会返回单一值。例如,要取得计算或者汇总函数的运算结果,就可以调用 SqlCommand 对象的 ExecuteScalar 方法来执行数据命令。

(2)如果想取得结果集第一条数据记录第一个字段的内容,也可以使用 Execute Scalar 方法,此时虽然 SqlCommand 对象所执行的 SQL 语句或存储过程会返回结果集而不只是单一值,但 ExecuteScalar 方法将只返回结果集第一条数据记录第一个字段的内容,其他的数据记录与字段将会被忽略。

3.1 在.NET 平台的 Windows 窗体中使用 ADO.NET 方式从 SQL Server 数据表中获取单一数据

【任务 3-1】 获取并输出"商品类型表"中的商品类型总数

【任务描述】

(1)创建项目 Unit3。
(2)在项目 Unit3 中创建 Windows 窗体应用程序 Form3_1.cs,窗体的设计外观如图 3-1 所示。
(3)编写程序获取并输出"商品类型表"中的商品类型总数。

图 3-1　窗体 Form3_1 的设计外观

【任务实施】

(1)创建项目 Unit3。
(2)在项目 Unit3 中创建 Windows 窗体应用程序 Form3_1.cs,窗体的设计外观如图 3-1 所示,窗体中控件的属性设置如表 3-1 所示。

表 3-1　　　　　　　　　　窗体 Form3_1 中控件的属性设置

控件类型	属性名称	属性值	属性名称	属性值
Label	Name	label1	Text	商品类型数量为:
	Name	label2	Text	Label2

57

（3）引入命名空间。

引入命名空间 System.Data.SqlClient 的代码如下所示。

using System.Data.SqlClient;

（4）编写 Form3_1_Load 事件过程的程序代码。

事件过程 Form3_1_Load 的程序代码如表 3-2 所示。

表 3-2　　　　　　　　　　事件过程 Form3_1_Load 的程序代码

/*事件过程名称：Form3_1_Load　　*/	
序号	程序代码
01	//创建连接对象
02	SqlConnection sqlConn=new SqlConnection();
03	sqlConn.ConnectionString = "Server=(local);Database=ECommerce;
04	User ID=sa;Password=123456";
05	//创建数据命令对象
06	SqlCommand sqlComm = new SqlCommand();
07	try
08	{
09	if (sqlConn.State == ConnectionState.Closed)
10	{
11	//打开连接
12	sqlConn.Open();
13	}
14	//设置 SqlCommand 对象所使用的连接
15	sqlComm.Connection = sqlConn;
16	//设置赋给 SqlCommand 对象的是 SQL 语句
17	sqlComm.CommandType = CommandType.Text;
18	//设置所要执行的 SQL 语句
19	sqlComm.CommandText = "Select Count(*) From 商品类型表";
20	//执行数据命令并输出结果
21	Label2.Text = sqlComm.ExecuteScalar().ToString();
22	}
23	catch (SqlException ex)
24	{
25	MessageBox.Show(ex.Message);
26	}
27	finally
28	{
29	if (sqlConn.State == ConnectionState.Open)
30	{
31	sqlConn.Close();
32	}
33	}

【运行结果】

窗体 Form3_1 的运行结果如图 3-2 所示。

图 3-2　窗体 Form3_1 的运行结果

【任务 3-2】 获取并输出"用户表"中指定用户的 E-mail

【任务描述】

(1) 在项目 Unit3 中创建 Windows 窗体应用程序 Form3_2.cs，窗体的设计外观如图 3-3 所示。

(2) 编写程序获取并输出"用户表"中指定用户的 E-mail。

图 3-3 窗体 Form3_2 的设计外观

【任务实施】

(1) 在项目 Unit3 中创建 Windows 窗体应用程序 Form3_2.cs，窗体的设计外观如图 3-3 所示，窗体中控件的属性设置如表 3-3 所示。

表 3-3　　　　　　　　　　窗体 Form3_2 中控件的属性设置

控件类型	属性名称	属性值	属性名称	属性值
Label	Name	Label1	Text	指定用户的 E-mail 为：
	Name	Label2	Text	Label2

(2) 编写 Form3_2_Load 事件过程的程序代码。

事件过程 Form3_2_Load 的程序代码如表 3-4 所示。

表 3-4　　　　　　　　　　事件过程 Form3_2_Load 的程序代码

/*事件过程名称：Form3_2_Load */	
序号	程序代码
01	`SqlConnection sqlConn = new SqlConnection();`
02	`sqlConn.ConnectionString = "Server=(local);Database=ECommerce;`
03	`                User ID=sa;Password=123456";`
04	`SqlCommand sqlComm;`
05	`try`
06	`{`
07	`    if (sqlConn.State == ConnectionState.Closed)`
08	`    {`
09	`        sqlConn.Open();`
10	`    }`
11	`    sqlComm = new SqlCommand("Select E-mail From 用户表`
12	`                    Where 用户名='admin'",sqlConn);`
13	`    Label2.Text = sqlComm.ExecuteScalar().ToString();`
14	`}`
15	`catch (SqlException ex)`
16	`{`
17	`    MessageBox.Show(ex.Message);`
18	`}`
19	`finally`
20	`{`
21	`    if (sqlConn.State == ConnectionState.Open)`
22	`    {`
23	`        sqlConn.Close();`
24	`    }`
25	`}`

【运行结果】

窗体 Form3_2 的运行结果如图 3-4 所示。

图 3-4　窗体 Form3_2 的运行结果

【任务 3-3】　获取并输出"商品数据表"中商品的最大金额

【任务描述】

（1）在项目 Unit3 中创建 Windows 窗体应用程序 Form3_3.cs，窗体的设计外观如图 3-5 所示。

（2）编写程序获取并输出"商品数据表"中商品的最大金额。

图 3-5　窗体 Form3_3 的设计外观

【任务实施】

（1）在项目 Unit3 中创建 Windows 窗体应用程序 Form3_3.cs，窗体的设计外观如图 3-5 所示，窗体中控件的属性设置如表 3-5 所示。

表 3-5　　　　　　　　　　窗体 Form3_3 中控件的属性设置

控件类型	属性名称	属性值	属性名称	属性值
Label	Name	Label1	Text	商品数据表中的最大金额为：
	Name	Label2	Text	Label2

（2）编写 Form3_3_Load 事件过程的程序代码。

事件过程 Form3_3_Load 的程序代码如表 3-6 所示，注意该事件过程通过执行带输出参数的存储过程获取"商品数据表"中商品的最大金额，存储过程的代码详见单元 1。

表 3-6　　　　　　　　　事件过程 Form3_3_Load 的程序代码

/*事件过程名称：Form3_3_Load　*/	
序号	程序代码
01	//创建连接对象
02	SqlConnection sqlConn = new SqlConnection();
03	sqlConn.ConnectionString = "Server=(local);Database=ECommerce;
04	User ID=sa;Password=123456";
05	//创建数据命令对象
06	SqlCommand sqlComm = new SqlCommand();
07	try
08	{
09	//设置 SqlCommand 对象所使用的连接
10	sqlComm.Connection = sqlConn;
11	//设置赋给 SqlCommand 对象的是存储过程
12	sqlComm.CommandType = CommandType.StoredProcedure;
13	//设置所要执行的存储过程
14	sqlComm.CommandText = "dbo.getMaxAmount";
15	SqlParameter parameterMaxAmount = new SqlParameter("@maxAmount",

续表

序号	程序代码
16	SqlDbType.Money,8);
17	parameterMaxAmount.Direction = ParameterDirection.Output;
18	sqlComm.Parameters.Add(parameterMaxAmount);
19	if (sqlConn.State == ConnectionState.Closed)
20	{
21	//打开连接
22	sqlConn.Open();
23	}
24	//执行数据命令并输出结果
25	if (!(sqlComm.ExecuteScalar() is DBNull))
26	{
27	label2.Text = parameterMaxAmount.Value+ "元";
28	}
29	}
30	catch (SqlException ex)
31	{
32	MessageBox.Show(ex.Message);
33	}
34	finally
35	{
36	if (sqlConn.State == ConnectionState.Open)
37	{
38	sqlConn.Close();
39	}
40	}

【运行结果】

窗体 Form3_3 的运行结果如图 3-6 所示。

图 3-6 窗体 Form3_3 的运行结果

3.2 在.NET 平台的 Web 页面中使用 ADO.NET 方式从 SQL Server 数据表中获取单一数据

【任务 3-4】 在 Web 页面中获取并输出"商品数据表"中商品的最大金额

【任务描述】

(1) 在解决方案 Unit3 中创建 ASP.NET 网站 WebSite3。
(2) 在网站 WebSite3 中添加 Web 窗体 Query3_4.aspx。
(3) 在 web.config 文件中配置数据库连接字符串。
(4) 编写程序获取并输出"商品数据表"中商品的最大金额。

【任务实施】

（1）在解决方案 Unit3 中添加 ASP.NET 网站 WebSite3。

（2）在网站 WebSite3 中添加 Web 窗体 Query3_4.aspx。

（3）在 web.config 文件中配置数据库连接字符串。

web.config 文件中数据库连接字符串的代码如下所示。

```
<connectionStrings>
  <add name="ECommerceConnectionString"
      connectionString="Data Source=localhost ;
      Initial Catalog=ECommerce ; Persist Security Info=True;
      User ID=sa ; Password=123456" providerName="System.Data.SqlClient"/>
</connectionStrings>
```

（4）编写程序获取并输出"商品数据表"中商品的最大金额。

Web 窗体 Query3_4.aspx 事件过程 Page_Load 的程序代码如表 3-7 所示。

表 3-7　　　　　　Web 窗体 Query3_4.aspx 事件过程 Page_Load 的程序代码

/*事件过程名称：Page_Load　*/	
序号	程序代码
01	//创建连接对象
02	string strSqlConn = ConfigurationManager
03	.ConnectionStrings["ECommerceConnectionString"].ConnectionString;
04	SqlConnection sqlConn = new SqlConnection(strSqlConn);
05	//创建数据命令对象
06	SqlCommand sqlComm = new SqlCommand();
07	try
08	{
09	if (sqlConn.State == ConnectionState.Closed)
10	{
11	//打开连接
12	sqlConn.Open();
13	}
14	//设置 SqlCommand 对象所使用的连接
15	sqlComm.Connection = sqlConn;
16	//设置赋给 SqlCommand 对象的是存储过程
17	sqlComm.CommandType = CommandType.StoredProcedure;
18	//设置所要执行的存储过程
19	sqlComm.CommandText = "dbo.getMaxAmount";
20	SqlParameter parameterMaxAmount = new SqlParameter("@maxAmount",
21	SqlDbType.Money,8);
22	parameterMaxAmount.Direction = ParameterDirection.Output;
23	sqlComm.Parameters.Add(parameterMaxAmount);
24	//执行数据命令并输出结果
25	if (!(sqlComm.ExecuteScalar() is DBNull))
26	{
27	Response.Write("商品数据表中商品的最大金额为：" +
28	parameterMaxAmount.Value + "元" + " ");
29	}
30	}
31	catch (SqlException ex)

续表

序号	程序代码
32	{
33	Response.Write(ex.Message);
34	}
35	finally
36	{
37	if (sqlConn.State == ConnectionState.Open)
38	{
39	sqlConn.Close();
40	}
41	}

【运行结果】

Web 窗体 Query3_4.aspx 的运行结果如图 3-7 所示。

商品数据表中商品的最大金额为：505000.0000元

图 3-7　Web 窗体 Query3_4.aspx 的运行结果

【技能拓展】

3.3　在.NET 平台的 Web 页面中使用 LINQ 方式从 SQL Server 数据表中获取单一数据

【任务 3-5】　使用 LINQ 方式对"商品数据表"进行数据统计

【任务描述】

（1）在网站 WebSite3 中添加 Web 窗体"Query3_5.aspx"。

（2）创建 DBML 文件 LinqData3Class.dbml，将数据表"商品类型表"和"商品数据表"映射到 DBML 文件。

（3）编写程序使用两种方法对"商品数据表"进行数据统计，分别获取并输出"商品数据表"中库存数量超过 5 的商品总数、最高价格和平均价格。

【任务实施】

（1）在网站 WebSite3 中添加 Web 窗体"Query3_5.aspx"。

（2）创建 DBML 文件 LinqData3Class.dbml，将数据表"商品类型表"和"商品数据表"映射到 DBML 文件。

（3）编写程序使用两种方法对"商品数据表"进行数据统计。

在 Web 窗体"Query3_5.aspx"事件过程 Page_Load 中调用自定义方法 showData()，该方法的程序代码如表 3-8 所示。

表 3-8　Web 窗体"Query3_5.aspx"中 showData()方法的程序代码

/*方法名称：showData　　*/	
序号	程序代码
01	private void showData()
02	{

续表

序号	程序代码
03	string strSqlConn = ConfigurationManager
04	.ConnectionStrings["ECommerceConnectionString"].ConnectionString;
05	LinqDataClassDataContext ldb = new LinqDataClassDataContext(strSqlConn);
06	var result = from r in ldb.商品数据表
07	select r;
08	int number1 = result.Count(p=>p.库存数量>5);
09	Response.Write("商品数据表中库存数量超过5的商品总数为（方法一）: "
10	+number1.ToString()+" ");
11	var resultCount = from r in ldb.商品数据表
12	where r.库存数量>5
13	select r;
14	int number2=resultCount.Count();
15	Response.Write("商品数据表中库存数量超过5的商品总数为（方法二）: "
16	+number2.ToString()+" ");
17	var resultMax = from r in ldb.商品数据表
18	select r.价格;
19	decimal maxPrice1 = result.Max(p => p.价格.Value);
20	Response.Write("商品数据表中最高价格为（方法一）: "
21	+ maxPrice1.ToString() + " ");
22	decimal maxPrice2 = resultMax.Max().Value;
23	Response.Write("商品数据表中最高价格为（方法二）: "
24	+ maxPrice2.ToString() + " ");
25	var resultAverage = from r in ldb.商品数据表
26	select r.价格;
27	decimal averagePrice1=result.Average(p=>p.价格.Value);
28	Response.Write("商品数据表中所有商品的平均价格为（方法一）: "
29	+ averagePrice1.ToString() + " ");
30	decimal averagePrice2 = resultAverage.Average().Value;
31	Response.Write("商品数据表中所有商品的平均价格为（方法二）: "
32	+ averagePrice2.ToString());
33	}

【运行结果】

Web 窗体 "Query3_5.aspx" 的运行结果如图 3-8 所示。

```
商品数据表中库存数量超过5的商品总数为（方法一）: 130
商品数据表中库存数量超过5的商品总数为（方法二）: 130
商品数据表中最高价格为（方法一）: 66800.0000
商品数据表中最高价格为（方法二）: 66800.0000
商品数据表中所有商品的平均价格为（方法一）: 4068.1155
商品数据表中所有商品的平均价格为（方法二）: 4068.1155
```

图 3-8　Web 窗体 "Query3_5.aspx" 的运行结果

【任务 3-6】　使用 LINQ 方式获取并输出 "商品类型表" 中指定类型编号对应的类型名称

【任务描述】

（1）在网站 WebSite3 中添加 Web 窗体 "Query3_6.aspx"。
（2）编写程序获取并输出 "商品类型表" 中类型编号 02 对应的类型名称。

【任务实施】

（1）在网站 WebSite3 中添加 Web 窗体 "Query3_6.aspx"。
（2）编写程序获取并输出"商品类型表"中类型编号 02 对应的类型名称。

在 Web 窗体 "Query3_6.aspx" 事件过程 Page_Load 中调用自定义方法 showData()，该方法的程序代码如表 3-9 所示。

表 3-9　　　　Web 窗体 "Query3_6.aspx" 中 showData()方法的程序代码

序号	程序代码
	/*方法名称：showData　　*/
01	private void showData()
02	{
03	string strSqlConn = ConfigurationManager
04	.ConnectionStrings["ECommerceConnectionString"].ConnectionString;
05	LinqDataClassDataContext ldb = new LinqDataClassDataContext(strSqlConn);
06	var result = from r in ldb.商品类型表
07	where r.类型编号=="02"
08	select r.类型名称;
09	Response.Write("商品类型表中类型编号 02 对应的类型名称为："
10	+ result.First().ToString());
11	}

【运行结果】

Web 窗体 "Query3_6.aspx" 的运行结果如图 3-9 所示。

商品类型表中类型编号02对应的类型名称为：家电产品

图 3-9　Web 窗体 "Query3_6.aspx" 的运行结果

3.4　在 Java 平台中使用 JDBC 方式从 SQL Server 数据表中获取单一数据

【任务 3-7】　使用 JDBC 方式从 SQL Server 数据库的"商品数据表"中获取并输出商品的最高价格

【任务描述】

（1）在 NetBeans IDE 集成开发环境中创建 Java 应用程序项目 JavaApplication3。
（2）在 Java 应用程序项目 JavaApplication3 中添加 JAR 文件 "sqljdbc4.jar"。
（3）在 Java 应用程序项目 JavaApplication3 中创建类 JavaApplication3_7.java。
（4）编写 JavaApplication3_7 类 main 方法的程序代码，使用 JDBC 方式获取并输出"商品数据表"中商品的最高价格。

【任务实施】

（1）在 NetBeans IDE 集成开发环境中创建 Java 应用程序项目 JavaApplication3。

（2）在 Java 应用程序项目 JavaApplication3 中添加 JAR 文件 "sqljdbc4.jar"。

（3）在 Java 应用程序项目 JavaApplication3 中创建类 JavaApplication3_7.java。

（4）编写 JavaApplication3_7 类 main 方法的程序代码，使用 JDBC 方式获取并输出"商品数据表"中商品的最高价格。

main 方法的程序代码如表 3-10 所示。

表 3-10　　　　　　类 JavaApplication3_7 中 main 方法的程序代码

/*类名称：JavaApplication3_7，方法名称：Main　　*/	
序号	程序代码
01	String driver = "com.microsoft.sqlserver.jdbc.SQLServerDriver";
02	String connectURL = "jdbc:sqlserver://localhost:1433;DatabaseName=ECommerce";
03	String loginName = "sa";
04	String loginPassword = "123456";
05	Connection conn = null;
06	Statement statement = null;
07	ResultSet rs = null;
08	try {
09	Class.forName(driver);
10	} catch (ClassNotFoundException ex) {
11	JOptionPane.showMessageDialog(null, "无法加载驱动程序：" + ex.getMessage());
12	}
13	try {
14	conn = DriverManager.getConnection(connectURL, loginName, loginPassword);
15	statement = conn.createStatement (ResultSet.TYPE_SCROLL_SENSITIVE,
16	ResultSet.CONCUR_READ_ONLY);
17	String strSql = "Select MAX(价格) From 商品数据表";
18	rs = statement.executeQuery(strSql);
19	if (rs.next()) {
20	System.out.println("商品数据表中最高价格为:"+ rs.getDouble(1) +"元");
21	}
22	rs.close();
23	statement.close();
24	} catch (SQLException ex) {
25	ex.printStackTrace();
26	} finally {
27	try {
28	if (conn != null && conn.isClosed()) {
29	conn.close();
30	}
31	} catch (SQLException ex) {
32	ex.printStackTrace();
33	}
34	}

【运行结果】

程序 JavaApplication3_7 的运行结果如图 3-10 所示。

商品数据表中最高价格为:66800.0元

图 3-10　程序 JavaApplication3_7 的运行结果

3.5 在 Java 平台中使用 JDBC 方式从 Oracle 数表中获取单一数据

【任务 3-8】 使用 JDBC 方式从 Oracle 数据库的"用户表"中获取并输出指定用户的密码

【任务描述】

（1）在 Java 应用程序项目 JavaApplication3 中创建类 JavaApplication3_8.java。
（2）在 Java 应用程序项目 JavaApplication3 中添加 JAR 文件"ojdbc6_g.jar"。
（3）编写 JavaApplication3_8 类 main 方法的程序代码，使用 JDBC 方式从 Oracle 数据库的"用户表"中获取并输出指定用户的密码。

【任务实施】

（1）在 Java 应用程序项目 JavaApplication3 中创建类 JavaApplication3_8.java。
（2）在 Java 应用程序项目 JavaApplication3 中添加 JAR 文件"ojdbc6_g.jar"。
（3）编写 JavaApplication3_8 类 main 方法的程序代码，使用 JDBC 方式从 Oracle 数据库的"用户表"中获取并输出指定用户的密码。

main 方法的程序代码如表 3-11 所示。

表 3-11　　　　　　类 JavaApplication3_8 中 main 方法的程序代码

/*类名称：JavaApplication3_8，方法名称：Main　*/	
序号	程序代码
01	String driver = "oracle.jdbc.driver.OracleDriver";
02	String connectURL = "jdbc:oracle:thin:@localhost:1521:eCommerce";
03	String loginName = "system";
04	String loginPassword = "123456";
05	Connection conn = null;
06	Statement statement = null;
07	ResultSet rs = null;
08	try {
09	Class.forName(driver);
10	} catch (ClassNotFoundException ex) {
11	JOptionPane.showMessageDialog(null, "无法加载驱动程序：" + ex.getMessage());
12	}
13	try {
14	conn = DriverManager.getConnection(connectURL, loginName, loginPassword);
15	statement = conn.createStatement (ResultSet.TYPE_SCROLL_SENSITIVE,
16	ResultSet.CONCUR_READ_ONLY);
17	String strSql = "Select 用户编号,用户名,密码 From 用户表 Where 用户编号='100001'";
18	rs = statement.executeQuery(strSql);
19	if (rs.next()) {
20	System.out.println("用户的密码为："+rs.getString(3));
21	}
22	rs.close();
23	statement.close();

续表

序号	程序代码
24	} catch (SQLException ex) {
25	ex.printStackTrace();
26	} finally {
27	try {
28	if (conn != null && conn.isClosed()) {
29	conn.close();
30	}
31	} catch (SQLException ex) {
32	ex.printStackTrace();
33	}
34	}

【运行结果】

程序 JavaApplication3_8 的运行结果如图 3-11 所示。

图 3-11　程序 JavaApplication3_8 的运行结果

【考核评价】

本单元的考核评价表如表 3-12 所示。

表 3-12　　　　　　　　　　单元 3 的考核评价表

考核项目	任务描述		基本分
	（1）创建项目 StudentUnit3，在该项目中添加窗体 Form3_1，在该窗体中添加必要的控件，编写程序统计"学生信息"数据表中的男生人数、女生人数		5
	（2）创建 ASP.NET 网站 WebSite3，在该网站中添加 1 个 Web 窗体"Page3_2.aspx"，在该窗体中添加必要的控件，编写程序获取指定班级编号的班级名称		5
评价方式	自我评价	小组评价	教师评价
考核得分			

【知识疏理】

3.6　ADO.NET 的 SqlCommand 对象

可以使用 SqlCommand 类的构造函数创建对应的 SqlCommand 对象。

1. SqlCommand 类的构造函数

要将某一个类实例化，必须通过其构造函数来进行。SqlCommand 类提供了 4 种构造函数来建立 SqlCommand 类的实例。

（1）创建 SqlCommand 对象的基本语法格式。

基本语法格式如下：

SqlCommand sqlComm = new SqlCommand(SQL 字符串，Connection 对象);

其中"SQL 字符串"就是要执行的 SQL 语句，"Connection 对象"是前面连接数据库时建立的连接对象。

（2）SqlCommand 类的 4 种构造函数。

SqlCommand 类提供了以下 4 种建立 SqlCommand 对象的构造函数。

① SqlCommand()。

使用无参数构造函数创建 SqlCommand 对象时使用其属性设定参数值。

应用示例如下。

```
SqlConnection sqlConn = new SqlConnection();
SqlCommand sqlComm = new SqlCommand();
sqlConn.ConnectionString = "Server=(local);Database=ECommerce;User
                            ID=sa;Password=123456";
sqlComm.Connection = sqlConn;
sqlComm.CommandType = CommandType.Text;
sqlComm.CommandText = "Select 商品名称,价格,库存数量 From 商品数据表";
```

② SqlCommand(String)。

使用包含 1 个参数的构造函数创建 SqlCommand 对象时,参数为要执行的 SQL 语句,使用其属性设置连接对象。

应用示例如下。

```
String strSql = "Server=(local);Database=ECommerce;User ID=sa;Password=123456";
String strComm = "Select 商品名称,价格,库存数量 From 商品数据表";
SqlConnection sqlConn = new SqlConnection(strSql);
SqlCommand sqlComm = new SqlCommand(strComm);
sqlComm.Connection = sqlConn
```

③ SqlCommand(String , SqlConnection)。

使用包含 2 个参数的构造函数创建 SqlCommand 对象时,参数分别为要执行的 SQL 语句和连接对象。

应用示例如下。

```
String strSql = "Server=(local);Database=ECommerce;User ID=sa;Password=123456";
String strComm = "Select 商品名称,价格,库存数量 From 商品数据表";
SqlConnection sqlConn = new SqlConnection(strSql);
SqlCommand sqlComm = new SqlCommand(strComm,sqlConn);
```

④ SqlCommand(String , SqlConnection , SqlConnection , SqlTransaction)。

使用包含 3 个参数的构造函数创建 SqlCommand 对象时,参数分别为要执行的 SQL 语句、连接对象和 Transact-SQL 事务。

2. SqlCommand 对象的主要属性

SqlCommand 对象的主要属性如表 3-13 所示。

表 3-13   SqlCommand 对象的主要属性

属 性 名 称	属 性 说 明	默 认 值
Connection	获取或设置 Connection 对象	空引用
CommandText	获取或设置要执行的 SQL 语句或存储过程	空字符串
CommandType	获取或设置命令的类型,有 3 种供选取的值:Text、TableDirect、StoreProcedure,分别代表 SQL 语句、数据表及存储过程	Text
CommandTimeout	获取或设置在终止执行命令尝试并生成错误之前的等待时间(以秒为单位),值 0 表示无限期地等待执行命令	30 秒
Parameters	用于设置 SQL 语句或存储过程的参数	—

3. SqlCommand 对象的主要方法

SqlCommand 对象的主要方法如表 3-14 所示。

表 3-14　SqlCommand 对象的主要方法

方 法 名 称	方 法 说 明
ExecuteScalar	用于执行查询语句，并返回单一值或者结果集中第一行第一列的值（忽略其他列或行）。该方法适合于只有一个结果的查询，如使用 Sum、Avg、Max、Min 等函数的 SQL 语句
ExecuteReader	用于执行查询语句，并返回一个 DataReader 类型的行集合
ExecuteNonQuery	用于执行 SQL 语句，并返回 SQL 语句所影响的行数。该方法一般用于执行 Insert、Delete、Update 等命令
ExecuteXmlReader	用于执行查询语句，并生成一个 XmlReader 对象
Cancel	用于取消 Command 对象的执行
GetType	获取当前实例的 Type

4. SQL 语句或存储过程的参数设置

数据命令对象 SqlCommand 的 Parameters 属性能够取得与 SqlCommand 相关联的参数集合（也就是 SqlParameterCollection），从而通过调用 SqlParameterCollection 的 Add 方法即可将 SQL 语句或存储过程中的参数添加到参数集合中。

数据命令对象 SqlCommand 的 Parameters 属性主要有以下几个。

（1）ParameterName：用于指定参数的名称。

（2）SqlDbType：用于指定参数的数据类型，如整型、字符型等。

（3）Value：设置输入参数的值。

（4）Direction：指定参数的方向，可以是下列值之一。

ParameterDirection.Input：指明为输入参数。

ParameterDirection.Output：指明为输出参数。

ParameterDirection.InputOutput：指明为输入参数或者输出参数。

ParameterDirection.ReturnValue：指明为返回值类型。

在参数集合中为参数添加一个参数对象并设置参数值的方法主要有以下几种。

（1）先在参数集合中为参数添加一个参数对象，然后再设置参数值。

示例代码如下。

```
SqlComm.Parameters.Add("@price", SqlDbType.Money);
SqlComm.Parameters("@price").Value = txtPrice.Text.Trim();
```

（2）先在参数集合中为参数添加一个参数对象，且声明一个 SqlParameter 类型的变量代表此参数对象，然后通过该变量设置参数的值。

示例代码如下。

```
SqlParameter parameterPrice = SqlComm.Parameters.Add("@price", SqlDbType.Money);
parameterPrice.Value = txtPrice.Text.Trim();
```

（3）在参数集合中为参数添加一个参数对象并设置参数的值。

示例代码如下。

```
SqlComm.Parameters.Add("@price", SqlDbType.Money).Value = txtPrice.Text.Trim();
```

存储过程可以拥有输入参数、输出参数和返回值。存储过程的"输入参数"用来接收传递给存储过程的数据值；存储过程的"输出参数"用来将数据值返回给调用程序或触发器等对象。在存储过程中可以使用 Return 命令返回一个状态值给调用程序表示它成功或失败，该状态值是一个整数值，可以在存储过程指定该整数值，如果没有指定要返回的值，默认将返回数值 0，但是不能返回 Null 值。存储过程可以返回一个或多个结果值。

设置存储过程参数的方法如下。

（1）在参数集合中替参数（输入参数或者输出参数）或返回值加入一个参数对象，并声明一个 SqlParameter 类型的变量来代表该参数对象。

（2）设置参数的 Direction 属性为 Input（输入参数）或者 Output（输出参数），返回值设置为 ReturnValue。参数对象的 Direction 属性的默认值是 ParameterDirection.Input，如果没有显式指定 Direction 属性值，则表示该参数为"输入参数"。

（3）设置参数的值。

示例代码如下。

```
SqlParameter parameterMaxAmount = new SqlParameter("@maxAmount", SqlDbType.Money,8);
parameterMaxAmount.Direction = ParameterDirection.Output;
sqlComm.Parameters.Add(parameterMaxAmount);
```

5. 包含参数的数据命令或存储过程的执行流程

使用包含参数的数据命令或存储过程可以执行数据筛选和数据更新等多种操作，执行包含参数的数据命令或存储过程的主要流程如下。

（1）创建 Connection 对象，并设置相应的属性值。

（2）打开 Connection 对象。

（3）创建 Command 对象并设置相应的属性值。

（4）创建参数对象，将建立好的参数对象添加到 Command 对象的 Parameters 集合中。

（5）给参数对象赋值。

（6）执行数据命令。

（7）关闭相关对象。

3.7 LINQ 简介

语言集成查询（Language-Integrated Query，LINQ）是 Microsoft 公司推出的一项新技术，它能够将查询直接引入.NET Frameword 3.5 所支持的编程语言（如 C#或 VB.NET 等）中。LINQ 查询操作可以通过编程语言自身传达，而不是以字符串形式嵌入应用程序代码中。

1. LINQ 概述

查询是一种从给定的数据源中检索满足给定条件数据的表达式。查询通常使用专门的查询语言来表示。随着时间的推移，人们已经为各种数据源开发了不同的语言。例如，用于关系数据库的 SQL 和用于 XML 的 XQuery。因此，开发人员不得不针对他们必须支持的每种数据源或数据格式而学习新的查询语言。LINQ 通过提供一种跨各种数据源和数据格式使用数据的一致模型，简化了这一情况。在 LINQ 查询中，始终会用到对象。可以使用相同的基本编码模式来查询和转换 XML 文档、SQL 数据库、ADO.NET 数据集、.NET 集合中的数据以及对其有 LINQ 提供程序可用的任何其他格式的数据。

2. LINQ 的基本组成

LINQ 查询操作主要由 3 个操作组成：获取数据源、创建查询和执行查询。

语言集成查询（LINQ）是 Visual Studio 2008 和.NET Frameword 3.5 版中一项突破性的创新，它在对象领域和数据领域之间架起了一座桥梁。LINQ 主要由 3 部分组成：LINQ to ADO.NET、LINQ to

Objects 和 LINQ to XML。其中，LINQ to ADO.NET 可以分为两部分：LINQ to SQL 和 LINQ to DataSet。

LINQ 可以查询或操作任何存储形式的数据，其主要功能如下。

（1）LINQ to SQL 可以查询基于关系数据库的数据，并对这些数据进行检索、插入、修改、删除、排序、聚合、分区等操作。

（2）LINQ to DataSet 可以查询 DataSet 对象中的数据，并对这些数据进行检索、过滤、排序等操作。

（3）LINQ to Objects 可以查询 IEnumerable 或 IEnumerable<T>集合，即可以查询任何可枚举的集合，如数据（Array 和 ArrayList）、泛型列表 List<T>等，以及用户自定义的集合，而不需要使用 LINQ 提供程序或 API。

（4）LINQ to XML 可以查询或操作 XML 结构的数据，并提供了修改文档对象模型的内存文档和支持 LINQ 查询表达式等功能，以及处理 XML 文档的全新的编程接口。

3. LINQ 和 ADO.NET 的关系

通常情况下，ADO.NET 提供了大量读取、查询、检索、添加、修改、删除和过滤数据库中数据的方法。程序开发人员使用这些方法，需要编程查询或操作数据库的每个步骤，很繁琐。

使用 LINQ 可以把数据从数据库的表中传递到内存的对象中，并将数据源转换为基于 IEnumerable 的对象集合。这样，传统的操作数据库方法转换为使用 LINQ 查询和处理基于 IEnumerable 的对象集合。由于 LINQ 查询被嵌入.NET Framework 3.5 支持的编程语言中，因此，在创建 LINQ 查询表达式时，可以使用 Visual Studio 2008 的智能支持功能。

LINQ 提供了名称为 LINQ to ADO.NET 的技术专门用来处理关系数据。LINQ to ADO.NET 包含两种独立的技术：LINQ to DataSet 和 LINQ to SQL。LINQ to DataSet 基于 ADO.NET，并为 ADO.NET 提供了更加高级、简单的查询技术，使用 LINQ to DataSet 可以查询或处理 DataSet 对象中的数据。使用 LINQ to SQL 可以创建 LINQ 编程模型，并直接映射到关系型数据库，可以直接查询或处理关系数据。LINQ to SQL 可以直接创建表示数据的.NET Framework 的类，并将这些类映射到数据库中的表、视图、存储过程、函数等对象上。

3.8 LINQ 的查询表达式与常用子句

LINQ 查询表达式是 LINQ 中非常重要的内容，它可以从一个或多个给定的数据源中检索数据，并指定检索结果的数据类型或表现形式。LINQ 查询表达式由一个或多个 LINQ 查询子句按照一定的规则组成。LINQ 查询表达式包括 from 子句、where 子句、select 子句、orderby 子句、group 子句、into 子句、join 子句和 let 子句。

（1）from 子句。

LINQ 查询表达式必须包括 from 子句，且以 from 子句开头。如果该查询表达式还包括了子查询，那么子查询表达式也必须以 from 子句开头。

from 子句指定查询操作的数据源和范围变量，其中，数据源不但包括查询本身的数据源，而且还包括子查询的数据源。范围变量一般用来表示源序列中的每个元素。

（2）select 子句。

select 子句指定查询的类型和表现形式，LINQ 查询表达式必须以 select 子句或 group 子句结束。

例如，数组 months 包含 12 个月，从该数据源查询所有月份，并输出这些月份，代码如下。
```
int[] months={1,2,3,4,5,6,7,8,9,10,11,12};
var month = from m in months
            select m;
Response.Write("全年的月份：<br />");
foreach (var i in month)
{
    Response.Write(i.ToString() + "月<br />");
}
```
这段代码首先创建了 int 型数组作为数据源，并赋初值，然后使用了 from 子句和 select 子句查询所有的月分，使用 foreach 语句输出查询结果。

（3）where 子句。

在 LINQ 查询表达式中，where 子句指定筛选元素的逻辑条件，一般由逻辑运算符（逻辑与、逻辑或）组成。一个查询表达式可以不包含 where 子句，也可以包含一个或多个 where 子句。每个 where 子句可以包含一个或多个布尔型条件表达式。

对于一个 LINQ 查询表达式而言，where 子句不是必需的，如果 where 子句在查询表达式中出现，那么 where 子句不能作为查询表达式的第一个子句或最后一个子句。

例如，数组 months 包含 12 个月，从该数据源查询第 2 季度的月份，且输出这些月份，代码如下。
```
int[] months = { 1, 2, 3, 4, 5, 6, 7, 8, 9, 10, 11, 12 };
var month = from m in months
            where m<7 && m>3
            select m;
Response.Write("第 2 季度的月份：<br />");
foreach (var i in month)
{
    Response.Write(i.ToString() + "月<br />");
}
```
这段代码包含了 from 子句、where 子句和 select 子句，并且 where 子句由 2 个布尔表达式和逻辑与"&&"组成。

（4）orderby 子句。

在 LINQ 查询表达式中，orderby 子句可以对查询结果进行排序。排序方式可以为升序（使用 ascending 关键字）或降序（使用 descending 关键字），排序的主键可以是一个或多个。LINQ 查询表达式的查询结果默认排序方式为升序。

例如，数组 months 包含 12 个月，从该数据源查询所有月份，并按降序输出这些月份，代码如下。
```
int[] months = { 1, 2, 3, 4, 5, 6, 7, 8, 9, 10, 11, 12 };
var month = from m in months
            orderby m descending
            select m;
Response.Write("全年的月份降序排列：<br />");
foreach (var i in month)
{
    Response.Write(i.ToString() + "月<br />");
}
```
这段代码包含了 from 子句、orderby 子句和 select 子句，使用关键字 descending 实现降序排列。

（5）group by 子句。

在查询表达式中，group by 子句对查询结果进行分组。

例如，数组 months 包含 12 个月，对该数据源中的数据按奇偶月份分组，然后分两组输出这些月份，代码如下。

```
int[] months = { 1, 2, 3, 4, 5, 6, 7, 8, 9, 10, 11, 12 };
var month = from m in months
            group m by m % 2 == 0;
Response.Write("全年的月份分两组输出：<br />");
foreach (var i in month)
{
    foreach (int j in i)
    {
        Response.Write(j.ToString() + "月<br />");
    }
}
```

这段代码包含了 from 子句和 group by 子句，并且以 group by 子句结束。

（6）into 子句。

在 LINQ 查询表达式中，into 子句可以创建一个临时的标识符。该标识符可以存储 join、group 和 select 子句的结果。

例如，数组 months 包含 12 个月，对该数据源中的数据按奇偶月份分组，然后只输出包含数据 12 的月份组，代码如下。

```
int[] months = { 1, 2, 3, 4, 5, 6, 7, 8, 9, 10, 11, 12 };
var month = from m in months
            group m by m%2==0 into g
            where g.Max()>11
            select g;
Response.Write("包含 12 月的月份组：<br />");
foreach (var i in month)
{
    foreach (int j in i)
    {
        Response.Write(j.ToString() + "月<br />");
    }
}
```

这段代码使用 group 子句将结果分为两组：奇数月份组和偶数月份组，使用 into 子句创建临时标识符 g 存储查询结果，使用 where 子句筛选查询结果中包含大于 11 元素的组。使用嵌套 foreach 语句输出查询结果。

（7）join 子句。

使用 join 子句可以将来自不同源序列并且在对象模型中没有直接关系的元素相关联。唯一的要求是每个源中的元素需要共享某个可以进行比较判断是否相等的值。例如，图书经销商可能具有某种图书的供应商列表以及买主列表，可以使用 join 子句创建该图书同一指定地区的供应商和买主的列表。

join 子句接受两个源序列作为输入。每个序列中的元素都必须是可以与另一个序列中的相应属性进行比较的属性，或者包含一个这样的属性。join 子句使用特殊的 equals 关键字比较指定的键是否相等，join 子句执行的所有联接都是等同联接。

（8）let 子句。

在查询表达式中，存储子表达式的结果有时很有用，这样可以在随后的子句中使用。可以使用 let 子句完成这一工作，该子句可以创建一个新的范围变量，并且用表达式的结果初始化该变量。一旦用值初始化了该范围变量，它就不能用于存储其他值。但如果该范围变量存储的是可查询的类型，则可以对其进行查询。

3.9 JDBC 的 Statement 对象

1. 创建 Statement 对象

Statement 对象使用 Connection 的 createStatement 方法创建，用来执行静态的 SQL 语句并返回执行的结果。

示例代码如下。

```
Statement statement = null;
statement = conn.createStatement ( ResultSet.TYPE_SCROLL_SENSITIVE ,
                                   ResultSet.CONCUR_READ_ONLY ) ;
```

参数 ResultSet.TYPE_SCROLL_SENSITIVE 表示滚动方式，即允许记录指针向前或向后移动，而且当其他 ResultSet 对象改变记录指针时，不影响记录指针的位置。

参数 ResultSet.CONCUR_READ_ONLY 决定是否可以用结果集更新数据库，即表示 ResultSet 对象中的数据仅能读，不能修改。如果参数为 ResultSet.CONCUR_UPDATABLE 则表示 ResultSet 对象中的数据可以更新。

2. 使用 Statement 对象执行语句

Statement 接口提供了 3 种执行 SQL 语句的方法：executeQuery、executeUpdate 和 execute。使用哪一个方法由 SQL 语句所产生的内容决定。

（1）ResultSet executeQuery(String strSql)。

该方法的执行结果将返回单个结果集，主要用于在 Statement 对象中执行 SQL 查询语句，并返回该查询生成的 ResultSet 对象。

示例代码如下。

```
ResultSet rs = null;
Statement statement = null;
String strSql = "Select MAX(价格) From 商品数据表";
rs = statement.executeQuery(strSql);
```

（2）int executeUpdate(String strSql)。

该方法用于执行 Insert、Update、Delete 和 SQL DDL（数据定义语言）语句，返回一个整数值，指示受影响的行。

```
int num=0;
Statement statement = null;
String strSql = "Update 用户表 Set 密码=' " +password+" ' Where 用户编号=' "
                + code +" ' " ;
num = statement.executeUpdate(strSql);
```

（3）boolean execute(String sql)。

该方法是执行 SQL 语句调用的一般方法，允许用户执行 SQL 数据定义命令，然后获取一个布尔值，显示是否返回了 ResultSet 对象。用于执行返回多个结果集、多个更新计算或两者组合的语句。

3. 关闭 Statement 对象

Statement 对象将由 Java 垃圾收集程序自动关闭。而作为一种良好的编程风格，应在不需要

Statement 对象时显式地关闭它们，有助于避免潜在的内存问题。

示例代码如下。
```
statement.close();
```

3.10 JDBC 的 ResultSet 对象

JDBC 的 ResultSet 对象包含了执行某个 SQL 语句后返回的所有行，表示返回结果集的数据表，该结果集可以由 Statement 对象、PreparedStatement 对象或者 CallableStatement 对象执行 SQL 语句后返回。ResultSet 对象提供了访问这些结果集中行的功能，在每个 ResultSet 对象内部就好像有一个指针，借助于指针的移动，就可以遍历 ResultSet 对象内的每个数据项。因为一开始指针所指向的是第一行记录之前，所以必须先调用 next()方法才能取出第 1 条记录，而第二次调用 next()方法时指针就会指向第 2 条记录，以此类推。

SQL 数据类型与 Java 数据类型并不完全匹配，需要一种转换机制，通过 ResultSet 对象提供的 getXXX()方法，可以取得数据项内的每个字段的值（XXX 代表对应字段的数据类型，如 getInt、getString()、getDouble()、getBoolean()、getDate、getTime 等），可以使用字段的索引或字段的名称获取值。一般情况下，使用字段的索引，字段索引从 1 开始编号。为了获得最大的可移植性，应该按从左到右的顺序读取行数据，每列只能读取一次。假设 ResultSet 对象内包含两个字段，分别为整型和字符串类型，则可以使用 rs.getInt(1)和 rs.getString(2)方法来取得这两个字段的值（1、2 分别代表各字段的相对位置）。

例如，下面的程序利用 while 循环输出 ResultSet 对象内的所有数据项，因为当记录指针移动到有效的行时，next()方法返回 true，如果超出了记录末尾或者 ResultSet 对象没有下一行记录时返回 false。

```
while( rs.next() ) {
    System.out.println( rs.getInt(1) );
    System.out.println( rs.getString(2) );
}
```

在 ResultSet 接口中，提供了一系列方法在记录集中自由移动记录指针，以加强应用程序的灵活性和提高程序执行的效率。

ResultSet 接口的常用方法如下。

（1）void first()：将记录指针移动到记录集的第一行。

（2）void last()：将记录指针移动到记录集的最后一行。

（3）void previous()：将记录指针从当前位置向前移动一行。

（4）void next()：将记录指针从当前位置向后移动一行。

（5）void beforeFistr()：将记录指针移动到记录集的第一行之前。

（6）void afterLast()：将记录指针移动到记录集的最后一行之后。

（7）boolean absolute(int row)：将记录指针移动到记录集中给定编号的行。

（8）boolean isFirst()：如果记录指针位于记录集的第一行，则返回 true，否则返回 false。

（9）boolean isLast()：如果记录指针位于记录集的最后一行，则返回 true，否则返回 false。

（10）boolean isBeforFirst()：如果记录指针位于记录集的第一行之前，则返回 true。

（11）boolean isAfterLast()：如果记录指针位于记录集的最后一行之后，则返回 true。

（12）int getRow()：获取当前行的编号。

单元小结

本单元通过多个实例探讨了建立 ADO.NET 数据命令 SqlCommand 对象的方法、使用数据命令执行 Transact-SQL 语句和存储过程的方法、使用数据命令的 ExecuteScalar 方法从数据表中获取单一数据的方法、使用包含参数的存储过程从数据表中获取单一数据的方法、在.NET 平台的 Web 页面中使用 LINQ 方式从 SQL Server 数据表中获取单一数据的方法、在 Java 平台中使用 JDBC 方式从数据表中获取单一数据的方法。还介绍了 ADO.NET 的 SqlCommand 对象的属性和方法、LINQ 概述和基本组成、LINQ 和 ADO.NET 关系、JDBC 的 Statement 对象、JDBC 的 ResultSet 对象等。

单元习题

（1）如果 Command 对象执行的是存储过程，其属性 CommandType 的取值是（　　）。
    A．CommandType.Text　　　　　　　　B．CommandType.StoredProcedure
    C．CommandType.TableDirect　　　　　D．没有限制

（2）Command 对象执行查询语句时，调用（　　）方法，会返回结果集中的第一条记录的第一个字段的值。
    A．ExecuteReader　　　　　　　　　　B．ExecuteScalar
    C．ExecuteNonQuery　　　　　　　　　D．ExecuteXmlReader

（3）下列关于 LINQ 的说法错误的是（　　）。
    A．LINQ 查询操作以一致的方式直接利用程序语言本身访问各种不同类型的数据源
    B．LINQ 查询表达式必须以 select 子句或 group 子句结束
    C．LINQ 提供了 LINQ to ADO.NET 技术专门用来处理关系数据
    D．LINQ 不能直接查询或操作 XML 结构的数据

（4）LINQ 主要由 3 部分组成，下列不是 LINQ 组成部分的是（　　）。
    A．LINQ to ADO.NET　　　　　　　　B．LINQ to Objects
    C．LINQ to SQL　　　　　　　　　　　D．LINQ to XML

（5）LINQ 查询表达式不包括的子句是（　　）。
    A．from 子句　　B．select 子句　　C．where 子句　　D．set 子句

（6）LINQ 查询表达式必须以（　　）子句开头。
    A．select　　　　B．from　　　　　C．group　　　　D．where

（7）在 LINQ 查询表达式中，为了实现降序排列数据，orderby 子句使用（　　）关键字。
    A．ascending　　B．ASC　　　　　C．descending　　D．DESC

单元 4 从单个数据表中提取数据

数据库应用系统中经常以各种方式从数据源中提取数据并在用户界面进行浏览，ADO.NET 也提供了多种从数据源中提取数据的方法。本单元主要探讨从单个数据表中提取数据的方法，主要涉及 SqlCommand 对象、SqlDataReader 对象、SqlDataAdapter 对象、DataSet 对象和 DataView 对象。

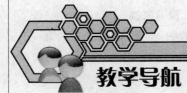

教学导航

教学目标	（1）熟悉在.NET 平台的 Windows 窗体中使用 ADO.NET 方式从单个 SQL Server 数据表中提取数据的方法 （2）熟悉在.NET 平台的 Web 页面中使用 ADO.NET 方式从单个 SQL Server 数据表中提取数据 （3）掌握 SqlCommand 对象的 ExecuteReader 方法 （4）掌握数据读取器 SqlDataReader 读取数据的方法 （5）掌握使用包含参数的数据命令执行数据筛选的方法 （6）掌握使用 DataView 对象排序数据和筛选数据的方法 （7）了解使用 Find 方法和 Select 方法搜索数据的方法 （8）了解使用 LINQ 方式从单个 SQL Server 数据表中提取数据的方法 （9）了解使用 JDBC 方式从单个 SQL Server 数据表中提取数据的方法 （10）了解使用 JDBC 方式从单个 Oracle 数据表中提取数据的方法
教学方法	任务驱动法、分层技能训练法等
课时建议	8 课时（含考核评价）

前导知识

ADO.NET 的 SqlDataReader 对象又称为数据读取器，它提供了一种高效的数据读取方式，就效率而言，数据读取器高于数据集，适合于单次且短时间的数据读取操作。SqlDataReader 所提取的数据流一次只处理一条记录，因而不会将结果集中的所有记录同时返回，可以避免耗费大量的内存资源。

ADO.NET 的 SqlDataAdapter 对象又称为数据适配器，其主要作用是在数据源与 DataSet 对象之间传递数据，它使用 SqlCommand 对象从数据源中检索数据，并将获取的数据填入 DataSet 对象中，也能将 DataSet 对象中的更新数据写回数据源。SqlDataAdapter 对象通常包含 4 个命令，分别用来选择、新建、修改与删除数据源中的记录，调用 Fill 方法将记录填入数据集内，调用 Update 方法更新数据源中相应的数据表。

DataSet 对象是内存中的数据缓存，专门用来存储从数据源中读出的数据，就像是一个被复制到内存中的数据库副本，具有完善的结构描述信息，其结构与真正的数据库相似，也可以同时存储多个数据表以及数据表之间的关联。这样，对数据进行的各种处理都在 DataSet 对象上完成，不必与数据库一直保持连接。当在 DataSet 上完成所有的操作后，再将对数据的更改通过 Update 命令传回数据源。

DataSet 对象包含 DataTable 对象的集合，DataTable 对象包含 DataRow 对象的集合，DataRow 对象包含 DataColumn 的集合。通过 DataSet 对象的 Tables 属性可以访问 DataTable 对象，通过 DataTable 对象的 Rows 属性可以访问 DataRow 对象，通过 DataRow 对象的 Columns 可以访问 DataColumn 对象。

DataView 对象能够创建 DataTable 中所存储数据的不同视图，用于对 DataSet 中的数据进行排序、过滤和查询等操作。DataView 提供了单一数据集合的动态查看，可以对数据集合套用不同的排序顺序和筛选条件。为 DataTable 中的数据建立不同的视图并要将这些数据和窗体上的控件绑定时，更需要使用 DataView 来完成。

从数据源提取数据主要以下有两种机制，各自的主要流程简述如下。

（1）使用"数据命令 + 数据读取器"访问机制读取数据的主要流程。

创建 Connection 对象→创建 Command 对象→创建 DataReader 对象→打开 Connection 对象→设置数据命令对象 Command 的 Connection 属性、CommandType 属性和 CommandText 属性→调用 Command 对象的 ExecuteReader 方法执行 SQL 查询语句，并将查询结果赋给 DataReader 对象→利用 DataReader 的 HasRows 属性判断数据读取器对象是否包含数据记录→利用循环结构来反复调用 DataReader 对象的 Read 方法逐行读取数据→调用 DataReader 对象的 Close 方法来关闭数据读取器→最后关闭 SqlConnection 连接对象。

如果使用带参数的 ExecuteReader 方法，且以 "CommandBehavior.CloseConnection" 作为其参数，即使用 ExecuteReader（CommandBehavior.CloseConnection）的形式来执行数据命令、调用 SqlDataReader 对象的 Close 方法来关闭数据读取器时，数据命令所使用的连接会自动关闭，此时不需要关闭连接的代码。

"数据命令+数据读取器"的数据访问机制主要适用以下场合：只返回单一记录的查询；查询的数据只用于浏览而不需要更新；动态执行 SQL 命令来新增、修改与删除数据记录；通过 SQL 语句创建或删除数据库对象；Web 网页中的数据访问等。

（2）使用"数据适配器+数据集"访问机制提取数据的主要流程。

创建 Connection 对象→创建 Command 对象→创建 DataAdapter 对象→创建 DataSet 对象→调用 DataAdapter 对象的 Fill 方法，填充 DataSet 对象中的 DataTable 对象。

"数据适配器+数据集"的数据访问机制主要适用以下场合：反复多次使用数据记录；实现数据绑定；使用来自多个数据表或者多个数据源中的数据；分布式应用程序等。

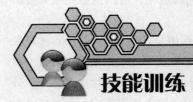

4.1 在.NET 平台的 Windows 窗体中使用 ADO.NET 方式从单个 SQL Server 数据表中提取数据

【任务 4-1】 使用 SqlDataReader 对象从"商品类型表"中获取并输出符合要求的商品类型

【任务描述】

（1）创建项目 Unit4。

（2）在项目 Unit4 中创建 Windows 窗体应用程序 Form4_1.cs，窗体的设计外观如图 4-1 所示。

（3）编写程序使用 SqlDataReader 对象从"商品类型表"中获取并输出符合要求的商品类型数据。

图 4-1 窗体 Form4_1 的设计外观

【任务实施】

（1）创建项目 Unit4。

（2）在项目 Unit4 中创建 Windows 窗体应用程序 Form4_1.cs，窗体的设计外观如图 4-1 所示。窗体中控件的属性设置如表 4-1 所示。

表 4-1   窗体 Form4_1 中控件的属性设置

控件类型	属性名称	属性值	属性名称	属性值
Label	Name	label1	Text	商品类型：
ComboBox	Name	comboBox1	Text	（空）

（3）编写事件过程 Form4_1_Load 的程序代码。

事件过程 Form4_1_Load 的程序代码如表 4-2 所示。

表 4-2　　　　　　　　　　　事件过程 Form4_1_Load 的程序代码

序号	程序代码
/*事件过程名称：Form4_1_Load　　*/	
01	//创建连接对象
02	SqlConnection sqlConn=new SqlConnection();
03	sqlConn.ConnectionString = "Server=(local);Database=ECommerce;
04	User ID=sa;Password=123456";
05	//创建数据命令对象
06	SqlCommand sqlComm = new SqlCommand();
07	SqlDataReader sqlDR;
08	try
09	{
10	if (sqlConn.State == ConnectionState.Closed)
11	{
12	//打开连接
13	sqlConn.Open();
14	}
15	//设置 SqlCommand 对象所使用的连接
16	sqlComm.Connection = sqlConn;
17	//设置赋给 SqlCommand 对象的是 SQL 语句
18	sqlComm.CommandType = CommandType.Text;
19	//设置所要执行的 SQL 语句
20	sqlComm.CommandText = " Select 类型名称,类型编号 From 商品类型表
21	Where Len(Rtrim(类型编号))=2 ";
22	sqlDR = sqlComm.ExecuteReader();
23	//将商品类型添加到 ComboBox 控件中
24	if (sqlDR.HasRows)
25	{
26	while (sqlDR.Read())
27	{
28	comboBox1.Items.Add(sqlDR.GetString(0).Trim());
29	}
30	}
31	comboBox1.SelectedIndex = 0;
32	//关闭数据读取器 SqlDataReader
33	sqlDR.Close();
34	}
35	catch (SqlException ex)
36	{
37	MessageBox.Show(ex.Message);
38	}
39	finally
40	{
41	if (sqlConn.State == ConnectionState.Open)
42	{
43	sqlConn.Close();
44	}
45	}

【运行结果】

窗体 Form4_1 的运行结果如图 4-2 所示。

图 4-2 窗体 Form4_1 的运行结果

【任务 4-2】 使用 SqlDataReader 对象获取并输出"用户表"的结构数据

【任务描述】

（1）在项目 Unit4 中创建 Windows 窗体应用程序 Form4_2.cs，窗体的设计外观如图 4-3 所示。

（2）编写程序使用 SqlDataReader 对象获取并输出"用户表"的结构数据。

图 4-3 窗体 Form4_2 的设计外观

【任务实施】

（1）在项目 Unit4 中创建 Windows 窗体应用程序 Form4_2.cs，窗体的设计外观如图 4-3 所示，窗体中控件的属性设置如表 4-3 所示。

表 4-3　　　　　　　　　　窗体 Form4_2 中控件的属性设置

控件类型	属性名称	属性值	属性名称	属性值
DataGridView	Name	dataGridView1	Dock	Fill

（2）编写事件过程 Form4_2_Load 的程序代码。

事件过程 Form4_2_Load 的程序代码如表 4-4 所示。

表 4-4　　　　　　　　事件过程 Form4_2_Load 的程序代码

/*事件过程名称：Form4_2_Load */	
序号	程序代码
01	SqlConnection sqlConn = new SqlConnection();
02	sqlConn.ConnectionString = "Server=(local);Database=ECommerce;
03	User ID=sa;Password=123456";
04	SqlCommand sqlComm = new SqlCommand();
05	SqlDataReader sqlDR;
06	try
07	{
08	if (sqlConn.State == ConnectionState.Closed)
09	{
10	sqlConn.Open();
11	}
12	sqlComm.Connection = sqlConn;
13	sqlComm.CommandType = CommandType.Text;
14	sqlComm.CommandText = "Select * From 用户表";
15	//获取数据表的结构数据
16	sqlDR = sqlComm.ExecuteReader(CommandBehavior.SchemaOnly);
17	dataGridView1.DataSource=sqlDR.GetSchemaTable();
18	sqlDR.Close();
19	}

序号	程序代码
20	catch (SqlException ex)
21	{
22	MessageBox.Show(ex.Message);
23	}
24	finally
25	{
26	if (sqlConn.State == ConnectionState.Open)
27	{
28	sqlConn.Close();
29	}
30	}

【运行结果】

窗体 Form4_2 的运行结果如图 4-4 所示。

图 4-4　窗体 Form4_2 的运行结果

【任务 4-3】 使用 SqlDataReader 对象从"商品数据表"中获取并输出指定类型商品的部分数据

【任务描述】

（1）在项目 Unit4 中创建 Windows 窗体应用程序 Form4_3.cs，窗体的设计外观如图 4-5 所示。

（2）编写程序使用 SqlDataReader 对象从"商品类型表"中获取并输出符合要求的商品类型编码。

（3）编写程序使用 SqlDataReader 对象从"商品数据表"中获取并输出指定类型商品的部分数据。

【任务实施】

（1）在项目 Unit4 中创建 Windows 窗体应用程序 Form4_3.cs，窗体的设计外观如图 4-5 所示，窗体中控件的属性设置如表 4-5 所示。

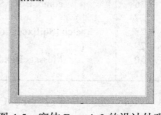

图 4-5　窗体 Form4_3 的设计外观

表 4-5　　　　　　　　　　窗体 Form4_3 中控件的属性设置

控件类型	属性名称	属性值	属性名称	属性值
Label	Name	Label1	Text	商品类型编码：
ComboBox	Name	cboCategoryCode	Text	（空）
ListBox	Name	listBox1	ItemHeight	12

（2）声明类 Form4_3 的成员变量。

声明类 Form4_3 的 3 个成员变量的代码如下。

```
SqlConnection sqlConn = new SqlConnection();
SqlCommand sqlComm = new SqlCommand();
SqlDataReader sqlDR;
```

（3）编写事件过程 Form4_3_Load 的程序代码。

事件过程 Form4_3_Load 的程序代码如表 4-6 所示。

表 4-6　　　　　　　　　　事件过程 Form4_3_Load 的程序代码

/*事件过程名称：Form4_3_Load */	
序号	程序代码
01	sqlConn.ConnectionString = "Server=(local);Database=ECommerce;
02	User ID=sa;Password=123456";
03	try
04	{
05	if (sqlConn.State == ConnectionState.Closed)
06	{
07	sqlConn.Open();
08	}
09	sqlComm.Connection = sqlConn;
10	sqlComm.CommandType = CommandType.StoredProcedure;
11	sqlComm.CommandText = "dbo.getCategoryInfo";
12	sqlDR = sqlComm.ExecuteReader(CommandBehavior.CloseConnection);
13	//将商品类型编号添加到 ComboBox 控件中
14	if (sqlDR.HasRows)
15	{
16	while (sqlDR.Read())
17	{
18	if (sqlDR.GetString(0).Trim().Length == 4)
19	{
20	comboBox1.Items.Add(sqlDR.GetString(0).Trim());
21	}
22	}
23	}
24	//关闭数据读取器
25	sqlDR.Close();
26	comboBox1.SelectedIndex = 0;
27	}
28	catch (SqlException ex)
29	{
30	MessageBox.Show(ex.Message);
31	}

（4）编写事件过程 cboCategoryCode_SelectedIndexChanged 的程序代码。

事件过程 cboCategoryCode_SelectedIndexChanged 的程序代码如表 4-7 所示。

表 4-7　　　　事件过程 cboCategoryCode_SelectedIndexChanged 的程序代码

/*事件过程名称：cboCategoryCode_SelectedIndexChanged */	
序号	程序代码
01	listBox1.Items.Clear();
02	if (sqlConn.State == ConnectionState.Closed)
03	{
04	sqlConn.Open();

续表

序号	程序代码
05	}
06	sqlComm.CommandType = CommandType.Text;
07	sqlComm.CommandText = "Select 商品名称,价格,库存数量 From 商品数据表 "
08	+" Where 类型编号='"
09	+ cboCategoryCode.SelectedItem.ToString().Trim()+"'";
10	sqlDR = sqlComm.ExecuteReader(CommandBehavior.CloseConnection);
11	listBox1.Items.Add(String.Format("{0} {1} {2}","价格","数量","商品名称"));
12	if (sqlDR.HasRows)
13	{
14	while (sqlDR.Read())
15	{
16	listBox1.Items.Add(String.Format("{0} {1} {2}",
17	sqlDR.GetDecimal(1).ToString("F2"),
18	sqlDR.GetSqlInt32(2).ToString(),
19	sqlDR.GetString(0)));
20	}
21	}
22	//关闭数据读取器
23	sqlDR.Close();

【运行结果】

窗体 Form4_3 的运行结果如图 4-6 所示。

图 4-6 窗体 Form4_3 的运行结果

【任务 4-4】 使用 SqlDataAdapter 对象从"商品数据表"中获取并输出商品的部分数据

【任务描述】

(1)在项目 Unit4 中创建 Windows 窗体应用程序 Form4_4.cs,窗体的设计外观如图 4-7 所示。

(2)编写程序使用 SqlDataAdapter 对象从"商品数据表"中获取并输出商品的部分数据。

图 4-7 窗体 Form4_4 的设计外观

【任务实施】

(1)在项目 Unit4 中创建 Windows 窗体应用程序 Form4_4.cs,窗体的设计外观如图 4-7 所示,窗体中控件的属性设置如表 4-8 所示。

表 4-8 窗体 Form4_4 中控件的属性设置

控件类型	属性名称	属性值	属性名称	属性值
DataGridView	Name	dataGridView1	Dock	Fill

（2）编写事件过程 Form4_4_Load 的程序代码。

事件过程 Form4_4_Load 的程序代码如表 4-9 所示。

表 4-9 事件过程 Form4_4_Load 的程序代码

/*事件过程名称：Form4_4_Load */	
序号	程序代码
01	//方法一
02	SqlConnection sqlConn = new SqlConnection();
03	SqlCommand sqlComm = new SqlCommand();
04	SqlDataAdapter sqlDA = new SqlDataAdapter();
05	DataSet ds = new DataSet();
06	sqlConn.ConnectionString = "Server=(local);Database=ECommerce;User
07	ID=sa;Password=123456";
08	sqlComm.Connection = sqlConn;
09	sqlComm.CommandType = CommandType.Text;
10	sqlComm.CommandText = "Select 商品名称,价格,库存数量 From 商品数据表";
11	sqlDA.SelectCommand = sqlComm;
12	sqlDA.Fill(ds, "商品数据");
13	dataGridView1.DataSource = ds.Tables[0];
14	//方法二
15	//String strSql = "Server=(local);Database=ECommerce;User ID=sa;Password=123456";
16	//String strComm = "Select 商品名称,价格,库存数量 From 商品数据表";
17	//SqlConnection sqlConn = new SqlConnection(strSql);
18	//SqlCommand sqlComm = new SqlCommand(strComm,sqlConn);
19	//SqlDataAdapter sqlDA = new SqlDataAdapter(sqlComm);
20	//DataSet ds = new DataSet();
21	//sqlDA.Fill(ds, "商品数据");
22	//dataGridView1.DataSource = ds.Tables["商品数据"];
23	//方法三
24	//String strSql = "Server=(local);Database=ECommerce;User ID=sa;Password=123456";
25	//String strComm = "Select 商品名称,价格,库存数量 From 商品数据表";
26	//SqlDataAdapter sqlDA = new SqlDataAdapter(strComm,strSql);
27	//DataSet ds = new DataSet();
28	//sqlDA.Fill(ds,2,5, "商品数据");
29	//dataGridView1.DataSource = ds.Tables["商品数据"];
30	//方法四
31	//String strSql = "Server=(local);Database=ECommerce;User ID=sa;Password=123456";
32	//String strComm = "Select 商品名称,价格,库存数量 From 商品数据表";
33	//SqlDataAdapter sqlDA = new SqlDataAdapter(strComm, strSql);
34	//DataSet ds = new DataSet();
35	//DataTable tempTable = new DataTable("商品数据");
36	//sqlDA.Fill(tempTable);
37	//dataGridView1.DataSource = tempTable;

【注意】：表 4-9 中提供了 4 种实现方法，分别使用了 SqlDataAdapter 对象的多种创建方法及其 Fill 方法的不同形式，请读者自行对这几种实现方法进行测试和分析。

【运行结果】

窗体 Form4_4 的运行结果如图 4-8 所示。

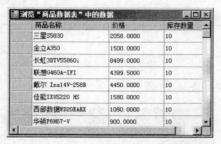

图 4-8　窗体 Form4_4 的运行结果

【任务 4-5】　使用 DataView 对象从"商品数据表"中获取并输出符合要求的部分商品数据

【任务描述】

（1）在项目 Unit4 中创建 Windows 窗体应用程序 Form4_5.cs，窗体的设计外观如图 4-9 所示。

（2）编写程序使用 DataView 对象从"商品数据表"中获取并输出符合要求的部分商品数据。

【任务实施】

（1）在项目 Unit4 中创建 Windows 窗体应用程序 Form4_5.cs，窗体的设计外观如图 4-9 所示，窗体中控件的属性设置如表 4-10 所示。

图 4-9　窗体 Form4_5 的设计外观

表 4-10　　　　　　　　　　窗体 Form4_5 中控件的属性设置

控件类型	属性名称	属性值	属性名称	属性值
DataGridView	Name	dataGridView1	Dock	Fill

（2）编写事件过程 Form4_5_Load 的程序代码。

事件过程 Form4_5_Load 的程序代码如表 4-11 所示。

表 4-11　　　　　　　　　　事件过程 Form4_5_Load 的程序代码

/*事件过程名称：Form4_5_Load　　*/	
序号	程序代码
01	String strSql = "Server=(local);Database=ECommerce;User ID=sa;Password=123456";
02	String strComm = "Select 商品名称,价格,库存数量 From 商品数据表";
03	SqlDataAdapter sqlDA = new SqlDataAdapter(strComm, strSql);
04	DataSet ds = new DataSet();
05	DataView dv = new DataView();

续表

序号	程序代码
06	sqlDA.Fill(ds, "商品数据");
07	dv.Table = ds.Tables[0];
08	dv.Sort = "价格 DESC";
09	dv.RowFilter = "价格>500";
10	dataGridView1.DataSource = dv;

【运行结果】

窗体 Form4_5 的运行结果如图 4-10 所示。

图 4-10　窗体 Form4_5 的运行结果

【任务 4-6】　使用 DataView 对象实现动态排序和筛选

【任务描述】

（1）在项目 Unit4 中创建 Windows 窗体应用程序 Form4_6.cs，窗体的设计外观如图 4-11 所示。

（2）编写程序使用 DataView 对象从"商品数据表"中获取并输出商品的部分数据。

（3）编写程序获取并输出"商品数据表"中的排序字段名称。

（4）编写程序获取并输出指定范围的类型编号。

（5）编写程序使用 DataView 对象实现动态排序和筛选。

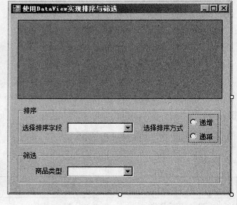

图 4-11　窗体 Form4_6 的设计外观

【任务实施】

（1）在项目 Unit4 中创建 Windows 窗体应用程序 Form4_6.cs，窗体的设计外观如图 4-11 所示，窗体中控件的属性设置如表 4-12 所示。

表 4-12　　　　　　　　　　窗体 Form4_6 中控件的属性设置

控件类型	属性名称	属性值	属性名称	属性值
Label	Name	Label1	Text	选择排序字段
	Name	Label2	Text	选择排序方式
	Name	Label3	Text	商品类型

续表

控件类型	属性名称	属性值	属性名称	属性值
ComboBox	Name	cboFieldName	Text	（空）
	Name	cboCategory	Text	（空）
RadioButton	Name	radioButtonUp	Text	递增
	Name	radioButtonDown	Text	递减
DataGridView	Name	dataGridView1	Dock	None
GroupBox	Name	groupBox1	Text	排序
	Name	groupBox2	Text	筛选

（2）声明类 Form4_6 的成员变量。

声明类 Form4_6 的 5 个成员变量的代码如下。

```
SqlConnection sqlConn = new SqlConnection();
SqlCommand sqlComm = new SqlCommand();
SqlDataAdapter sqlDA = new SqlDataAdapter();
DataSet ds = new DataSet();
DataView dv = new DataView();
```

（3）编写事件过程 Form4_6_Load 的程序代码。

事件过程 Form4_6_Load 的程序代码如表 4-13 所示，这些代码主要实现了从"商品数据表"中获取并输出商品的部分数据、排序字段名称和指定范围类型编号的功能。

表 4-13　　　　　　　　事件过程 Form4_6_Load 的程序代码

/*事件过程名称：Form4_6_Load　*/	
序号	程序代码
01	sqlConn.ConnectionString = "Server=(local);Database=ECommerce;
02	User ID=sa;Password=123456";
03	if (sqlConn.State == ConnectionState.Closed)
04	{
05	sqlConn.Open();
06	}
07	sqlComm.Connection = sqlConn;
08	sqlComm.CommandType = CommandType.Text;
09	sqlComm.CommandText = "Select 类型编号,商品名称,价格,库存数量 From 商品数据表";
10	sqlDA.SelectCommand=sqlComm;
11	sqlDA.Fill(ds,"商品数据");
12	for(int i=0;i<ds.Tables[0].Columns.Count;i++)
13	{
14	cboFieldName.Items.Add(ds.Tables[0].Columns[i].ColumnName);
15	}
16	dv = ds.Tables[0].DefaultView;
17	dataGridView1.DataSource = dv;
18	//动态改变数据适配器 SqlDataAdapter 的 SelectCommand.CommandText
19	sqlDA.SelectCommand.CommandText = "Select top 10 类型编号 From 商品类型表";
20	sqlDA.Fill(ds, "商品类型");
21	cboCategory.Items.Add("所有类型");
22	for (int i = 0; i < ds.Tables["商品类型"].Rows.Count; i++)
23	{
24	cboCategory.Items.Add(ds.Tables[1].Rows[i][0]);

续表

序号	程序代码
25	}
26	if (sqlConn.State == ConnectionState.Open)
27	{
28	sqlConn.Close();
29	}
30	cboFieldName.SelectedIndex=0;
31	cboCategory.SelectedIndex = 0;
32	radioButtonUp.Checked = true;

（4）编写事件过程 cboFieldName_SelectedIndexChanged 的程序代码。

事件过程 cboFieldName_SelectedIndexChanged 的程序代码如表 4-14 所示。

表 4-14　　　事件过程 cboFieldName_SelectedIndexChanged 的程序代码

/*事件过程名称：cboFieldName_SelectedIndexChanged　　*/	
序号	程序代码
01	if (cboFieldName.SelectedIndex > -1)
02	{
03	dv.Sort = cboFieldName.SelectedItem.ToString()
04	+ (radioButtonUp.Checked ? " ASC" : " DESC");
05	}

（5）编写事件过程 cboCategory_SelectedIndexChanged 的程序代码。

事件过程 cboCategory_SelectedIndexChanged 的程序代码如表 4-15 所示。

表 4-15　　　事件过程 cboCategory_SelectedIndexChanged 的程序代码

/*事件过程名称：cboCategory_SelectedIndexChanged　　*/	
序号	程序代码
01	if (cboCategory.SelectedIndex == 0)
02	{
03	dv.RowFilter = "类型编号 like '%'";
04	}
05	if (cboCategory.SelectedIndex > 0)
06	{
07	dv.RowFilter = "类型编号='" + cboCategory.SelectedItem.ToString() + "'";
08	}

（6）编写 RadioButton 控件的事件过程 CheckedChanged 的程序代码。

RadioButton 控件 radioButtonUp 和 radioButtonDown 的事件过程 CheckedChanged 的程序代码如表 4-16 所示。

表 4-16　　控件 radioButtonUp 和 radioButtonDown 的事件过程 CheckedChanged 的程序代码

/*事件过程名称：radioButtonUp_CheckedChanged、radioButtonDown_CheckedChanged　　*/	
序号	程序代码
01	if (cboFieldName.SelectedIndex > -1)
02	{
03	dv.Sort = cboFieldName.SelectedItem.ToString()
04	+ (radioButtonUp.Checked ? " ASC" : " DESC");
05	}

单元 4　从单个数据表中提取数据

【运行结果】

窗体 Form4_6 的运行结果如图 4-12 所示。

图 4-12 中的"排序字段"选择"价格","排序方式"选择"递减","商品类型"选择"0103",上方的 DataView 控件显示符合设置条件的商品数据,如图 4-13 所示。

图 4-12　窗体 Form4_6 的运行结果

图 4-13　在窗体 Form4_6 中改变排序方式和筛选条件

【任务 4-7】　查找符合条件的商品数据

【任务描述】

（1）在项目 Unit4 中创建 Windows 窗体应用程序 Form4_7.cs,窗体的设计外观如图 4-14 所示。

（2）编写程序使用 DataView 对象从"商品数据表"中获取并输出商品的部分数据。

（3）编写程序使用 DataView 对象的 Find 方法查找指定名称的商品。

（4）编写程序使用 DataTable 对象的 Select 方法查找指定类型的商品数据。

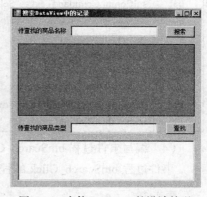

图 4-14　窗体 Form4_7 的设计外观

【任务实施】

（1）在项目 Unit4 中创建 Windows 窗体应用程序 Form4_7.cs,窗体的设计外观如图 4-14 所示,窗体中控件的属性设置如表 4-17 所示。

表 4-17　　　　　　　　　窗体 Form4_7 中控件的属性设置

控件类型	属性名称	属性值	属性名称	属性值
Label	Name	Label1	Text	待查找的商品名称
	Name	Label2	Text	待查找的商品类型
TextBox	Name	txtGoodsName	Text	（空）
	Name	txtCategoryCode	Text	（空）
Button	Name	btnSearch	Text	搜索
	Name	btnFind	Text	查找
DataGridView	Name	dataGridView1	Dock	None
RichTextBox	Name	richTextBox1	Text	（空）

（2）声明类 Form4_7 的成员变量。

声明类 Form4_7 的 7 个成员变量的代码如下。

```
SqlConnection sqlConn = new SqlConnection();
SqlCommand sqlComm = new SqlCommand();
SqlDataAdapter sqlDA = new SqlDataAdapter();
DataSet ds = new DataSet();
DataView dv = new DataView();
DataTable dt=new DataTable();
BindingManagerBase bmb;
```

（3）编写事件过程 Form4_7_Load 的程序代码。

事件过程 Form4_7_Load 的程序代码如表 4-18 所示。

表 4-18　　　　　　　　　事件过程 Form4_7_Load 的程序代码

/*事件过程名称：Form4_7_Load */	
序号	程序代码
01	sqlConn.ConnectionString = "Server=(local);Database=ECommerce;
02	User ID=sa;Password=123456";
03	sqlComm.Connection = sqlConn;
04	sqlComm.CommandType = CommandType.Text;
05	sqlComm.CommandText = "Select 类型编号,商品名称,价格,库存数量 From 商品数据表";
06	sqlDA.SelectCommand = sqlComm;
07	sqlDA.Fill(ds, "商品数据");
08	dt=ds.Tables[0];
09	dv.Table = dt;
10	dv.Sort = "商品名称";
11	dataGridView1.DataSource = dv;
12	bmb = this.BindingContext[ds, "商品数据"];

（4）编写事件过程 btnSearch_Click 的程序代码。

事件过程 btnSearch_Click 的程序代码如表 4-19 所示。

表 4-19　　　　　　　　　事件过程 btnSearch_Click 的程序代码

/*事件过程名称：btnSearch_Click */	
序号	程序代码
01	int rowIndex = dv.Find(txtGoodsName.Text.Trim());
02	if (rowIndex < 0)
03	{
04	MessageBox.Show("搜索的商品名称没找到", "提示");
05	txtGoodsName.Focus();
06	}
07	else
08	{
09	dataGridView1.Rows[bmb.Position].Selected = false;
10	bmb.Position = rowIndex;
11	dataGridView1.Rows[rowIndex].Selected = true;
12	dataGridView1.CurrentCell =
13	dataGridView1[dataGridView1.CurrentCell.ColumnIndex, rowIndex];
14	}

（5）编写事件过程 btnFind_Click 的程序代码。

事件过程 btnFind_Click 的程序代码如表 4-20 所示。

表 4-20　　　　　　　　　　事件过程 btnFind_Click 的程序代码

/*事件过程名称：btnFind_Click　*/	
序号	程序代码
01	DataRow[] rows;
02	String strExpression = "类型编号='" + txtCategoryCode.Text.Trim() + "'";
03	String strSort = "类型编号 ASC";
04	String strInfo = "类型编号　商品名称　　　价格　　数量\n";
05	rows = dt.Select(strExpression, strSort);
06	//输出 DataRow 对象数组中 rows 中每一个字段的内容
07	for (int i = 0; i < rows.GetUpperBound(0); i++)
08	{
09	for (int j = 0; j < dt.Columns.Count; j++)
10	{
11	strInfo += rows[i][j].ToString() + "　";
12	}
13	strInfo += "\n";
14	}
15	richTextBox1.Text = strInfo;

【运行结果】

窗体 Form4_7 的运行结果如图 4-15 所示。在"待查找的商品名称"文本框中输入"三星 S5830"，然后单击【搜索】按钮，查找结果如图 4-16 所示。

图 4-15　窗体 Form4_7 的运行结果

图 4-16　搜索商品"三星 S5830"的结果

在"待查找的商品类型"文本框中输入"010101"，然后单击【查找】按钮，查找结果如图 4-17 所示。

图 4-17 查找商品类型 "010101" 的结果

4.2 在.NET 平台的 Web 页面中使用 ADO.NET 方式从单个 SQL Server 数据表中提取数据

【任务 4-8】 使用 SqlDataReader 对象在 Web 页面中输出部分用户数据

【任务描述】

（1）在解决方案 Unit4 中创建 ASP.NET 网站 WebSite4。
（2）在网站 WebSite4 中添加 Web 窗体 Query4_8.aspx。
（3）在 web.config 文件中配置数据库连接字符串。
（4）编写程序使用 SqlDataReader 对象在 Web 页面中输出部分用户数据。

【任务实施】

（1）在解决方案 Unit4 中创建 ASP.NET 网站 WebSite4。
（2）在网站 WebSite4 添加 Web 窗体 Query4_8.aspx。
（3）在 web.config 文件中配置数据库连接字符串。
（4）编写事件过程 Page_Load 的程序代码。

事件过程 Page_Load 的程序代码如表 4-21 所示。

表 4-21　　Web 窗体 Query4_8.aspx 事件过程 Page_Load 的程序代码

/*事件过程名称：Page_Load　*/	
序号	程序代码
01	//创建连接对象
02	string strSqlConn = ConfigurationManager
03	.ConnectionStrings["ECommerceConnectionString"].ConnectionString;
04	SqlConnection sqlConn = new SqlConnection(strSqlConn);
05	//创建数据命令对象
06	SqlCommand sqlComm = new SqlCommand();
07	SqlDataReader sqlReader;
08	try

续表

序号	程序代码
09	{
10	if (sqlConn.State == ConnectionState.Closed)
11	{
12	//打开连接
13	sqlConn.Open();
14	}
15	sqlComm.Connection = sqlConn;
16	sqlComm.CommandType = CommandType.Text;
17	sqlComm.CommandText = "Select Top 5 用户编号,用户名,Email From 用户表";
18	//执行数据命令并输出结果
19	sqlReader = sqlComm.ExecuteReader();
20	Response.Write("用户编号 ");
21	Response.Write("用户名 ");
22	Response.Write("E-mail ");
23	Response.Write(" ");
24	Response.Write("\<br /\>");
25	if (sqlReader.HasRows)
26	{
27	while (sqlReader.Read())
28	{
29	Response.Write(sqlReader[0].ToString());
30	Response.Write(" ");
31	Response.Write(sqlReader[1].ToString());
32	Response.Write(" ");
33	Response.Write(sqlReader[2].ToString());
34	Response.Write(" ");
35	Response.Write("\<br /\>");
36	}
37	}
38	sqlReader.Close();
39	}
40	catch (SqlException ex)
41	{
42	Response.Write(ex.Message);
43	}
44	finally
45	{
46	if (sqlConn.State == ConnectionState.Open)
47	{
48	sqlConn.Close();
49	}
50	}

【运行结果】

Web 窗体 Query4_8.aspx 的运行结果如图 4-18 所示。

用户编号	用户名	E-mail
100001	admin	admin@163.com
100002	good	good@163.com
100003	沙丽	sali@126.com

图 4-18 Web 窗体 Query4_8.aspx 的运行结果

【技能拓展】

4.3 在.NET 平台的 Web 页面中使用 LINQ 方式从单个 SQL Server 数据表中提取数据

【任务 4-9】 使用 LINQ 查询子句提取符合条件的商品类型

【任务描述】

（1）在网站 WebSite4 中添加 Web 窗体 "Query4_9.aspx"。
（2）创建 DBML 文件 LinqDataClass.dbml，将数据表 "商品类型表" 映射到 DBML 文件中。
（3）编写程序从 "商品类型表" 中提取符合指定条件的类型数据。

【任务实施】

（1）在网站 WebSite4 中添加 Web 窗体 "Query4_9.aspx"。
在 Web 窗体 "Query4_9.aspx" 中添加一个 GridView 控件，其 ID 属性值为 "gridView1"。
（2）创建 DBML 文件 LinqDataClass.dbml，将数据表 "商品类型表" 映射到 DBML 文件。
（3）编写程序从 "商品类型表" 中提取符合指定条件的类型数据。
在事件过程 Page_Load 中调用自定义方法 showData()，该方法的程序代码如表 4-22 所示。

表 4-22　　Web 窗体 "Query4_9.aspx" 中 showData()方法的程序代码

/*方法名称：showData　　*/	
序号	程序代码
01	private void showData()
02	{
03	string strSqlConn = ConfigurationManager
04	.ConnectionStrings["ECommerceConnectionString"].ConnectionString;
05	LinqDataClassDataContext ldb = new LinqDataClassDataContext(strSqlConn);
06	var result = from r in ldb.商品类型表
07	where r.父类编号=="02"
08	select r ;
09	gridView1.DataSource = result;
10	gridView1.DataBind();
11	}

【运行结果】

Web 窗体 "Query4_9.aspx" 的运行结果如图 4-19 所示。

类型编号	类型名称	父类编号	显示顺序	类型说明
0201	电视机	02		
0202	洗衣机	02		
0203	空调	02		
0204	冰箱	02		

图 4-19　Web 窗体 "Query4_9.aspx" 的运行结果

【任务 4-10】 使用存储过程提取指定类型的商品数据

【任务描述】

（1）在网站 WebSite4 中添加 Web 窗体 "Query4_10.aspx"。
（2）将存储过程 "getProductData" 映射到 DBML 文件 LinqDataClass.dbml。
（3）编写程序使用存储过程提取指定类型的商品数据。

【任务实施】

（1）在网站 WebSite4 中添加 Web 窗体 "Query4_10.aspx"。
在 Web 窗体 "Query4_10.aspx" 中添加一个 GridView 控件，其 ID 属性值为 "gridView1"。
（2）将存储过程 "getProductData" 映射到 DBML 文件 LinqDataClass.dbml。
（3）完善 LinqDataClass.designer.cs 文件中的方法 ISingleResult<getProductData_个结果> getProductData，该方法的程序代码如表 4-23 所示。

表 4-23　方法 ISingleResult<getProductData_个结果> getProductData 的代码

序号	程序代码
	/*文件名称：LinqDataClass.designer.cs　*/
01	[Function(Name="dbo.getProductData")]
02	public ISingleResult<getProductData_个结果> getProductData(
03	[Parameter(Name="categoryCode",DbType="char(6)")] string code)
04	{
05	IExecuteResult result = this.ExecuteMethodCall(this,
06	((MethodInfo)MethodInfo.GetCurrentMethod()), code);
07	return ((ISingleResult<getProductData_个结果>)(result.ReturnValue));
08	}

（4）编写程序使用存储过程提取指定类型的商品数据。
在事件过程 Page_Load 中调用自定义方法 showData()，该方法的程序代码如表 4-24 所示。

表 4-24　Web 窗体 "Query4_10.aspx" 中 showData() 方法的程序代码

序号	程序代码
	/*程序名称：showData()　*/
01	private void showData()
02	{
03	string strSqlConn = ConfigurationManager
04	.ConnectionStrings["ECommerceConnectionString"].ConnectionString;
05	LinqDataClassDataContext ldb = new LinqDataClassDataContext(strSqlConn);
06	var result = from r in ldb.getProductData("02")
07	select r;
08	gridView1.DataSource = result;
09	gridView1.DataBind();
10	}

【运行结果】

Web 窗体 "Query4_10.aspx" 的运行结果如图 4-20 所示。

商品编码	商品名称	价格	库存数量
389185	长虹3DTV55860i	8499.0000	10
346488	海信LED42K01PZ	3288.0000	10

图 4-20 Web 窗体"Query4_10.aspx"的运行结果

4.4 在 Java 平台中使用 JDBC 方式从单个 SQL Server 数据表中提取数据

【任务 4-11】 使用 JDBC 方式从 SQL Server 数据库的"商品数据表"中提取符合条件的商品数据

【任务描述】

（1）在 NetBeans IDE 集成开发环境中创建 Java 应用程序项目 JavaApplication4。
（2）在 Java 应用程序项目 JavaApplication4 中添加 JAR 文件"sqljdbc4.jar"。
（3）在 Java 应用程序项目 JavaApplication4 中创建类 JavaApplication4_11。
（4）编写 JavaApplication4_11 类 main 方法的程序代码，使用 JDBC 方式从 SQL Server 数据库的"商品数据表"中提取符合条件的商品数据。

【任务实施】

（1）在 NetBeans IDE 集成开发环境中创建 Java 应用程序项目 JavaApplication4。
（2）在 Java 应用程序项目 JavaApplication4 中添加 JAR 文件"sqljdbc4.jar"。
（3）在 Java 应用程序项目 JavaApplication4 中创建类 JavaApplication4_11。
（4）编写 JavaApplication3_7 类 main 方法的程序代码，使用 JDBC 方式从 SQL Server 数据库的"商品数据表"中提取符合条件的商品数据。

main 方法的程序代码如表 4-25 所示。

表 4-25   JavaApplication3_7 类 main 方法的程序代码

/*类名称：JavaApplication4_11，方法名称：Main */	
序号	程序代码
01	String driver = "com.microsoft.sqlserver.jdbc.SQLServerDriver";
02	String connectURL = "jdbc:sqlserver://localhost:1433;DatabaseName=ECommerce";
03	String loginName = "sa";
04	String loginPassword = "123456";
05	Connection conn = null;
06	Statement statement = null;
07	ResultSet rs = null;
08	try {
09	Class.forName(driver);
10	} catch (ClassNotFoundException ex) {
11	JOptionPane.showMessageDialog(null, "无法加载驱动程序："+ ex.getMessage());
12	}
13	try {

续表

序号	程序代码
14	conn = DriverManager.getConnection(connectURL, loginName, loginPassword);
15	statement = conn.createStatement (ResultSet.TYPE_SCROLL_SENSITIVE,
16	ResultSet.CONCUR_READ_ONLY);
17	String strSql = "Select 商品编码,商品名称,价格,库存数量,价格*库存数量 As 金额"
18	+ " From 商品数据表 Where 价格 In(Select MAX(价格) From 商品数据表)";
19	rs = statement.executeQuery(strSql);
20	System.out.println("商品编码　商品名称　　　　　　　价格　数量　金额");
21	while (rs.next()) {
22	System.out.print(rs.getString(1)+" ");
23	System.out.print(rs.getString(2)+" ");
24	System.out.print(rs.getDouble(3)+" ");
25	System.out.print(rs.getInt(4)+" ");
26	System.out.println(rs.getDouble(5));
27	}
28	rs.close();
29	statement.close();
30	} catch (SQLException ex) {
31	ex.printStackTrace();
32	} finally {
33	try {
34	if (conn != null && conn.isClosed()) {
35	conn.close();
36	}
37	} catch (SQLException ex) {
38	ex.printStackTrace();
39	}
40	}

【运行结果】

程序 JavaApplication4_11 的运行结果如图 4-21 所示。

```
商品编码   商品名称              价格      数量   金额
301013    索尼 Sony HVR-S270C   66800.0   5     334000.0
```

图 4-21　程序 JavaApplication4_11 的运行结果

4.5　在 Java 平台中使用 JDBC 方式从单个 Oracle 数据表中提取数据

【任务 4-12】　使用 JDBC 方式从 Oracle 数据库的 "用户表" 中提取用户数据

【任务描述】

（1）在 Java 应用程序项目 JavaApplication4 中创建类 JavaApplication4_12。
（2）在 Java 应用程序项目 JavaApplication4 中添加 JAR 文件 "ojdbc6_g.jar"。

（3）编写 JavaApplication4_12 类 main 方法的程序代码，使用 JDBC 方式从 Oracle 数据库的"用户表"中提取用户数据。

【任务实施】

（1）在 Java 应用程序项目 JavaApplication4 中创建类 JavaApplication4_12。

（2）在 Java 应用程序项目 JavaApplication4 中添加 JAR 文件"ojdbc6_g.jar"。

（3）编写 JavaApplication4_12 类 main 方法的程序代码，使用 JDBC 方式从 Oracle 数据库的"用户表"中提取用户数据。

main 方法的程序代码如表 4-26 所示。

表 4-26　　　　　　　JavaApplication4_12 类 main 方法的程序代码

/*类名称：JavaApplication4_12，方法名称：Main　　*/	
序号	程序代码
01	String driver = "oracle.jdbc.driver.OracleDriver";
02	String connectURL = "jdbc:oracle:thin:@localhost:1521:eCommerce";
03	String loginName = "system";
04	String loginPassword = "123456";
05	Connection conn = null;
06	Statement statement = null;
07	ResultSet rs = null;
08	try {
09	Class.forName(driver);
10	} catch (ClassNotFoundException ex) {
11	JOptionPane.showMessageDialog(null,"无法加载驱动程序： " + ex.getMessage());
12	}
13	try {
14	conn = DriverManager.getConnection(connectURL, loginName, loginPassword);
15	statement = conn.createStatement (ResultSet.TYPE_SCROLL_SENSITIVE,
16	ResultSet.CONCUR_READ_ONLY);
17	String strSql = "Select 用户编号,用户名,Email From 用户表";
18	rs = statement.executeQuery(strSql);
19	System.out.println("用户编号　　用户名　　E-mail");
20	while (rs.next()) {
21	System.out.print(rs.getString(1)+"　　");
22	System.out.print(rs.getString(2)+"　　");
23	System.out.println(rs.getString(3));
24	}
25	rs.close();
26	statement.close();
27	} catch (SQLException ex) {
28	ex.printStackTrace();
29	} finally {
30	try {
31	if (conn != null && conn.isClosed()) {
32	conn.close();
33	}
34	} catch (SQLException ex) {
35	ex.printStackTrace();
36	}
37	}

【运行结果】

程序 JavaApplication4_12 的运行结果如图 4-22 所示。

```
用户编号  用户名   Email
100001   admin    admin@163.com
100002   韩珊     hs@126.com
100003   沙丽     sali@126.com
111113   白灵     bailing@qq.com
```

图 4-22　程序 JavaApplication4_12 的运行结果

【考核评价】

本单元的考核评价表如表 4-27 所示。

表 4-27　　单元 4 的考核评价表

	任务描述		基本分
考核项目	（1）创建项目 StudentUnit4，在该项目中添加窗体 Form4_1，在该窗体中添加必要的控件（包含 1 个 ComboBox 控件和 1 个 DataGridView 控件），编写程序在窗体的 ComboBox 控件中列出所有的班级编号（要求使用 SqlDataReader 对象实现），在 DataGridView 控件中输出 ComboBox 控件中所选班级的班级信息，包括班级编号、班级名称、班级人数 3 列数据		6
	（2）创建 ASP.NET 网站 WebSite4，在该网站中添加 1 个 Web 窗体“Page4_2.aspx”，在该窗体中添加必要的控件，编写程序在该页面中输出指定班级的部分学生信息，数据命令类型要求为存储过程		6
评价方式	自我评价	小组评价	教师评价
考核得分			

【知识疏理】

4.6 使用 SqlDataReader 对象从数据源中提取数据

ADO.NET 的 SqlDataReader 对象主要用于从数据源提取只进、只读的数据流，由于它是“只进”的，所以不能任意浏览，只能从前往后顺序游览；由于它是“只读”的，所以不能更新数据。

如果要创建 SqlDataReader 对象或者 OleDbDataReader 对象，则必须调用 Command 对象的 ExecuteReader 方法，而不能直接使用构造函数。当一个数据读取器处于打开状态时，连接将被此数据读取器独占，其尚未关闭之前，除了可以执行关闭操作之外不能对 Connection 执行任何其他操作，即使建立另一个数据读取器也不允许，这种情况会一直持续到关闭 DataReader 对象为止。所以 DataReader 对象使用完毕后，应尽快关闭它。如果数据命令包括输出参数或返回值，则必须等到数据读取器被关闭后才能使用。

使用 sqlComm 命令对象创建 SqlDataReader 对象的代码如下。

```
SqlDataReader sqlDR;
sqlDR = sqlComm.ExecuteReader();
```

1. SqlDataReader 类的主要属性

SqlDataReader 类的主要属性如表 4-28 所示。

表 4-28　　SqlDataReader 类的主要属性

属 性 名 称	属 性 说 明
FieldCount	获取当前行中的列数，默认值为-1。如果所执行的查询并未返回任何记录，则该属性会返回 0
HasRows	用于判断 SqlDataReader 对象是否包含记录

续表

属性名称	属性说明
IsClosed	获取一个值，该值指示数据读取器是否关闭。如果 DataReader 已关闭，则返回 true；否则返回 false
Item	获取以本机格式取得列的值，即字段值
RecordsAffected	获取执行 SQL 语句所插入、修改或删除的行数。如果没有任何行受到影响或读取失败，则返回 0

当 SqlDataReader 关闭后，只能访问 IsClosed 和 RecordsAffected 属性。

尽管可以在 SqlDataReader 打开时随时访问 RecordsAffected 属性，但调用 Close 方法关闭 SqlDataReader 后，返回 RecordsAffected 的值更能确保返回值的正确性。

2. SqlDataReader 类的主要方法

SqlDataReader 类的主要方法如表 4-29 所示。

表 4-29　　　　　　　　　　SqlDataReader 类的主要方法

方法名称	方法说明
Close	关闭 SqlDataReader 对象
GetName	获取指定列的名称
GetOrdinal	在给定列名称的情况下获取从 0 开始的序列号
GetSqlValues	获取当前行中的所有属性列
GetString	获取指定列的字符串形式的值
GetType	获取当前实例的数据类型
GetDataTypeName	将字段序号传递给 GetDataTypeName 方法，可取得字段的原始数据类型名称
GetFieldType	将字段序号传递给 GetFieldType 方法，可取得代表对象的类型
GetValue	获取以本机格式表示的指定列的值
GetValues	获取当前行集合中的所有属性列
IsDBNull	获取一个值，该值指示列中是否包含不存在的或缺少的值。如果指定的列值与 DBNull 等效，则返回 true，否则返回 false
NextResult	当读取批处理 SQL 语句的结果时，使数据读取器前进到下一个结果。默认情况下，数据读取器定位在第一个结果上
Read	DataReader 的默认位置是在第一条记录之前，要调用 Read 方法前进到下一条记录才能开始访问记录。如果 Read 方法能够顺利地前移到下一条记录，则返回 True；如果已经没有下一条记录，则返回 False。它可以自动导航到数据流中的第一条记录之前的位置，且能自动向前移动一条记录位置

4.7 使用 SqlDataAdapter 对象从数据源中提取数据

4.7.1 SqlDataAdapter 对象

ADO.NET 的 SqlDataAdapter 对象的主要作用是在数据源与 DataSet 对象之间传递数据，它也俗称为"数据搬运工"。Visual Studio.NET 中提供了 SqlDataAdapter 和 OleDbDataAdapter 等多种

类用于分别创建相应的 DataAdapter 对象。

1. SqlDataAdapter 构造函数的重载形式

SqlDataAdapter 类有以下 4 种重载形式。

（1）SqlDataAdapter()。

该重载形式不需要任何参数，使用 SqlDataAdapter 构造函数建立 SqlDataAdapter 对象，然后将 SqlCommand 对象赋给 SqlDataAdapter 对象的 SelectCommand 属性即可。

（2）SqlDataAdapter（SqlCommand）

该重载形式使用指定的 SqlCommand 作为参数来初始化 SqlDataAdapter 类的实例。

（3）SqlDataAdapter（String，SqlConnection）

该重载形式使用指定的 Select 语句或者存储过程以及 SqlConnection 对象来初始化 SqlDataAdapter 类的实例。

（4）SqlDataAdapter（String，String）

该重载形式使用指定的 Select 语句或者存储过程以及连接字符串来初始化 SqlDataAdapter 类的实例。

2. SqlDataAdapter 类的主要属性

数据访问最主要的操作是查询、插入、删除、更新 4 种，DataAdapter 对象提供了 4 个属性与这 4 种操作相对应，设置了这 4 个属性后，SqlDataAdapter 对象就知道如何从数据库获得所需的数据、新增记录、删除记录，或者更新数据源。4 种属性如表 4-30 所示。

表 4-30　　　　　　　　　　SqlDataAdapter 类的主要属性

属 性 名 称	属 性 说 明
SelectCommand	设置或获取从数据库中选择数据的 SQL 语句或存储过程
InsertCommand	设置或获取向数据库中插入新记录的 SQL 语句或存储过程
DeleteCommand	设置或获取数据库中删除记录的 SQL 语句或存储过程
UpdateCommand	设置或获取更新数据源中记录的 SQL 语句或存储过程
TableMappings	获取一个集合，用于提供数据源表和 DataTable 之间的主映射，该集合决定了数据表中的列与数据源之间的关系。默认值是一个空集合

SelectCommand、InsertCommand、DeleteCommand、UpdateCommand 这 4 个属性的值应设置成 Command 对象，而不能直接设置成字符串类型的 SQL 语句。这 4 个属性都包括 CommandText 属性，可以用于指定所需执行的 SQL 语句。

3. SqlDataAdapter 类的 Fill 方法

SqlDataAdapter 对象的 Fill 方法用于向 DataSet 对象填充从数据源中读取的数据，使用 SelectCommand 属性所指定的 Select 语句或者存储过程从数据源中提取记录数据，并将所提取的数据记录填充到数据集对应的表中。如果 SelectCommand 属性的 Select 语句或者存储过程没有返回任何记录，则不会在数据集中建立表。如果 SelectCommand 属性的 Select 语句或者存储过程返回多个结果集，则会将各个结果集的记录分别存入多个不同的表中，这些表的名称按顺序分别为 Table、Table1、Table2 等。

如果数据集中并不存在对应的表，则 Fill 方法会先建立表然后再将记录填入其中；如果对应的表已经存在，则 Fill 方法会根据当前所提取的记录来重新整理表的记录，以便使其数据与数据源中的数据一致。Fill 方法的返回值为已在 DataSet 中成功添加或刷新的行数，但不包括受不返回行的语句影响的行。

在调用 Fill 方法时，相关的连接对象不需要处于打开状态，但是为了有效控制与数据源的连接、减少连接打开的时间和有效利用资源，一般应自行调用连接对象的 Open 方法来明确打开连接，调用连接对象的 Close 方法来明确关闭连接。

（1）调用 Fill 方法的语法格式。

调用 Fill 方法的语法格式有多种，常见的格式如下。

DataAdapter 对象名.Fill（DataSet 对象名，"数据表名"）

其中第一个参数是数据集对象名，表示要填充的数据集对象；第二个参数是一个字符串，表示本地缓冲区中所建立的临时表的名称。

（2）Fill 方法的重载版本。

Fill 方法最常用的重载版本有以下 4 个。

① Fill（DataSet）。

在 DataSet 中添加或刷新行以保证与数据源中的行匹配，参数为要用记录填充的数据集 DataSet 对象。

② Fill（DataTable）。

在 DataSet 的指定范围中添加或刷新行，以保证使用 DataTable 名称的数据源中的行匹配，参数为用于表映射的 DataTable 的名称。Fill 方法的这个重载版本也可以将所提取的数据填入一个不隶属于任何数据集的独立存在的表中。

③ Fill（DataSet，String）。

在 DataSet 中添加或刷新行以匹配使用 DataSet 和 DataTable 名称的数据源中的行，第一个参数为要用记录填充的数据集 DataSet 对象，第二个参数为用于表映射的源表的名称。

④ Fill（DataSet，Int32，Int32，String）。

在 DataSet 的指定范围中添加或刷新行以匹配使用 DataSet 和 DataTable 名称的数据源中的行，第一个参数为要用记录填充的数据集 DataSet 对象，第二个参数为起始记录的记录号（从 0 开始算起），第 3 个参数为要检索的最大记录数（即从起始记录开始要提取多少条记录），第 4 个参数为用于表映射的源表名称。如果将第 3 个参数设置为 0，则会提取起始记录之后的所有记录。如果第 3 个参数的值大于其余记录的数量，则只会返回剩余的记录并且不会引发错误。如果对应的 Select 语句或者存储过程会返回多项结果集，则 Fill 方法只将第 3 个参数应用到第一个结果集。

（3）Fill 方法的正确使用。

① 如果调用 Fill 方法之前连接已关闭，则先将其打开以检索数据，数据检索完成后再将连接关闭。如果调用 Fill 方法之前连接已打开，连接仍然会保持打开状态。

② 如果数据适配器在填充 DataTable 时遇到重复列，它们将以"columnname1"、"columnname2"、"columnname3"……的形式命名后面的列。

③ 如果传入的数据包含未命名的列，它们将以"column1"、"column2"的形式命名存入 DataTable。

④ 向 DataSet 添加多个结果集时，每个结果集都放在一个单独的表中。

⑤ 可以在同一个 DataTable 中多次使用 Fill 方法。如果存在主键，则传入的行会与已有的匹配行合并；如果不存在主键，则传入的行会追加到 DataTable 中。

4. SqlDataAdapter 类的 Update 方法

Update 方法用于将数据集 DataSet 对象中的数据按 InsertCommand 属性、DeleteCommand 属性和 UpdateCommand 属性所指定的要求更新数据源，即调用 3 个属性中所定义的 SQL 语句更新数据源。

Update 方法常见的调用格式如下。

`SqlDataAdapter 对象名.Update(DataSet 对象名,"数据表名")`

其中第一个参数为数据集对象名，表示要将哪个数据集对象中的数据更新到数据源；第二个参数是一个字符串，表示临时表的名称。

DataAdapter 对象的 Update 方法会自动调用 AcceptChanges。调用 DataAdapter 对象中的 Update 方法更新数据库时，如果直接更新数据集中的所有数据会使更新的效率非常低，原因是数据集中可能只有少数的数据有变化，而大多数的数据没有变化，不需要更新。更好的办法是利用 GetChanges 方法获取所有被修改的数据，并把这些变化的数据提交给 DataAdapter 对象去更新，这样程序的效率便提高了。但是如果 DataSet 中的数据没有变化，GetChanges 方法将返回空，用空的对象去更新数据库会出现异常。为了避免出现异常，可以在更新前利用 HasChanges 方法判断是否有数据被修改。

4.7.2 DataSet 对象及其组成对象

DataSet 对象是内存中存储数据的容器，是一个虚拟的中间数据源，它利用数据适配器所执行的 SQL 语句或者存储过程来填充数据。DataSet 内部包含由一个或多个 DataTable 对象组成的集合，此外它还包含了 DataTable 对象的主键、外键、条件约束以及 DataTable 对象之间的关系等。可以将 DataSet 看成一个关系数据库，DataTable 相当于数据库中的数据表，DataRow 和 DataColumn 就是该表中的行和列。所有的表（DataTable）组成了 DataTableCollection，所有的行（DataRow）组成了 DataRowCollection，所有的列（DataColumn）组成了 DataColumnCollection。

DataSet 对象模型比较复杂，DataSet 的组成结构示意图如图 4-23 所示，从图中可以看出，DataSet 对象有许多属性，其中最重要的是 Tables 属性和 Relations 属性。

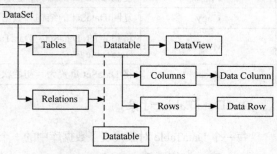

图 4-23 DataSet 的组成结构示意图

1. DataSet 对象

（1）创建 DataSet 对象。

DataSet 对象不区分 SQL Server.NET Framework 数据提供者和 OLE DB.NET Framework 数据提供者，不管使用哪个.NET 数据提供者，声明 DataSet 对象的方法都相同。

编写程序代码创建 DataSet 对象的语法格式如下。

`DataSet ds = new DataSet();`

（2）DataSet 对象的主要属性。

DataSet 对象的主要属性如表 4-31 所示。

表 4-31　　　　　　　　　　　DataSet 对象的主要属性

属 性 名 称	属 性 说 明
Tables	获取包含在 DataSet 中的 DataTable 对象的集合，每个 DataTable 对象代表数据库中的一个表。表示某一个特定表的方法为数据集名.Tables[索引值]，索引值从"0"开始
Relations	获取用于将表链接起来并允许从父表浏览到子表的关系的集合
DataSetName	获取或设置当前 DataSet 的名称
HasErrors	获取一个值，该值指示此 DataSet 中的任何 DataTable 中的任何行中是否存在错误，如果任何表中存在错误，则返回 true；否则返回 flase

（3）DataSet 对象的主要方法。

DataSet 对象的主要方法如表 4-32 所示。

表 4-32　　　　　　　　　　　DataSet 对象的主要方法

方 法 名 称	方 法 说 明
HasChanges	用于判断 DataSet 中的数据是否有变化，如果数据有变化，该方法返回 True，否则返回 False。数据的变化包括添加数据、修改数据和删除数据
GetChanges	用于获得自上次加载以来或调用 AcceptChanges 以来 DataSet 中所有变动的数据，该方法返加一个 DataSet 对象
AcceptChanges	用于提交自加载 DataSet 或上次调用 AcceptChanges 以来对 DataSet 进行的所有更改。提交后，GetChanges 方法将返回空
RejectChanges	回滚自创建 DataSet 以来或上次调用 DataSet.AcceptChanges 以来，对其进行的所有更改。调用此方法时，仍处于编辑模式的任何行将取消其编辑；添加的新行将被移除；已修改的和已删除的行返回到其原始状态
Clear	清除 DataSet 中所有的数据
Clone	复制 DataSet 的结构，包含所有 DataTable 架构、关系和约束。但不复制任何数据
Copy	复制 DataSet 的结构和数据
Merge	将指定的 DataSet、DataTable 或 DataRow 对象的数组合并到当前的 DataSet 或 DataTable 中
Reset	将 DataSet 重置为其初始状态

2. DataTable 对象

每一个 DataTable 对象代表了数据库中的一个表，每个 DataTable 数据表都由相应的行和列组成。

（1）建立与使用 DataTable。

DataTable 的命名空间为 System.Data，代表内存中的数据表。在 ADO.NET 中，DataTable 常作为 DataSet 的一个成员对象来使用。建立 DataTable 包括两种情况，即建立包含在数据集中的表和建立独立使用的表。

建立包含在数据集中的表的方法主要有以下两种。

① 利用数据适配器的 Fill 方法自动建立 DataSet 中的 DataTable 对象。

先通过数据适配器从数据源中提取记录数据，然后调用数据适配器的 Fill 方法，将所提取的记录存入 DataSet 中对应的表内，如果数据集中不存在对应的表，Fill 方法会先建立数据表再将记录填入其中。

② 将建立的 DataTable 对象添加到 DataSet 中。

先建立 DataTable 对象，然后调用 DataSet 的表集合 Tables 的 Add 方法将 DataTable 对象添加

到 DataSet 中。

(2) DataTable 对象的常用属性。

DataTable 对象都有两个重要的属性：Rows 属性和 Columns 属性。Rows 属性值是一个数据表的 DataRow 对象的集合，每个 DataRow 对象代表了数据表中的一行数据，Rows 属性可以通过索引值表示某一条特定的记录，第一条记录的索引值为 0；Columns 属性是一个数据表的 DataColumn 对象的集合，每一个 DataColumn 对象代表了数据表中的一列。

(3) DataTable 对象的常用方法。

DataTable 对象的常用方法是 NewRow。该方法用于创建与当前表结构相同的一个空记录，这个空记录就是一个 DataRow 对象。NewRow 方法只是生成一个 DataRow 对象，并不能向表中添加新的行。

DataTable 对象只能存在于一个 DataSet 对象中,如果想要把 DataTable 对象添加到多个 DataSet 对象中，就必须使用 Copy 或 Clone 方法。Copy 方法创建一个新的 DataTable，它与原来的 DataTable 结构相同，并且包含相同的数据；Clone 方法创建一个新的 DataTable，它与原来的 DataTable 结构相同，但没有包含数据。

3. DataRow 对象

DataRow 对象用来表示 DataTable 中单独的一条记录。每一条记录都包含多个字段，DataRow 对象用 Item 属性表示这些字段，Item 属性后加索引值或字段名可以表示一个字段的内容。例如，DataSet1.Tables[0].Row[0].Item[0]表示数据集第一个数据表中第一条记录第一个字段的值。

DataRow 的常用方法有以下几种。

(1) Add 方法。

该方法用于向 DataTable 对象中添加一个新行。

(2) Delete 方法。

该方法用于从 DataTable 对象的 DataRow 集合中删除指定的行。删除行时，必须通过 Rows 属性的索引值指定要删除行的位置。

4. DataColumn 对象

数据表字段的结构描述使用 DataColumn 对象来定义，要向数据表添加一个字段，必须先建立一个 DataColumn 对象，设置其各项属性，然后将它添加到 DataTable 的字段集合 DataColumn Collection 中。DataTable 的字段集合就是 DataColumnCollection，它定义了 DataTable 的结构描述并判断每个 DataColumn 可以包括的数据类型，可以使用 DataTable 的 Columns 属性来访问 DataColumnCollection。

(1) 使用 Count 属性来判断集合中有多少个 DataColumn 对象，使用 Item 属性从字段集合中取得指定的 DataColumn 对象。

(2) 使用 DataColumnCollection 的 Add 方法或 Remove 方法来添加或删除 DataColumn 对象；使用 Clear 方法清除字段集合中的所有字段；使用 Contains 方法来验证指定的索引或字段名称是否存在于字段集合中。

4.7.3 DataView 对象

DataView 对象能够创建 DataTable 中所存储数据的不同视图，用于对 DataSet 中的数据进行排序、过滤、查询等操作。若要创建数据的筛选和排序视图，先设置 RowFilter 和 Sort 属性，然后使用 Item 属性返回单个 DataRowView。

还可以使用 AddNew 和 Delete 方法从行的集合中添加和删除行。在使用这些方法时，可设置 RowStateFilter 属性以便指定只有已被删除的行或新行才可由 DataView 显示。

DataTable 类的 DefaultView 属性用于返回可用于排序、筛选和搜索 DataTable 的 DataView。

1. 创建 DataView 对象

创建 DataView 对象可以采用两种方式：使用 DataView 的构造函数和建立 DataTable 的 DefaultView 属性的一个引用。

DataView 的构造函数有以下 3 个重载版本。

（1）不使用任何参数来初始化 DataView 类的新实例：DataView ( )。

使用第一个版本的构造函数建立 DataView 对象，必须在建立 DataView 对象后先配置其 Table 属性，以便确定其数据源；然后才能配置其他属性：RowFilter、Sort 和 RowStateFilter 等。

（2）构造函数包含一个参数：DataView（DataTable）。

第二个版本的构造函数使用指定的 DataTable 来初始化 DataView 类的实例，排序字段和筛选条件则通过属性指定。

（3）构造函数包含 4 个参数：DataView（DataTable, String, String, DataViewRowState）。

第三个版本的构造函数使用指定的 DataTable、RowFilter、Sort 和 DataViewRowState 来初始化 DataView 类的实例。

对于 DataView 三个版本的构造函数来说，直接在构造函数中指定排序方式或筛选条件建立 DataView 的效率最高，原因是如果建立 DataView 时没有直接在构造函数中指定排序方式或筛选条件，而是在建立 DataView 对象之后再配置其属性，会导致 DataView 对象之后被重新建立，这使得索引至少被建立两次。

2. DataView 的主要属性

DataView 对象的主要属性如表 4-33 所示。

表 4-33　　　　　　　　　　DataView 对象的主要属性

属 性 名 称	属 性 说 明
Table	获取或设置 DataView 的数据源
RowFilter	获取或设置 DataView 的筛选条件
Sort	获取或设置 DataView 的排序方式
AllowNew	设置是否可以新增记录
AllowEdit	设置是否可以修改数据
AllowDelete	设置是否可以删除记录
Count	在应用 RowFilter 和 RowStateFilter 之后，获取 DataView 中记录的数量
Item	获取 DatView 中的某一条记录

3. DataView 的主要方法

DataView 对象的主要方法如表 4-34 所示。

表 4-34　　　　　　　　　　　　DataView 对象的主要方法

方 法 名 称	方 法 说 明
AddNew	用于在 DataView 中添加新的记录
Delete	用于删除索引所指定的记录
Find	根据指定的主键值查找一条或多条记录

4. DataView 的使用说明

（1）使用 DataView 对 DataTable 中的数据进行排序，可以使用 Sort 参数来决定要根据一个或多个字段来排序，也可以在建立 DataView 对象之后再配置其 Sort 属性，以便决定如何进行排序。Sort 属性的配置方式与 Sort 参数的配置方式相同。

使用 DataView 排序 DataTable 中的数据时应注意以下问题。

① 使用关键词 ASC 递增排序，使用关键词 DESC 递减排序。

② 排序方式默认为递增排序，ASC 可以省略不写。

③ Sort 参数或 Sort 属性的书写格式为："排序字段名　ASC | DESC"。

④ 排序字段与排序方式关键词之间一定要加空格。例如，"员工编号　ASC"，"姓名 DESC"。

⑤ 多字段排序数据：在各字段之间使用逗号","加以分隔。例如，"员工编号　ASC，姓名 DESC "。

⑥ 如果需要按数据表的主键排序，可以设置 ApplyDefaultSort 属性，该属性的默认值为 False，表示不是根据主键来排序数据。当该属性的值设置为 True 时，表示按主键来排序数据，应注意的是：只有在 Sort 属性为 NULL 引用或空字符串并且数据表已定义了主键时，ApplyDefaultSort 属性的设置才会生效。

（2）使用 DataView 筛选 DataTable 中的数据，可以使用 RowFilter 参数筛选数据的表达式，也可以在建立 DataView 对象之后再配置其 RowFilter 属性，以便决定如何筛选数据。

使用 DataView 筛选数据时，筛选表达式必须为字符型，其书写格式与 SQL 语句中的 Where 条件相似。例如，筛选性别为"女"的学生信息，筛选表达式应写成："性别 = '女' "；筛选类型编号为 cboCategoryCode 控件中当前的选取值，筛选表达式应写成："类型编号=' " + cboCategoryCode.SelectedItem.ToString() + " ' "

（3）如果使用第三个版本的 DataView 构造函数建立 DataView 对象，可以使用 RowState 参数来设定记录状态的筛选条件，RowState 参数的类型是枚举类型 DataViewRowState，其成员与说明如表 4-35 所示。也可以在建立 DataView 对象之后再配置其 RowStateFilter 属性，以便决定如何筛选记录版本。RowStateFilter 属性的配置方式与 RowState 参数的配置方式相同。

表 4-35　　　　　　　　　　　DataViewRowState 的成员及其说明

DataViewRowState 的成员	DataViewRowState 的成员说明
Added	所有新增记录的当前记录版本
CurrentRows	所有未被新增和未被修改的记录的当前记录版本，为默认值
Deleted	所有被删除记录的原始记录版本
ModifiedCurrent	所有被修改记录的当前记录版本

续表

DataViewRowState 的成员	DataViewRowState 的成员说明
ModifiedOriginal	所有被修改记录的原始记录版本
None	无记录
OriginalRows	所有未被修改和未被删除的记录的原始记录版本
Unchanged	所有未被改变记录的当前记录版本

5. DataTable 的 DefaultView 属性

DataTable 的 DefaultView 属性会返回一个以此 DataTable 作为源表的 DataView 对象，以便让用户灵活地实现排序、筛选或查找 DataTable 中的记录。如果所建立的 DataView 要显示出 DataTable 中的所有记录并按照自然顺序排列，则使用 DataTable 的 DefaultView 属性来建立 DataView 是非常直接且快捷的方式。

以下代码使用 DataView 的 DefaultView 属性建立 DataView 对象。

```
DataView dv = new DataView();
dv = ds.Tables[0].DefaultView;
dataGridView1.DataSource = dv;
```

6. 使用 DataView 对象的 Find 方法搜索符合条件的记录

（1）DataView 对象的 Find 方法只能使用记录的排序值来查找记录，在调用 Find 方法之前必须对 DataView 中的数据进行排序。可以使用 Sort 属性设定排序方式，也可以将 ApplyDefaultSort 的属性设定为 True，即按主键对数据进行排序。

（2）Find 方法返回所查找到的记录的索引。如果有多条记录符合条件，则只返回第一条符合查找条件的记录的索引；如果找不到任何符合条件的记录，则 Find 方法会返回-1。

（3）Find 方法在查找数据值时，会根据 DataTable 的 CaseSensitive 属性来决定是否考虑大小写。查找值完全符合排序索引值时，才会返回结果。

（4）Find 方法有两个重载版本。

第一个重载版本的形式为：Find（Object）

第二个重载版本的形式为：Find（Object[ ] ）

第二个版本的 Find 方法的参数为一个对象数组，要求使用多个字段来排序数据，调用该版本的 Find 方法时，必须将一个对象数组传递给它，并且对象数组中各个数据的顺序必须与 DataView 的 Sort 属性中所指定的字段顺序相符。

DataRowCollection 对象的 Find 方法也可以通过表的主键来搜索记录，由于使用 Find 方法查找记录有许多限制条件，如对应的数据表必须设置主键、不能在 Find 方法中使用通配符等，所以 Find 方法不够实用。由于篇幅限制，在此不予介绍，请读者参考 Microsoft Visual Studio 的帮助系统。

7. 利用 DataTable 对象的 Select 方法搜索符合条件的记录

使用 DataTable 对象的 Select 方法从 DataTable 中查找符合指定条件的记录，DataTable 对象的 Select 方法会返回符合指定条件的 DataTable 中的数据子集。Select 方法可以使用筛选表达式和排序表达式作为选择性参数。筛选表达式会根据 DataColumn 值识别要返回的记录，排序表达式会对返回记录进行排序。

单元小结

　　本单元通过多个实例探讨了如何使用 ADO.NET 的数据读取器从单个数据表提取数据、使用 ADO.NET 的数据适配器从单个数据表中提取数据以及利用 ADO.NET 的数据视图来排序数据和筛选数据的方法，也介绍了利用 Find 方法和 Select 方法从单个数据表中搜索符合条件记录的方法，在.NET 平台的 Web 页面中使用 LINQ 方式从单个 SQL Server 数据表中提取数据，在 Java 平台中使用 JDBC 方式从单个 SQL Server 数据表或 Oracle 数据表中提取数据。还介绍了 SqlDataAdapter 对象、DataSet 对象、DataTable 对象、DataRow 对象、DataColumn 对象和 DataView 对象的主要属性与方法。

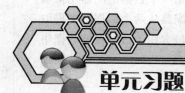

单元习题

（1）以下对 SqlDataReader 对象的描述正确的是（　　）。

　　A．它是向前导航的对象，必须在表中从头到尾地读取记录

　　B．当 SqlDataReader 初次打开时，当前的记录指示器位于第一个记录之前

　　C．在使用 SqlDataReader 对象时，相关联的 SqlConnection 对象忙于为 SqlDataReader 对象服务，此时不能对 SqlConnection 执行任何其他操作，只能关闭

　　D．以上都对

（2）用来把 DataSet 的修改保存回数据库的 SqlDataAdapter 方法是（　　）。

　　A．Save　　　B．GetChanges　　　C．AcceptChange　　　D．Update

（3）数据适配器 SqlDataAdapter 填充数据集的方法是（　　）。

　　A．Fill　　　B．GetChanges　　　C．AcceptChanges　　　D．Update

（4）sqlComm 是一个 SqlCommand 类的对象，并已正确连接到数据库"Book"。为了在遍历完 SqlDataReader 对象的所有数据行后立即自动关闭 sqlComm 使用的连接对象，应采用下列（　　）方法调用 ExecuteReader 方法。

　　A．SqlDataReader dr = sqlComm.ExecuteReader(CommandBehavior.CloseConnection);

　　B．SqlDataReader dr = sqlComm.ExecuteReader(CommandBehavior.SingleRow);

　　C．SqlDataReader dr = sqlComm.ExecuteReader(CommandBehavior.SingleResult);

　　D．SqlDataReader dr = sqlComm.ExecuteReader(CommandBehavior.SequentialAccess);

单元 5 从多个相关数据表中提取数据

一个数据集可以和不限数目的数据适配器一起配套使用，每一个数据适配器用来填充数据集中的一个或多个数据表。可以使用一个或两个数据适配器从两个数据源中提取数据并填入数据集的两个表中，然后建立这些表之间的关系。包含相关数据表的数据集使用 DataRelation 对象表示表之间的父/子关系并返回相关记录。

教学导航

教学目标	（1）学会从两个数据表中提取符合条件的数据 （2）学会使用 2 个数据适配器浏览两个相关数据表 （3）学会使用一个数据适配器浏览两个相关数据表 （4）学会在 Web 页面中浏览 2 个相关数据表的数据 （5）掌握 DataRelation 类的构造函数和常用属性 （6）了解使用 LINQ 方式浏览 2 个相关数据表中符合条件的数据 （7）了解使用 JDBC 方式跨表从多个数据表中获取统计数据 （8）使用 JDBC 方式跨表获取数据
教学方法	任务驱动法、分层技能训练法等
课时建议	4 课时（含考核评价）

1. 多表查询

（1）连接查询。

从两个或两个以上数据表中查询数据且结果集中出现的列来自于两个或两个以上的数据表的检索操作称为连接查询。连接查询实际上是通过各个数据表之间共同列的相关性来查询数据的，首先要在这些数据表中建立连接，然后再从数据表中查询数据。

连接分为内连接、外连接和交叉连接。其中外连接包括左外连接、右外连接和全外连接 3 种。

连接的格式有如下以下两种。

格式一：

Select <输出字段或表达式列表>

From <表 1> ， <表 2>

[Where <表 1.列名> <连接操作符> <表 2.列名>]

连接操作符可以是=、<>、!=、>、!>、<、!<、<=、>=，当操作符是"="时表示等值连接。

格式二：

Select <输出字段或表达式列表>

From <表 1> <连接类型> <表 2> [On (<连接条件>)]

连接类型用于指定所执行的连接类型，内连接为 Inner Join，外连接为 Out Join，交叉连接为 Cross Join，左外联接为 Left Join，右外联接为 Right Join，完整外联系为 Full Join。

在<输出字段或表达式列表>中使用多个数据表来源且有同名字段时，必须明确定义字段所在的数据表名称。

（2）嵌套查询。

在实际应用中经常要用到多层查询，在 SQL 语句中，将一条 Select 语句作为另一条 Select 语句的一部分称为嵌套查询，也称为子查询。外层的 Select 语句称为外部查询，内层的 Select 语句称为内部查询。

嵌套查询是按照逻辑顺序由里向外执行的，即先处理内部查询，然后将结果用于外部查询的查询条件。SQL 允许使用多层嵌套查询，即在子查询中还可以嵌套其他子查询。

嵌套查询的示例代码如下。

"Select 类型编号,商品名称,价格 From 商品数据表 Where 类型编号 Like "
　　+ " (Select Rtrim(类型编号) From 商品类型表 Where 类型名称=' "
　　+ cboCategoryName.SelectedItem.ToString().Trim() + " ')"

（3）相关子查询。

相关子查询不同于嵌套查询，相关子查询的查询条件依赖于外层查询的某个值。在相关子查询中使用关键字 Exists 引出子查询，Exists 用于在 Where 子句中测试子查询返回的数据行是否存在。如果使用 Exists 操作符查询的结果集不为空，则返回逻辑真，否则返回逻辑假。

相关子查询的示例代码如下。

```
Select 借书证.* From 借书证 Where Exists(Select * From 图书借阅
                Where 图书借阅.借书证编号=借书证.借书证编号)
```

2. 建立 DataRelation 对象

使用 DataRelation 构造函数来建立一个 DataRelation 对象时，通常要指定使用父表的哪一个字段与子表的哪一个字段来建立两者间的关系。此字段通常是两表的共同字段，而且分别是父表的主键与子表的外键，这两个字段的数据类型要相同。

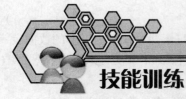

技能训练

5.1 在.NET 平台的 Windows 窗体中使用 ADO.NET 方式从多个相关 SQL Server 数据表中提取数据

【任务 5-1】 从两个数据表中提取符合条件的商品数据

【任务描述】

（1）创建项目 Unit5。

（2）在项目 Unit5 中创建 Windows 窗体应用程序 Form5_1.cs，窗体的设计外观如图 5-1 所示。

（3）编写程序跨表判断条件且提取符合条件的商品数据。

【任务实施】

（1）创建项目 Unit5。

（2）在项目 Unit5 中创建 Windows 窗体应用程序 Form5_1.cs，窗体的设计外观如图 5-1 所示。窗体中控件的属性设置如表 5-1 所示。

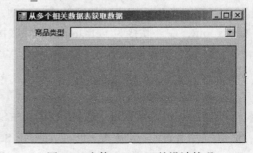

图 5-1　窗体 Form5_1 的设计外观

表 5-1　　　　　　　　　窗体 Form5_1 中控件的属性设置

控件类型	属性名称	属性值	属性名称	属性值
Label	Name	Label1	Text	商品类型
ComboBox	Name	cboCategoryName	Text	（空）
DataGridView	Name	dataGridView1	Dock	None

（3）编写事件过程 Form5_1_Load 的程序代码。

事件过程 Form5_1_Load 用于从"商品类型表"中获取类型名称，且添加到组合框 cboCategoryName 中，其实现方法在前面单元中已多次介绍，在此不再列出程序代码，请参见前面单元。

（4）编写事件过程 cboCategoryName_SelectedIndexChanged 的程序代码。

事件过程 cboCategoryName_SelectedIndexChanged 的程序代码如表 5-2 所示，主要实现跨表判断条件且提取符合条件的商品数据。

表 5-2　　　　　事件过程 cboCategoryName_SelectedIndexChanged 的程序代码

/*事件过程名称：cboCategoryName_SelectedIndexChanged　　*/	
序号	程序代码
01	SqlCommand sqlComm = new SqlCommand();
02	SqlDataAdapter sqlDA=new SqlDataAdapter();
03	DataSet ds =new DataSet();
04	sqlComm.Connection = sqlConn;
05	sqlComm.CommandType = CommandType.Text;
06	sqlComm.CommandText = "Select 类型编号,商品名称,价格 From 商品数据表 "
07	+ " Where 类型编号 Like "
08	+ " (Select Rtrim(类型编号) From 商品类型表 Where 类型名称='"
09	+ cboCategoryName.SelectedItem.ToString().Trim() + "')" ;
10	sqlDA.SelectCommand = sqlComm;
11	sqlDA.Fill(ds,"商品数据");
12	dataGridView1.DataSource = ds.Tables[0];

【运行结果】

窗体 Form5_1 的运行结果如图 5-2 所示。

图 5-2　窗体 Form5_1 的运行结果

【任务 5-2】　使用两个数据适配器浏览两个相关数据表的数据

【任务描述】

（1）在项目 Unit5 中创建 Windows 窗体应用程序 Form5_2.cs，窗体的设计外观如图 5-3 所示。

（2）编写程序使用两个数据适配器浏览两个相关数据表的数据。

【任务实施】

（1）在项目 Unit5 中创建 Windows 窗体应用程序 Form5_2.cs，窗体的设计外观如图 5-3 所示，窗体中控件的属性设置如表 5-3 所示。

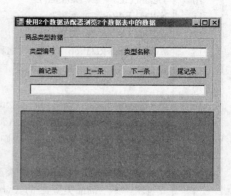

图 5-3　窗体 Form5_2 的设计外观

表 5-3　　　　　　　　　　　窗体 Form5_2 中控件的属性设置

控件类型	属性名称	属性值	属性名称	属性值
Label	Name	Label1	Text	类型编号
	Name	Label2	Text	类型名称
TextBox	Name	txtCategoryCode	Text	（空）
	Name	txtCategoryName	Text	（空）
	Name	txtPosition	Text	（空）
Button	Name	btnFirst	Text	首记录
	Name	btnFore	Text	上一条
	Name	btnNext	Text	下一条
	Name	btnLast	Text	尾记录
DataGridView	Name	dataGridView1	Dock	None

（2）声明类 Form5_2 的成员变量。

声明类 Form5_2 的成员变量 bmb 的代码如下。

`BindingManagerBase bmb;`

（3）编写事件过程 Form5_2_Load 的程序代码。

事件过程 Form5_2_Load 的程序代码如表 5-4 所示，实现使用两个数据适配器浏览两个相关数据表数据的功能，请注意"商品类型表"与"商品数据表"的 DataRelation 对象的创建方法。

表 5-4　　　　　　　　　　　事件过程 Form5_2_Load 的程序代码

/*事件过程名称：Form5_2_Load　*/	
序号	程序代码
01	SqlConnection sqlConn = new SqlConnection();
02	sqlConn.ConnectionString = "Server=(local);Database=ECommerce;
03	User ID=sa;Password=123456";
04	//建立第一个数据适配器以便针对数据源执行 Select 语句来提取出"商品类型表"中的数据
05	SqlDataAdapter sqlDa1 = new SqlDataAdapter("Select 类型编号,类型名称
06	From 商品类型表", sqlConn);
07	//建立第二个数据适配器以便针对数据源执行 Select 语句来提取出"商品数据表"中的数据
08	SqlDataAdapter sqlDa2 = new SqlDataAdapter("Select 类型编号,商品名称,价格
09	From 商品数据表 ", sqlConn);
10	DataSet ds = new DataSet();
11	sqlDa1.Fill(ds, "类型表");
12	sqlDa2.Fill(ds, "数据表");
13	// 建立 DataRelation 对象，其名称为"FK_商品类型_商品数据"
14	ds.Relations.Add("FK_商品类型_商品数据", ds.Tables["类型表"].Columns["类型编号"],
15	ds.Tables["数据表"].Columns["类型编号"]);
16	txtCategoryCode.DataBindings.Add("Text", ds, "类型表.类型编号");
17	txtCategoryName.DataBindings.Add("Text", ds, "类型表.类型名称");
18	//注意，这里设置为数据集，否则无法同步移动记录指针
19	dataGridView1.DataSource = ds;
20	dataGridView1.DataMember = "类型表.FK_商品类型_商品数据";
21	// 取得代表 "商品类型表"的 CurrencyManager 对象
22	bmb = this.BindingContext[ds, "类型表"];
23	// 设定当引发 PositionChanged 事件时便执行事件处理程序 PositionChanged

续表

序号	程序代码
24	bmb.PositionChanged += new System.EventHandler(PositionChanged);
25	// 设定数据记录当前位置信息的初值
26	txtPosition.Text = string.Format("商品数据记录:当前位置 {0} 总数 {1}",
27	bmb.Position + 1, bmb.Count);

（4）编写事件处理程序 PositionChanged 的代码。

事件处理程序 PositionChanged 的代码如下。

txtPosition.Text = string.Format("商品数据记录:当前位置 {0} 总数 {1}", bmb.Position + 1, bmb.Count);

（5）编写改变记录指针位置的代码。

改变记录指针位置的代码如表 5-5 所示，包括 4 个按钮 btnFirst、btnFore、btnNext 和 btnLast 的 Click 事件过程。

表 5-5　　　　按钮 btnFirst、btnFore、btnNext 和 btnLast 的 Click 事件过程代码

/*事件过程名称：btnFirst_Click、btnFore_Click、btnNext_Click、btnLast_Click */	
序号	程序代码
01	private void btnFirst_Click(object sender, EventArgs e)
02	{
03	// 将 Position 属性值设定成 0
04	bmb.Position = 0;
05	}
06	private void btnFore_Click(object sender, EventArgs e)
07	{
08	if (bmb.Position <= 0)
09	{
10	bmb.Position = bmb.Count −1;
11	}
12	else{
13	// 将 Position 属性值递减 1
14	bmb.Position--;
15	}
16	}
17	private void btnNext_Click(object sender, EventArgs e)
18	{
19	if (bmb.Position >= bmb.Count −1)
20	{
21	bmb.Position = 0;
22	}
23	else
24	{
25	// 将 Position 属性值递增 1
26	bmb.Position++;
27	}
28	}
29	private void btnLast_Click(object sender, EventArgs e)
30	{
31	bmb.Position = bmb.Count −1;
32	}

【运行结果】

窗体 Form5_2 的运行结果如图 5-4 所示。

图 5-4　窗体 Form5_2 的运行结果

【任务 5-3】　使用一个数据适配器浏览两个相关数据表的数据

【任务描述】

（1）在项目 Unit5 中创建 Windows 窗体应用程序 Form5_3.cs，窗体的设计外观如图 5-5 所示。

图 5-5　窗体 Form5_3 的设计外观

（2）编写程序使用一个数据适配器浏览两个相关数据表的数据。

【任务实施】

（1）在项目 Unit5 中创建 Windows 窗体应用程序 Form5_3.cs，窗体的设计外观如图 5-5 所示，窗体中控件的属性设置如表 5-6 所示。

表 5-6　　　　　　　　　　窗体 Form5_3 中控件的属性设置

控件类型	属性名称	属性值	属性名称	属性值
DataGridView	Name	dataGridView1	Dock	None
	Name	dataGridView2	Dock	None

（2）编写事件过程 Form5_3_Load 的程序代码。

事件过程 Form5_3_Load 的程序代码如表 5-7 所示，实现使用一个数据适配器浏览两个相关数据表数据的功能，请注意"商品类型表"与"商品数据表"的 DataRelation 对象的另一种创建方法。

表 5-7　　　　　　　　　　事件过程 Form5_3_Load 的程序代码

/*事件过程名称：Form5_3_Load　　*/	
序号	程序代码
01	SqlConnection sqlConn = new SqlConnection();

续表

序号	程序代码
02	sqlConn.ConnectionString = "Server=(local);Database=ECommerce;
03	User ID=sa;Password=123456";
04	DataSet ds = new DataSet();
05	//建立第一个数据适配器以便针对数据源执行 Select 语句来提取出"商品类型表"中的数据
06	SqlDataAdapter sqlDa = new SqlDataAdapter("Select 类型编号,类型名称
07	From 商品类型表", sqlConn);
08	sqlDa.Fill(ds, "类型表");
09	//重新指定用来提取记录的 Select 语句，提取出"商品数据表"中的数据
10	sqlDa.SelectCommand.CommandText="Select 类型编号,商品名称,价格
11	From 商品数据表 ";
12	sqlDa.Fill(ds, "数据表");
13	// 建立 DataRelation 对象，其名称为"FK_商品类型_商品数据"
14	DataColumn parentCol = ds.Tables["类型表"].Columns["类型编号"];
15	DataColumn childCol = ds.Tables["数据表"].Columns["类型编号"];
16	DataRelation relation = new DataRelation("FK_商品类型_商品数据",
17	parentCol, childCol); // 建立主从关系
18	ds.Relations.Add(relation); // 添加主从关系到数据集中
19	BindingSource bs_商品类型 = new BindingSource(); // 创建绑定源
20	BindingSource bs_商品数据 = new BindingSource();
21	bs_商品类型.DataSource = ds;
22	bs_商品类型.DataMember = "类型表"; // 绑定到数据源—主表
23	bs_商品数据.DataSource = bs_商品类型;
24	// 绑定到关系—从表，注意区分大小写
25	bs_商品数据.DataMember = "FK_商品类型_商品数据";
26	dataGridView1.DataSource = bs_商品类型;
27	dataGridView2.DataSource = bs_商品数据;

【运行结果】

窗体 Form5_3 的运行结果如图 5-6 所示。

图 5-6 窗体 Form5_3 的运行结果

5.2 在.NET 平台的 Web 页面中使用 ADO.NET 方式从多个相关 SQL Server 数据表中提取数据

【任务 5-4】 在 Web 页面中浏览两个相关数据表的用户数据

【任务描述】

（1）在解决方案 Unit5 中创建 ASP.NET 网站 WebSite5。

（2）在网站 WebSite5 中添加 Web 窗体 Query5_4.aspx。

（3）在 web.config 文件中配置数据库连接字符串。

（4）编写程序在 Web 页面中浏览 2 个相关数据表的用户数据。

【任务实施】

（1）在解决方案 Unit5 中创建 ASP.NET 网站 WebSite5。

（2）在网站 WebSite5 中添加 Web 窗体 Query5_4.aspx。

（3）在 web.config 文件中配置数据库连接字符串。

（4）编写事件过程 Page_Load 的程序代码。

事件过程 Page_Load 的程序代码如表 5-8 所示，实现在 Web 页面中浏览 2 个相关数据表的用户数据。

表 5-8　　　　　　　　　　　　事件过程 Page_Load 的程序代码

/*事件过程名称：Page_Load */	
序号	程序代码
01	string strSqlConn = ConfigurationManager
02	.ConnectionStrings["ECommerceConnectionString"].ConnectionString;
03	SqlConnection sqlConn = new SqlConnection(strSqlConn);
04	SqlCommand sqlComm = new SqlCommand();
05	SqlDataReader sqlReader;
06	try
07	{
08	if (sqlConn.State == ConnectionState.Closed)
09	{
10	sqlConn.Open();
11	}
12	sqlComm.Connection = sqlConn;
13	sqlComm.CommandType = CommandType.Text;
14	sqlComm.CommandText = "Select Top 5 用户编号,用户名,类型名称 " +
15	" From 用户表,用户类型表 Where 用户类型=用户类型 ID";
16	sqlReader = sqlComm.ExecuteReader();
17	Response.Write("用户编号 ");
18	Response.Write("用户名 ");
19	Response.Write("用户类型" + " ");
20	if (sqlReader.HasRows)
21	{
22	while (sqlReader.Read())
23	{
24	Response.Write(sqlReader[0].ToString());
25	Response.Write(" ");
26	Response.Write(sqlReader[1].ToString());
27	
28	Response.Write(" ");
29	Response.Write(sqlReader[2].ToString() + " ");
30	}
31	}
32	sqlReader.Close();
33	}
34	catch (SqlException ex)
35	{

续表

序号	程序代码
36	Response.Write(ex.Message);
37	}
38	finally
39	{
40	if (sqlConn.State == ConnectionState.Open)
41	{
42	sqlConn.Close();
43	}
44	}

【运行结果】

Web 窗体 Query5_4 的运行结果如图 5-7 所示。

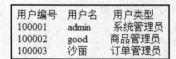

图 5-7 Web 窗体 Query5_4 的运行结果

【技能拓展】

5.3 在.NET 平台的 Web 页面中使用 LINQ 方式从多个相关 SQL Server 数据表中提取数据

【任务 5-5】 使用 LINQ 方式浏览两个相关数据表中符合条件的部分商品数据

【任务描述】

（1）在网站 WebSite5 中添加 Web 窗体 "Query5_5.aspx"。

（2）创建 DBML 文件 LinqDataClass.dbml，将数据表 "商品类型表" 和 "商品数据表" 映射到 DBML 文件。

（3）编写程序使用 LINQ 方式浏览 2 个相关数据表中符合条件的部分商品数据。

【任务实施】

（1）在网站 WebSite5 中添加 Web 窗体 "Query5_5.aspx"。

在 Web 窗体 "Query5_5.aspx" 中添加一个 GridView 控件，其 ID 属性值为 "gridView1"。

（2）创建 DBML 文件 LinqDataClass.dbml，将数据表 "商品类型表" 和 "商品数据表" 映射到 DBML 文件。

（3）编写程序使用 LINQ 方式浏览 2 个相关数据表中符合条件的部分商品数据。

在事件过程 Page_Load 中调用自定义方法 showData()，该方法的程序代码如表 5-9 所示。

表 5-9　　　　　Web 窗体"Query5_5.aspx"中 showData()方法的程序代码

序号	程序代码
	/*程序名称：showData　　*/
01	private void showData()
02	{
03	string strSqlConn = ConfigurationManager
04	.ConnectionStrings["ECommerceConnectionString"].ConnectionString;
05	LinqDataClassDataContext ldb = new LinqDataClassDataContext(strSqlConn);
06	var result = from p in ldb.商品数据表
07	join c in ldb.商品类型表
08	on p.类型编号　equals c.类型编号
09	where p.价格　> 4000 && p.库存数量　< 10
10	select new
11	{
12	p.商品编码,p.商品名称,c.类型名称,p.价格,
13	小计=p.价格*p.库存数量
14	};
15	gridView1.DataSource = result;
16	gridView1.DataBind();
17	}

【运行结果】

Web 窗体"Query5_5.aspx"的运行结果如图 5-8 所示。

图 5-8　Web 窗体"Query5_5.aspx"的运行结果

5.4　在 Java 平台中使用 JDBC 方式从多个相关 SQL Server 数据表中提取数据

【任务 5-6】 使用 JDBC 方式跨表计算指定购物车中商品的总数量和总金额

【任务描述】

（1）在 NetBeans IDE 集成开发环境中创建 Java 应用程序项目 JavaApplication5。

（2）在 Java 应用程序项目 JavaApplication5 中添加 JAR 文件 "sqljdbc4.jar"。
（3）在 Java 应用程序项目 JavaApplication5 中创建类 JavaApplication5_6。
（4）编写 JavaApplication5_6 类 main 方法的程序代码，使用 JDBC 方式跨表计算指定购物车中商品的总数量和总金额。

【任务实施】

（1）在 NetBeans IDE 集成开发环境中创建 Java 应用程序项目 JavaApplication5。
（2）在 Java 应用程序项目 JavaApplication5 中添加 JAR 文件 "sqljdbc4.jar"。
（3）在 Java 应用程序项目 JavaApplication5 中创建类 JavaApplication5_6。
（4）编写 JavaApplication5_6 类 main 方法的程序代码，使用 JDBC 方式跨表计算指定购物车中商品的总数量和总金额。

main 方法的程序代码如表 5-10 所示。

表 5-10　　　　　　　JavaApplication5_6 类 main 方法的程序代码

*类名称：JavaApplication5_6，方法名称：Main　　*/	
序号	程序代码
01	String driver = "com.microsoft.sqlserver.jdbc.SQLServerDriver";
02	String connectURL = "jdbc:sqlserver://localhost:1433;DatabaseName=ECommerce";
03	String loginName = "sa";
04	String loginPassword = "123456";
05	Connection conn = null;
06	Statement statement = null;
07	ResultSet rs = null;
08	try {
09	Class.forName(driver);
10	} catch (ClassNotFoundException ex) {
11	JOptionPane.showMessageDialog(null, "无法加载驱动程序：" + ex.getMessage());
12	}
13	try {
14	conn = DriverManager.getConnection(connectURL, loginName, loginPassword);
15	CallableStatement cs = null;
16	String strCode = "100001";
17	cs = conn.prepareCall("{ call calCart(?,?,?) }");
18	cs.setString(1, strCode);
19	cs.registerOutParameter(2, java.sql.Types.INTEGER);
20	cs.registerOutParameter(3, java.sql.Types.DOUBLE);
21	cs.executeQuery();
22	Integer totalNum = cs.getInt(2);
23	double totalAmount = cs.getDouble(3);
24	System.out.println("购物车中商品的总数量为：" + Double.toString(totalNum));
25	System.out.println("购物车中商品的总金额为：" + Double.toString(totalAmount));
26	} catch (SQLException ex) {
27	ex.printStackTrace();
28	} finally {
29	try {
30	if (conn != null && conn.isClosed()) {
31	conn.close();
32	}

续表

序号	程序代码
33	} catch (SQLException ex) {
34	ex.printStackTrace();
35	}
36	}

【运行结果】

程序 JavaApplication5_6 的运行结果如图 5-9 所示。

```
购物车中商品的总数量为：7.0
购物车中商品的总金额为：12598.0
```

图 5-9　程序 JavaApplication5_6 的运行结果

5.5 在 Java 平台中使用 JDBC 方式从多个相关 Oracle 数据表中提取数据

【任务 5-7】 使用 JDBC 方式获取指定用户的类型名称

【任务描述】

（1）在 Java 应用程序项目 JavaApplication5 中创建类 JavaApplication5_7。

（2）在 Java 应用程序项目 JavaApplication5 中添加 JAR 文件"ojdbc6_g.jar"。

（3）编写 JavaApplication5_7 类 main 方法的程序代码，使用 JDBC 方式跨表获取指定用户的类型名称。

【任务实施】

（1）在 Java 应用程序项目 JavaApplication5 中创建类 JavaApplication5_7。

（2）在 Java 应用程序项目 JavaApplication5 中添加 JAR 文件"ojdbc6_g.jar"。

（3）编写 JavaApplication5_7 类 main 方法的程序代码，使用 JDBC 方式跨表获取指定用户的类型名称。

main 方法的程序代码如表 5-11 所示。

表 5-11　JavaApplication5_7 类 main 方法的程序代码

/*类名称：JavaApplication5_7，方法名称：Main　*/	
序号	程序代码
01	String driver = "oracle.jdbc.driver.OracleDriver";
02	String connectURL = "jdbc:oracle:thin:@localhost:1521:eCommerce";
03	String loginName = "system";
04	String loginPassword = "123456";
05	Connection conn = null;
06	Statement statement = null;
07	ResultSet rs = null;

续表

序号	程序代码
08	try {
09	Class.forName(driver);
10	} catch (ClassNotFoundException ex) {
11	JOptionPane.showMessageDialog(null, "无法加载驱动程序：" + ex.getMessage());
12	}
13	try {
14	conn = DriverManager.getConnection(connectURL, loginName, loginPassword);
15	CallableStatement cs = null;
16	String strCode = "100001";
17	cs = conn.prepareCall("{ call system.getUserInfo(?,?) }");
18	cs.setString(1, strCode);
19	cs.registerOutParameter(2, java.sql.Types.VARCHAR);
20	cs.executeQuery();
21	System.out.println("用户类型为：" + cs.getString(2));
22	} catch (SQLException ex) {
23	ex.printStackTrace();
24	} finally {
25	try {
26	if (conn != null && conn.isClosed()) {
27	conn.close();
28	}
29	} catch (SQLException ex) {
30	ex.printStackTrace();
31	}
32	}

【运行结果】

程序 JavaApplication5_7 的运行结果如图 5-10 所示。

用户类型为：系统管理员

图 5-10 程序 JavaApplication5_7 的运行结果

【考核评价】

本单元的考核评价表如表 5-12 所示。

表 5-12 单元 5 的考核评价表

考核项目	任务描述	基本分
	（1）创建项目 StudentUnit5，在该项目中添加窗体 Form5_1，在该窗体中添加必要的控件（包含 2 个 DataGridView 控件），编写程序为主/从数据表（班级信息/学生信息）建立关系，主表信息（包括班级编号、班级名称等列）在一个 DataGridView 控件 dgv1 中输出，从表信息（包括学号、姓名、性别、班级编号、民族等列）在另一个 DataGridView 控件 dgv2 中输出，要求在 dgv1 中选择一个班级，在 dgv2 中输出所选班级的学生信息	8
	（2）创建 ASP.NET 网站 WebSite5，在该网站中添加 1 个 Web 窗体"Page5_2.aspx"，在该窗体中添加必要的控件，编写程序使用 SQL 的联接查询方式在该页面中输出学生信息（包括学号、姓名、班级名称、民族等列）	4
评价方式	自我评价　　　　　　　　　　　小组评价	教师评价
考核得分		

【知识疏理】

5.6 使用 DataRelation 对象创建 DataTable 对象之间的关系

1. DataRelation 概述

DataRelation 对象表示两个 DataTable 对象之间的父/子关系，类似于数据库中数据表之间的关系，父表相当于关系列为主键的表，子表相当于关系列为外键的表。关系是在父表和子表中的匹配字段之间创建的，两个字段的 DataType 值必须相同。

使用 DataRelation 通过 DataColumn 对象将两个 DataTable 对象相互关联。例如，在"商品类型/商品数据"关系中，"商品类型表"是关系的父表，"商品数据表"是关系的子表，此关系类似于主键/外键关系。DataRelation 对象包含在 DataRelationCollection 中，DataRelationCollection 是数据集的 DataRelation 对象的集合，可以通过 DataSet 的 Relations 属性、DataTable 的 ChildRelations 和 ParentRelations 属性来访问，经常使用 DataRelationCollection 的 Add、Clear 和 Remove 等方法来管理它所包含的对象。

2. DataRelation 类的构造函数

DataRelation 类有多种形式的构造函数，常用的有以下 4 种形式。

（1）DataRelation(String, DataColumn, DataColumn)。

使用指定的 DataRelation 名称、父级和子级 DataColumn 对象来初始化 DataRelation 类的新实例。第一个参数为关系名，第二个参数为建立关系的父表列，第三个参数为建立关系的子表列，建立关系的两个列的 DataType 值必须相同。

创建 DataRelation 对象的示例代码如下。

```
DataRelation relation = new DataRelation("FK_商品类型_商品数据", ds.Tables["类型表"].Columns["类型编号"], ds.Tables["数据表"].Columns["类型编号"]
```

也可以写成以下形式。

```
DataColumn parentCol = ds.Tables["类型表"].Columns["类型编号"];
DataColumn childCol = ds.Tables["数据表"].Columns["类型编号"];
DataRelation relation = new DataRelation("FK_商品类型_商品数据", parentCol, childCol);
```

（2）DataRelation(String, DataColumn [],DataColumn [])。

使用指定的 DataRelation 名称、父级和子级 DataColumn 对象匹配的数组来初始化 DataRelation 类的新实例。

（3）DataRelation(String, DataColumn, DataColumn, Boolean)

使用指定名称、父级和子级 DataColumn 对象以及指示是否要创建约束的值来初始化 DataRelation 类的新实例。

（4）DataRelation(String, DataColumn[],DataColumn[], Boolean)。

使用指定的名称、父级和子级 DataColumn 对象的匹配数组以及指示是否要创建约束的值来初始化 DataRelation 类的新实例。

3. DataRelation 类的属性

DataRelation 类的主要属性如表 5-13 所示。

表 5-13　　　　　　　　　　DataRelation 类的主要属性

属性名称	属性说明
ChildColumns	获取此关系的子 DataColumn 对象
ChildKeyConstraint	获取关系的 ForeignKeyConstraint
ChildTable	获取此关系的子表
DataSet	获取 DataRelation 所属的 DataSet
ParentColumns	获取作为此 DataRelation 父列的 DataColumn 对象的数组
ParentKeyConstraint	获取 UniqueConstraint，它确保 DataRelation 父列中的值是唯一的
ParentTable	获取此 DataRelation 的父级 DataTable
RelationName	获取或设置用于从 DataRelationCollection 中检索 DataRelation 的名称

单元小结

本单元通过多个实例探讨从两个数据表中提取符合条件的数据的多种方法、使用两个数据适配器浏览两个相关数据表的方法、使用一个数据适配器浏览两个相关数据表。还介绍了 DataRelation 类的构造函数和常用属性。

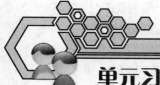

单元习题

（1）在 SQL 语句中，将一条 Select 语句作为另一条 Select 语句的一部分称为（　　）。
　　　A．连接查询　　　B．嵌套查询　　　C．联合查询　　　D．相关子查询
（2）DataRelation 对象是在父表和子表中的匹配字段之间创建的，这两个字段的 DataType 值（　　）。
　　　A．必须相同　　　B．可以相同　　　C．可以不同　　　D．无限定要求
（3）DataRelation 对象的构造函数 DataRelation(String, DataColumn, DataColumn, Boolean)中第 4 个参数表示的含义是（　　）。
　　　A．指定关系名称　　　　　　　　　　B．父级 DataColumn 对象
　　　C．子级 DataColumn 对象　　　　　　D．是否要创建约束的值
（4）DataRelation 对象各个属性中，用于获取或设置从 DataRelationCollection 中检索 DataRelation 的名称的是（　　）。
　　　A．ChildKeyConstraint　　　　　　　B．ParentKeyConstraint
　　　C．RelationName　　　　　　　　　　D．ParentTable

单元 6 更新数据表的数据

数据库应用程序经常要对数据源的数据进行新增、修改和删除等更新操作，ADO.NET 实现数据更新的方法主要有以下 3 种。

（1）使用数据命令 SqlCommand 对象更新数据源中的数据。
（2）使用数据适配器 SqlDataAdapter 对象更新数据源中的数据。
（3）使用 DataView 对象更新数据源中的数据。

本单元的重点是如何更新数据源中的数据，为了简化程序代码，编写代码时没有考虑数据容错和异常处理。输入新数据时，由于对输入的数据大小没有设置限制条件，字符数目受数据表中字段大小的影响。例如，"商品编码"字段值的长度不能超过 6 个字符，"类型编号"字段值的长度不能超过 6 个字符，"商品名称"字段值的长度不能超过 30 个字符，否则可能会出现错误。另外由于"商品数据表"与"商品类型表"之间建立了关联关系，所以输入"类型编号"时，只能输入"商品类型表"存在的"类型编号"，否则会出现错误。

教学导航

教学目标	（1）学会使用 ADO.NET 的数据命令更新数据源中的数据 （2）学会使用包含参数的数据命令执行数据更新操作 （3）学会使用包含参数的存储过程执行数据更新操作 （4）学会使用手工编写代码方式设置数据适配器的命令属性实现数据更新 （5）学会在 Web 页面中使用 ADO.NET 方式更新 SQL Server 数据表的数据 （6）了解使用 ADO.NET 的 SqlCommandBuilder 对象自动生成命令方式实现数据更新 （7）了解在 Web 页面中使用 LINQ 方式更新 SQL Server 数据表的方法 （8）了解使用 JDBC 方式更新数据源的方法
教学方法	任务驱动法、分层技能训练法等
课时建议	10 课时（含考核评价）

前导知识

1. 使用 ADO.NET 的数据命令 SqlCommand 对象实现数据更新

在 ADO.NET 中可以使用数据命令 SqlCommand 对象直接在数据源执行新增、修改和删除数据的操作,调用 SqlCommand 对象的 ExecuteNonQuery 方法执行 Insert、Update 和 Delete 语句,分别实现新增记录、修改数据和删除记录的功能。ExecuteNonQuery 方法会返回受影响的记录条数,也就是新增、修改或者删除了多少条数据记录,如果操作失败,则 ExecuteNonQuery 方法会返回 0。

使用存储过程实现新增、修改或删除数据的实现过程为:首先建立 SqlCommand 对象,将 SqlCommand 对象的 CommandType 的属性设置为 CommandType.StoredProcedure,且指定所要执行的存储过程的名称,然后取得与设置各个输入参数,并调用 ExecuteNonQuery 方法来执行新增、修改或删除操作。

2. 使用 ADO.NET 的数据适配器 SqlDataAdapter 对象实现数据更新

要使用数据适配器 SqlDataAdapter 对象实现数据更新,关键是配置数据适配器的 SelectCommand、InsertCommand、UpdateCommand 和 DeleteCommand 属性,使用数据适配器更新数据源中的数据主要有以下 3 种解决方法。

(1)先自行设置数据适配器的 SelectCommand 属性,然后使用 SqlCommand Builder 对象自动配置数据适配器的 InsertCommand、UpdateCommand 和 DeleteCommand 属性实现数据更新,这种方法虽然比较简单,但由于限制条件较多,所以一般不常用,读者只需了解即可。

(2)自行编写程序代码设置数据适配器的 SelectCommand、InsertCommand、UpdateCommand 和 DeleteCommand 属性实现数据更新,这种方法比较复杂,初学者比较难掌握,也容易产生错误,但在数据库应用系统开发中经常使用。

(3)使用合并数据集的方法实现数据更新,调用数据集的 Merge 方法合并数据集。这种方法执行效率较高,是一种较为实用的更新数据的方法。

使用数据适配器从后台数据库中提取数据并填充到数据集中,通过绑定方式在用户界面中显示数据集中的数据时,由于数据集采用中断连接的访问方式,这种情况如果使用数据适配器 SqlDataAdapter 更新数据源的数据,一般分以下两步完成:首先利用用户界面在数据集中新增、修改或删除数据,这些数据的变化只发生在数据集中,后台数据表中的数据并没有同步发生变化;然后调用数据适配器的 Update 方法将数据集的更新写回数据源。

使用数据适配器 SqlDataAdapter 对象更新数据源时,较为完善的数据更新流程如下。

(1)调用 DataRow 对象的 BeginEdit 方法将记录置于编辑模式中。
(2)在用户界面编辑数据。
(3)在 DataTable 的 ColumnChanged 事件处理程序中验证数据的正确性。
(4)如果数据验证正确,调用 DataRow 对象的 EndEdit 方法确认所做的编辑;如果数据验证不正确,则调用 DataRow 对象的 CancelEdit 方法取消所做的编辑。
(5)调用 Update 方法更新数据源。
(6)调用 AcceptChanges 或 RejectChanges 方法来接受或拒绝数据更改。

技能训练

6.1 在.NET 平台的 Windows 窗体中使用 ADO.NET 方式更新 SQL Server 数据表的数据

【任务 6-1】 使用 ADO.NET 的数据命令实现用户注册

【任务描述】

（1）创建项目 Unit6。

（2）在项目 Unit6 中创建 Windows 窗体应用程序 Form6_1.cs，窗体的设计外观如图 6-1 所示。

（3）编写程序使用 ADO.NET 的数据命令实现用户注册功能。

图 6-1　窗体 Form6_1 的设计外观

【任务实施】

（1）创建项目 Unit6。

（2）在项目 Unit6 中创建 Windows 窗体应用程序 Form6_1.cs，窗体的设计外观如图 6-1 所示。窗体中控件的属性设置如表 6-1 所示。

表 6-1　　　　　　　　　窗体 Form6_1 中控件的属性设置

控件类型	属性名称	属性值	属性名称	属性值
Label	Name	lblUserName	Text	用户名
	Name	lblPassword	Text	密码
	Name	lblEmail	Text	Email
TextBox	Name	txtUserName	Text	（空）
	Name	txtPassword	Text	（空）
	Name	txtEmail	Text	（空）
Button	Name	btnRegister	Text	注册(&R)
	Name	btnCancel	Text	取消(&C)

（3）编写事件过程 btnRegister_Click 的程序代码。

事件过程 btnRegister_Click 的程序代码如表 6-2 所示，其功能是使用 ADO.NET 的数据命令实现用户注册。

表 6-2　　　　　　　　　事件过程 btnRegister_Click 的程序代码

/*事件过程名称：btnRegister_Click */	
序号	程序代码
01	String strConn = "Server=(local);Database=ECommerce;User ID=sa;Password=123456";
02	String strComm = "Insert Into 用户表(用户名,密码,Email) Values(\"
03	+ txtUserName.Text.Trim() + "\',\'" + txtPassword.Text.Trim()

130

续表

序号	程序代码
04	+ "\',\'" + txtEmail.Text.Trim() + "\')";
05	SqlConnection sqlConn = new SqlConnection(strConn);
06	SqlCommand sqlInsertComm = new SqlCommand();
07	sqlInsertComm.Connection = sqlConn;
08	sqlInsertComm.CommandType = CommandType.Text;
09	sqlInsertComm.CommandText = strComm;
10	try
11	{
12	sqlConn.Open();
13	sqlInsertComm.ExecuteNonQuery();
14	sqlConn.Close();
15	MessageBox.Show("用户注册成功！ ", "提示信息");
16	}
17	catch (SqlException ex)
18	{
19	MessageBox.Show("用户注册失败，其原因为："+ex, "提示信息");
20	}

【运行结果】

窗体 Form6_1 的运行结果如图 6-2 所示。分别在"用户名"、"密码"、"Email"文本框中输入合适的用户数据，如图 6-3 所示，然后单击【注册】按扭，弹出如图 6-4 所示的【提示信息】对话框，表示用户注册成功。

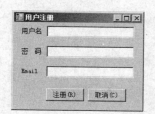
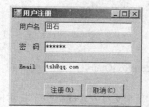

图 6-2 窗体 Form6_1 的运行结果　　图 6-3 在窗体 Form6_1 中输入注册信息　　图 6-4 提示"用户注册成功"

【任务 6-2】 使用包含参数的数据命令实现新增支付方式

【任务描述】

（1）在项目 Unit6 中创建 Windows 窗体应用程序 Form6_2.cs，窗体的设计外观如图 6-5 所示。

（2）编写程序使用包含参数的数据命令实现数据新增操作。

图 6-5 窗体 Form6_2 的设计外观

【任务实施】

（1）在项目 Unit6 中创建 Windows 窗体应用程序 Form6_2.cs，窗体的设计外观如图 6-5 所示，窗体中控件的属性设置如表 6-3 所示。

表 6-3　　　　　　　　　窗体 Form6_2 中控件的属性设置

控件类型	属 性 名 称	属 性 值	属 性 名 称	属 性 值
Label	Name	lblPayment	Text	支付方式
	Name	lblDescription	Text	支付说明
TextBox	Name	txtPayment	Text	（空）
	Name	txtDescription	Text	（空）
Button	Name	btnConfirm	Text	确定（&A）
	Name	btnClose	Text	取消（&C）

（2）编写事件过程 btnConfirm_Click 的程序代码。

事件过程 btnConfirm_Click 的程序代码如表 6-4 所示，使用包含参数的数据命令实现数据新增操作。

表 6-4　　　　　　　　事件过程 btnConfirm_Click 的程序代码

/*事件过程名称：btnConfirm_Click　　*/	
序号	程序代码
01	String strConn = "Server=(local);Database=ECommerce;User ID=sa;Password=123456";
02	String strComm;
03	SqlConnection sqlConn = new SqlConnection(strConn);
04	SqlCommand sqlInsertComm = new SqlCommand();
05	sqlInsertComm.Parameters.Add("@payment", SqlDbType.NVarChar, 20).Value =
06	txtPayment.Text.Trim();
07	sqlInsertComm.Parameters.Add("@description", SqlDbType.NVarChar, 50).Value =
08	txtDescription.Text.Trim();
09	strComm = "Insert Into 付款方式表(付款方式,支付说明) Values(@payment,@description)";
10	sqlInsertComm.Connection = sqlConn;
11	sqlInsertComm.CommandType = CommandType.Text;
12	sqlInsertComm.CommandText = strComm;
13	try
14	{
15	sqlConn.Open();
16	sqlInsertComm.ExecuteNonQuery();
17	sqlConn.Close();
18	MessageBox.Show("新增支付方式成功！", "提示信息");
19	}
20	catch (SqlException ex)
21	{
22	MessageBox.Show("新增支付方式失败，其原因为："+ ex, "提示信息");
23	}

【运行结果】

窗体 Form6_2 的运行结果如图 6-6 所示。在"支付方式"文本框中输入合适的数据，如图 6-7 所示，然后单击【确定】按钮，弹出【提示信息】对话框，表示新增支付方式成功。

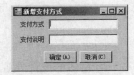
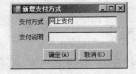

图 6-6　窗体 Form6_2 的运行结果　　　　　图 6-7　新增一种支付方式

【任务 6-3】 使用包含参数的存储过程实现新增送货方式

【任务描述】

（1）在项目 Unit6 中创建 Windows 窗体应用程序 Form6_3.cs，窗体的设计外观如图 6-8 所示。

（2）编写程序使用包含参数的存储过程实现数据新增操作。

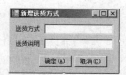

图 6-8　窗体 Form6_3 的设计外观

【任务实施】

（1）在项目 Unit6 中创建 Windows 窗体应用程序 Form6_3.cs，窗体的设计外观如图 6-8 所示，窗体中控件的属性设置如表 6-5 所示。

表 6-5　　　　　　　　　　窗体 Form6_3 中控件的属性设置

控件类型	属性名称	属性值	属性名称	属性值
Label	Name	lblDelivery	Text	送货方式
	Name	lblDescription	Text	送货说明
TextBox	Name	txtDelivery	Text	（空）
	Name	txtDescription	Text	（空）
Button	Name	btnConfirm	Text	确定(&A)
	Name	btnClose	Text	取消(&C)

（2）编写事件过程 btnConfirm_Click 的程序代码。

事件过程 btnConfirm_Click 的程序代码如表 6-6 所示，使用包含参数的存储过程实现数据新增操作，请注意参数的定义方法。

表 6-6　　　　　　　　　　事件过程 btnConfirm_Click 的程序代码

/*事件过程名称：btnConfirm_Click */	
序号	程序代码
01	String strConn = "Server=(local);Database=ECommerce;User ID=sa;Password=123456";
02	SqlConnection sqlConn = new SqlConnection(strConn);
03	SqlCommand sqlInsertComm = new SqlCommand();
04	// 声明一个 SqlParameter 类型的变量来代表参数集合中的参数对象@delivery
05	SqlParameter paraDelivery = sqlInsertComm.Parameters.Add("@delivery",
06	SqlDbType.NVarChar, 20);
07	// 设定参数为输入参数
08	paraDelivery.Direction = ParameterDirection.Input;
09	// 设定输入参数的默认值
10	paraDelivery.Value = txtDelivery.Text.Trim();
11	SqlParameter paraDescription = sqlInsertComm.Parameters.Add("@description",
12	SqlDbType.NVarChar, 50);
13	paraDescription.Direction = ParameterDirection.Input;
14	paraDescription.Value = txtDescription.Text.Trim();
15	sqlInsertComm.Connection = sqlConn;
16	sqlInsertComm.CommandType = CommandType.StoredProcedure;

续表

序号	程序代码
17	sqlInsertComm.CommandText = "insertDeliveryData";
18	try
19	{
20	sqlConn.Open();
21	sqlInsertComm.ExecuteNonQuery();
22	sqlConn.Close();
23	MessageBox.Show("新增送货方式成功！ ", "提示信息");
24	}
25	catch (SqlException ex)
26	{
27	MessageBox.Show("新增送货方式失败，其原因为： " + ex, "提示信息");
28	}

【运行结果】

窗体 Form6_3 的运行结果如图 6-9 所示。在 "送货方式" 文本框中输入合适的数据，如图 6-10 所示，然后单击【确定】按钮，弹出【提示信息】对话框，表示新增送货方式成功。

图 6-9　窗体 Form6_3 的运行结果

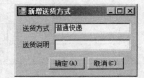
图 6-10　新增一种送货方式

【任务 6-4】　使用 SqlCommandBuilder 对象自动生成命令方式实现数据更新

【任务描述】

（1）在项目 Unit6 中创建 Windows 窗体应用程序 Form6_4.cs，窗体的设计外观如图 6-11 所示。

图 6-11　窗体 Form6_4 的设计外观

（2）编写程序使用 SqlCommandBuilder 对象自动生成命令方式实现数据更新。

【任务实施】

（1）在项目 Unit6 中创建 Windows 窗体应用程序 Form6_4.cs，窗体的设计外观如图 6-11 所示，窗体中控件的属性设置如表 6-7 所示。

表 6-7　　　　　　　　　　　窗体 Form6_4 中控件的属性设置

控件类型	属性名称	属性值	属性名称	属性值
Button	Name	btnAdd	Text	新增
	Name	btnEdit	Text	修改
	Name	btnSave	Text	保存
	Name	btnDelete	Text	删除
	Name	btnClose	Text	关闭
DataGridView	Name	dataGridView1	Dock	None

（2）声明类 Form6_4 的成员变量。

声明类 Form6_4 的 4 个成员变量的代码如下。

```
SqlDataAdapter sqlDa = new SqlDataAdapter();
DataSet ds = new DataSet();
DataSet changedDs = new DataSet();
BindingManagerBase bmb;
```

（3）编写事件过程 Form6_4_Load 的程序代码。

事件过程 Form6_4_Load 的程序代码如表 6-8 所示。

表 6-8　　　　　　　　　事件过程 Form6_4_Load 的程序代码

/*事件过程名称：Form6_4_Load */	
序号	程序代码
01	String strConn = "Server=(local);Database=ECommerce;User ID=sa;Password=123456";
02	String strComm = "Select 类型编号,类型名称,父类编号,显示顺序,类型说明 "
03	+ " From 商品类型表 ";
04	SqlConnection sqlConn = new SqlConnection(strConn);
05	SqlCommand sqlComm = new SqlCommand(strComm, sqlConn);
06	sqlDa.SelectCommand = sqlComm;
07	SqlCommandBuilder sqlBuilder = new SqlCommandBuilder(sqlDa);
08	sqlDa.Fill(ds,"类型表");
09	dataGridView1.DataSource = ds.Tables["类型表"];
10	// 取得代表 "商品类型表"的 CurrencyManager 对象
11	bmb = this.BindingContext[ds, "类型表"];

（4）编写事件过程 dataGridView1_Click 的程序代码。

事件过程 dataGridView1_Click 的程序代码如下。

```
bmb.Position = dataGridView1.CurrentCell.RowIndex;
```

（5）编写按钮的 Click 事件过程的程序代码。

窗体 Form6_4.cs 中 4 个按钮的事件过程 btnAdd_Click、btnSave_Click、btnDelete_Click 和 btnClose_Click 的程序代码如表 6-9 所示。

表 6-9　　　按钮 btnAdd、btnSave、btnDelete 和 btnClose 的 Click 事件过程的程序代码

/*事件过程名称：btnAdd_Click、btnSave_Click、btnDelete_Click、btnClose_Click */	
序号	程序代码
01	private void btnAdd_Click(object sender, EventArgs e)
02	{

续表

序号	程序代码
03	dataGridView1.CurrentCell = this.dataGridView1.Rows[bmb.Count].Cells[0];
04	}
05	private void btnSave_Click(object sender, EventArgs e)
06	{
07	changedDs = ds.GetChanges();
08	if (changedDs != null)
09	{
10	sqlDa.Update(ds, "类型表");
11	ds.AcceptChanges();
12	MessageBox.Show("商品类型已成功更新。", "提示信息");
13	}
14	}
15	private void btnDelete_Click(object sender, EventArgs e)
16	{
17	ds.Tables[0].Rows[bmb.Position].Delete();
18	if (ds.HasChanges() == true)
19	{
20	sqlDa.Update(ds, "类型表");
21	ds.AcceptChanges();
22	MessageBox.Show("选定的商品类型已成功删除。", "提示信息");
23	}
24	}
25	private void btnClose_Click(object sender, EventArgs e)
26	{
27	this.Close();
28	}

【运行结果】

窗体 Form6_4 的运行结果如图 6-12 所示。在窗体的 DataGridView 控件中将数据"通讯器材"修改为"通讯产品",如图 6-13 所示。

单击【保存】按钮,弹出【提示信息】对话框,表示商品类型已成功更新。

单击【新增】按钮,在空行中分别输入"030304"和"音箱",如图 6-14 所示,然后单击【保存】按钮,也会弹出【提示信息】对话框,表示新增商品类型成功。

图 6-12　窗体 Form6_4 的运行结果

图 6-13　在窗体 Form6_4 中修改类型名称

图 6-14　在窗口 Form6_4 中新增商品类型

【任务 6-5】 使用手工编写代码方式设置数据适配器的命令属性实现数据更新

【任务描述】

（1）在项目 Unit6 中创建 Windows 窗体应用程序 Form6_5.cs，窗体的设计外观如图 6-15 所示。

图 6-15 窗体 Form6_5 的设计外观

（2）编写程序使用手工编写代码方式设置数据适配器的命令属性实现数据更新。

【任务实施】

（1）在项目 Unit6 中创建 Windows 窗体应用程序 Form6_5.cs，窗体的设计外观如图 6-15 所示。

（2）声明类 Form6_5 的成员变量。

声明类 Form6_5 的 4 个成员变量的代码如下。

```
SqlDataAdapter sqlDa = new SqlDataAdapter();
DataSet ds = new DataSet();
DataSet dsChanged = new DataSet();
BindingManagerBase bmb;
```

（3）编写事件过程 Form6_5_Load 的程序代码。

事件过程 Form6_5_Load 的程序代码如表 6-10 所示。

表 6-10　　　　　　　　　　事件过程 Form6_5_Load 的程序代码

/*事件过程名称：Form6_5_Load */	
序号	程序代码
01	String strConn = "Server=(local);Database=ECommerce;User ID=sa;Password=123456";
02	SqlConnection sqlConn = new SqlConnection(strConn);
03	//定义用来提取数据的查询命令字符串
04	string strSelectComm = "Select 部门编号,部门名称,部门负责人,联系电话,办公地点 "
05	+ " From 部门信息表";
06	//设置数据适配器的 SelectCommand 属性
07	sqlDa.SelectCommand = new SqlCommand(strSelectComm, sqlConn);
08	//****************************
09	//定义用来新增数据的命令字符串
10	string strInsertComm = "Insert Into 部门信息表(部门编号,部门名称, "
11	+ " 部门负责人,联系电话,办公地点) Values("
12	+ "@number,@departmentName,@principal,@phone,@office)";
13	//设置数据适配器的 InsertCommand 属性
14	sqlDa.InsertCommand = new SqlCommand(strInsertComm, sqlConn);

序号	程序代码
15	//设置 Insert 语句中的各个参数
16	sqlDa.InsertCommand.Parameters.Add("@number", SqlDbType.NChar, 6, "部门编号");
17	sqlDa.InsertCommand.Parameters.Add("@departmentName", SqlDbType.NVarChar,
18	20, "部门名称");
19	sqlDa.InsertCommand.Parameters.Add("@principal", SqlDbType.NVarChar,
20	20, "部门负责人");
21	sqlDa.InsertCommand.Parameters.Add("@phone", SqlDbType.NVarChar, 20, "联系电话");
22	sqlDa.InsertCommand.Parameters.Add("@office", SqlDbType.NVarChar, 30, "办公地点");
23	//定义用来修改数据的命令字符串
24	string strUpdateComm = "Update 部门信息表 "
25	+ "Set 部门编号=@number,部门名称=@departmentName,"
26	+ "部门负责人=@principal,联系电话=@phone,办公地点=@office "
27	+ "Where 部门编号=@number";
28	//设置数据适配器的 UpdateCommand 属性
29	sqlDa.UpdateCommand = new SqlCommand(strUpdateComm, sqlConn);
30	//设置 Update 语句中的各个参数
31	// sqlDa.UpdateCommand.Parameters.Add("@number", SqlDbType.NChar, 6, "部门编号");
32	SqlParameter KeywordParaUpdate = sqlDa.UpdateCommand.Parameters.Add("@number",
33	SqlDbType.NChar, 6, "部门编号");
34	KeywordParaUpdate.SourceVersion = DataRowVersion.Original;
35	sqlDa.UpdateCommand.Parameters.Add("@departmentName", SqlDbType.NVarChar,
36	20, "部门名称");
37	sqlDa.UpdateCommand.Parameters.Add("@principal", SqlDbType.NVarChar,
38	20, "部门负责人");
39	sqlDa.UpdateCommand.Parameters.Add("@phone", SqlDbType.NVarChar,20,"联系电话");
40	sqlDa.UpdateCommand.Parameters.Add("@office", SqlDbType.NVarChar,30,"办公地点");
41	//定义用来删除数据的命令字符串
42	string strDeleteComm = "Delete 部门信息表 Where 部门编号=@number";
43	//设置数据适配器的 DeleteCommand 属性
44	sqlDa.DeleteCommand = new SqlCommand(strDeleteComm, sqlConn);
45	//设置 Delete 语句中的各个参数
46	//sqlDa.DeleteCommand.Parameters.Add("@Number", SqlDbType.NChar,6,"部门编号");
47	SqlParameter KeywordParaDelete = sqlDa.DeleteCommand.Parameters.Add("@number",
48	SqlDbType.NChar, 6, "部门编号");
49	KeywordParaDelete.SourceVersion = DataRowVersion.Original;
50	sqlDa.Fill(ds, "部门信息");
51	dataGridView1.DataSource = ds.Tables["部门信息"];
52	// 取得代表 "部门信息表" 数据表的 CurrencyManager 对象
53	bmb = this.BindingContext[ds, "部门信息"];

（4）编写事件过程 dataGridView1_CellContentClick 的程序代码。

事件过程 dataGridView1_CellContentClick 的程序代码如下。

```
bmb.Position = dataGridView1.CurrentCell.RowIndex;
```

（5）编写按钮的 Click 事件过程的程序代码。

窗体 Form6_5.cs 中 4 个按钮的事件过程 btnAdd_Click、btnSave_Click、btnDelete_Click 和 btnCancel_Click 的程序代码如表 6-11 所示。

表6-11　按钮 btnAdd、btnSave、btnDelete 和 btnCancel 的 Click 事件过程的程序代码

/*事件过程名称：btnAdd_Click、btnSave_Click、btnDelete_Click、btnCancel_Click　*/

序号	程序代码
01	private void btnAdd_Click(object sender, EventArgs e)
02	{
03	dataGridView1.CurrentCell = this.dataGridView1.Rows[bmb.Count].Cells[0];
04	}
05	private void btnSave_Click(object sender, EventArgs e)
06	{
07	dsChanged = ds.GetChanges();
08	if (dsChanged != null)
09	{
10	sqlDa.Update(ds, "部门信息");
11	ds.AcceptChanges();
12	MessageBox.Show("部门信息已成功更新。", "提示信息");
13	}
14	}
15	private void btnDelete_Click(object sender, EventArgs e)
16	{
17	ds.Tables[0].Rows[bmb.Position].Delete();
18	if (ds.HasChanges() == true)
19	{
20	sqlDa.Update(ds, "部门信息");
21	ds.AcceptChanges();
22	MessageBox.Show("部门信息已成功删除。", "提示信息");
23	}
24	}
25	private void btnCancel_Click(object sender, EventArgs e)
26	{
27	ds.Tables[0].Rows[bmb.Position].RejectChanges();
28	ds.Clear();
29	sqlDa.Fill(ds, "部门信息");
30	}

【运行结果】

窗体 Form6_5 的运行结果如图 6-16 所示。在窗体的 DataGridView 控件中将数据"苏沙"修改为"苏沙平"，如图 6-17 所示，然后单击【保存】按钮，弹出【提示信息】对话框，表示部门信息已成功更新。

单击【新增】按钮，在空行中分别输入"10007"、"技术部"和"李玖"，如图 6-18 所示，然后单击【保存】按钮，也会弹出【提示信息】对话框，表示新增部门信息成功。

图6-16　窗体Form6_5的运行结果　　图6-17　在窗体Form6_5中修改部门数据　　图6-18　在窗体Form6_5中新增部门数据

【任务6-6】 使用包含参数的存储过程实现数据更新操作

【任务描述】

（1）在项目 Unit6 中创建 Windows 窗体应用程序 Form6_6.cs，窗体的设计外观如图 6-19 所示。

图 6-19 窗体 Form6_6 的设计外观

（2）编写程序使用包含参数的存储过程实现数据更新操作。

【任务实施】

（1）在项目 Unit6 中创建 Windows 窗体应用程序 Form6_6.cs，窗体的设计外观如图 6-19 所示，窗体中控件的属性设置如表 6-12 所示。

表 6-12　　　　　　　　　　窗体 Form6_6 中控件的属性设置

控件类型	属性名称	属性值	属性名称	属性值
Label	Name	lblGoodsCode	Text	商品编码
	Name	lblCategory	Text	商品类型
	Name	lblPrice	Text	价格
	Name	lblGoodsName	Text	商品名称
	Name	lblStockNumber	Text	库存数量
	Name	lblPreferentialPrice	Text	优惠价格
TextBox	Name	txtGoodsCode	Text	（空）
	Name	txtPrice	Text	（空）
	Name	txtGoodsName	Text	（空）
	Name	txtPreferentialPrice	Text	（空）
ComboBox	Name	cboCategory	Text	（空）
NumericUpDown	Name	nudStockNumber	Value	0
Button	Name	btnAdd	Text	新增
	Name	btnEdit	Text	修改
	Name	btnSave	Text	保存
	Name	btnDelete	Text	删除
	Name	btnCancel	Text	取消
	Name	btnClose	Text	关闭

（2）声明类 Form6_6 的成员变量。

声明类 Form6_6 的 6 个成员变量的代码如下。

```
String strConn = "Server=(local);Database=ECommerce;User ID=sa;Password=123456";
SqlConnection sqlConn = new SqlConnection();
SqlDataAdapter sqlDa;
```

```
DataSet ds = new DataSet();
BindingManagerBase bmb;
string dataUpdateMarker;
```

（3）编写事件过程 Form6_6_Load 的程序代码。

事件过程 Form6_6_Load 的程序代码如表 6-13 所示。

表 6-13　　　　　　　　　事件过程 Form6_6_Load 的程序代码

/*事件过程名称：Form6_6_Load　*/	
序号	程序代码
01	sqlConn.ConnectionString = strConn;
02	sqlDa = new SqlDataAdapter("Select 类型编号,类型名称 From 商品类型表", sqlConn);
03	sqlDa.Fill(ds, "类型表");
04	sqlDa.SelectCommand.CommandText = "Select 商品编码,商品名称,类型编号, "
05	+ "库存数量,价格,优惠价格 From 商品数据表";
06	sqlDa.Fill(ds, "商品数据");
07	bmb = BindingContext[ds, "商品数据"];
08	cboCategory.DataSource = ds.Tables["类型表"];
09	cboCategory.DisplayMember = "类型名称";
10	cboCategory.ValueMember = "类型编号";
11	cboCategory.DataBindings.Add("SelectedValue", ds, "商品数据.类型编号");
12	txtGoodsCode.DataBindings.Add("Text", ds, "商品数据.商品编码");
13	txtGoodsName.DataBindings.Add("Text", ds, "商品数据.商品名称");
14	nudStockNumber.DataBindings.Add("Value", ds, "商品数据.库存数量");
15	txtPrice.DataBindings.Add("Text", ds, "商品数据.价格");
16	txtPreferentialPrice.DataBindings.Add("Text", ds, "商品数据.优惠价格");
17	bmb = this.BindingContext[ds, "商品数据"];

（4）编写改变记录指针位置按钮的 Click 事件过程的程序代码。

改变记录指针位置按钮的 Click 事件过程 btnFirst_Click、btnPrevious_Click、btnNext_Click 和 btnLast_Click 的程序代码在单元 5 已予以介绍，这里不列出其代码，请参见单元 5。

（5）编写窗体 Form6_6 中按钮 btnAdd、btnEdit、btnCancel 的 Click 事件过程的程序代码。

窗体 Form6_6 中按钮 btnAdd、btnEdit、btnCancel 的 Click 事件过程的程序代码如表 6-14 所示。

表 6-14　　　　　　按钮 btnAdd、btnEdit、btnCancel 的 Click 事件过程的程序代码

/*事件过程名称：btnAdd_Click、btnEdit_Click、btnCancel_Click　*/	
序号	程序代码
01	private void btnAdd_Click(object sender, EventArgs e)
02	{
03	dataUpdateMarker = "insert";
04	}
05	private void btnEdit_Click(object sender, EventArgs e)
06	{
07	dataUpdateMarker = "update";
08	}
09	private void btnCancel_Click(object sender, EventArgs e)
10	{
11	dataUpdateMarker = "";
12	ds.Tables["商品数据"].Clear();
13	sqlDa.Fill(ds, "商品数据");
14	}

（6）编写窗体 Form6_6 中按钮 btnSave 的 Click 事件过程的程序代码。

窗体 Form6_6 中按钮 btnSave 的 Click 事件过程的程序代码如表 6-15 所示。

表 6-15　　　　窗体 Form6_6 中按钮 btnSave 的 Click 事件过程的程序代码

*事件过程名称：btnSave_Click　*/	
序号	程序代码
01	if (dataUpdateMarker == "insert")
02	{
03	SqlCommand SqlCommInsert = new SqlCommand();
04	SqlCommInsert.Connection = sqlConn;
05	SqlCommInsert.CommandType = CommandType.StoredProcedure;
06	SqlCommInsert.CommandText = "insertGoodsData";
07	SqlCommInsert.Parameters.Add("@goodsCode", SqlDbType.NChar, 6).Value =
08	txtGoodsCode.Text.Trim();
09	SqlCommInsert.Parameters.Add("@goodsName", SqlDbType.NVarChar, 30).Value =
10	txtGoodsName.Text.Trim();
11	SqlCommInsert.Parameters.Add("@category", SqlDbType.VarChar, 6).Value =
12	cboCategory.SelectedValue.ToString().Trim();
13	SqlCommInsert.Parameters.Add("@stockNumber", SqlDbType.Int).Value =
14	nudStockNumber.Value.ToString().Trim();
15	SqlCommInsert.Parameters.Add("@price", SqlDbType.Money).Value =
16	txtPrice.Text.Trim();
17	SqlCommInsert.Parameters.Add("@preferentialPrice", SqlDbType.Money).Value =
18	txtPreferentialPrice.Text.Trim();
19	sqlConn.Open();
20	SqlCommInsert.ExecuteNonQuery();
21	sqlConn.Close();
22	MessageBox.Show("成功新增商品数据。", "提示信息");
23	}
24	if (dataUpdateMarker == "update")
25	{
26	SqlCommand SqlCommUpdate = new SqlCommand();
27	SqlCommUpdate.Connection = sqlConn;
28	SqlCommUpdate.CommandType = CommandType.StoredProcedure;
29	SqlCommUpdate.CommandText = "updateGoodsData";
30	SqlCommUpdate.Parameters.Add("@goodsCode", SqlDbType.NChar, 6).Value =
31	txtGoodsCode.Text.Trim();
32	SqlCommUpdate.Parameters.Add("@goodsName", SqlDbType.NVarChar, 30).Value =
33	txtGoodsName.Text.Trim();
34	SqlCommUpdate.Parameters.Add("@category", SqlDbType.VarChar, 6).Value =
35	cboCategory.SelectedValue.ToString().Trim();
36	SqlCommUpdate.Parameters.Add("@stockNumber", SqlDbType.Int).Value =
37	nudStockNumber.Value.ToString().Trim();
38	SqlCommUpdate.Parameters.Add("@price", SqlDbType.Money).Value =
39	txtPrice.Text.Trim();
40	SqlCommUpdate.Parameters.Add("@preferentialPrice", SqlDbType.Money).Value =
41	txtPreferentialPrice.Text.Trim();
42	sqlConn.Open();
43	SqlCommUpdate.ExecuteNonQuery();
44	sqlConn.Close();
45	MessageBox.Show("商品数据已成功修改。", "提示信息");
46	}

（7）编写窗体 Form6_6 中按钮 btnDelete 的 Click 事件过程的程序代码。

窗体 Form6_6 中按钮 btnDelete 的 Click 事件过程的程序代码如表 6-16 所示。

表 6-16　　　　　窗体 Form6_6 中按钮 btnDelete 的 Click 事件过程的程序代码

/*事件过程名称：btnDelete_Click　　*/	
序号	程序代码
01	SqlCommand sqlCommDelete = new SqlCommand();
02	sqlCommDelete.Connection = sqlConn;
03	sqlCommDelete.CommandType = CommandType.StoredProcedure;
04	sqlCommDelete.CommandText = "deleteGoodsData";
05	sqlCommDelete.Parameters.Add("@goodsCode", SqlDbType.NChar, 6).Value = txtGoodsCode.Text.Trim();
06	txtGoodsCode.Text.Trim();
07	sqlConn.Open();
08	sqlCommDelete.ExecuteNonQuery();
09	MessageBox.Show("商品数据已成功删除。", "提示信息");
10	sqlConn.Close();
11	ds.Tables["商品数据"].Clear();
12	sqlDa.Fill(ds, "商品数据");

【运行结果】

窗体 Form6_6 的运行结果如图 6-20 所示。

在窗体 Form6_6 中单击【修改】按钮，然后在"库存数量"NumericUpDown 控件中将数据"10"修改为"20"，如图 6-21 所示，单击【保存】按钮，弹出【提示信息】对话框，表示商品数据已成功修改。

单击【新增】按钮，然后在控件中分别输入"商品编码"、"商品名称"、"价格"、"优惠价格"和"库存数量"等数据，选择"商品类型"。这里为了简化输入，已事先在代码设置了商品的初始数据，如图 6-22 所示，然后单击【保存】按钮，也会弹出【提示信息】对话框，表示新增商品数据成功。

图 6-20　窗体 Form6_6 的运行结果

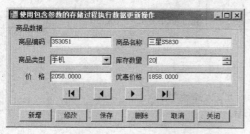

图 6-21　在窗体 Form6_6 中修改商品数据

图 6-22　在窗体 Form6_6 中新增商品数据

6.2　在.NET 平台的 Web 页面中使用 ADO.NET 方式更新 SQL Server 数据表的数据

【任务 6-7】　在 Web 页面中使用 ADO.NET 数据命令实现用户注册

【任务描述】

（1）在解决方案 Unit6 中创建 ASP.NET 网站 WebSite6。

（2）在网站 WebSite6 中添加 Web 窗体 Register6_7.aspx，其外观效果如图 6-23 所示。

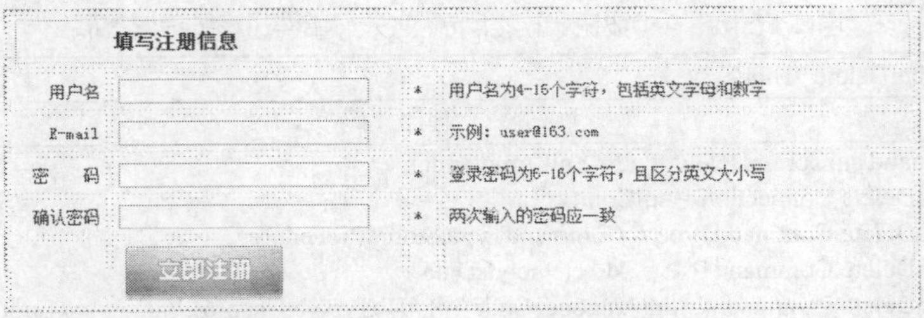

图 6-23　Web 窗体 Register6_7.aspx 的外观效果

（3）编写程序，在 Web 页面中使用 ADO.NET 的数据命令实现用户注册功能。

【任务实施】

（1）在解决方案 Unit6 中创建 ASP.NET 网站 WebSite6。

（2）在网站 WebSite6 中添加 Web 窗体 Register6_7.aspx，其外观效果如图 6-23 所示，Web 页面中控件的属性设置如表 6-17 所示。

表 6-17　　　　　　Web 页面 Register6_7.aspx 中控件的属性设置

控件类型	属性名称	属性值	属性名称	属性值
Label	（ID）	lbl01	Text	填写注册信息
	（ID）	lbl02	Text	用户名为 4-16 个字符，包括英文字
	（ID）	lbl03	Text	示例：user@163.com
	（ID）	lbl04	Text	登录密码为 6-16 个字符，且区分英文大小
	（ID）	lbl05	Text	两次输入的密码应一致
TextBox	（ID）	txtUserName	Text	（空）
	（ID）	txtEmail	Text	（空）
	（ID）	txtPassword	Text	（空）
	（ID）	txtConformPassword	Text	（空）
ImageButton	Name	ibSubmit	ImageUrl	images/btn_user_reg.gif

（3）附加外部样式文件。

附加外部样式文件的代码如下。

`<link href="css/style6.css" rel="stylesheet" type="text/css" />`

（4）在 web.config 文件中配置数据库连接字符串。

（5）编写事件过程 ibSubmit_Click 的程序代码。

事件过程 ibSubmit_Click 的程序代码如表 6-18 所示，用于实现 Web 页面的用户注册功能。

表 6-18　　　Web 页面 Register6_7.aspx 中事件过程 ibSubmit_Click 的程序代码

/*事件过程名称：ibSubmit_Click　　*/	
序号	程序代码
01	string strSqlConn = ConfigurationManager
02	.ConnectionStrings["ECommerceConnectionString"].ConnectionString;
03	String strComm = "Insert Into 用户表(用户编号,用户名,密码,Email) Values(\'"
04	+ txtUserName.Text.Trim() + "\',\'" + txtPassword.Text.Trim()
05	+ "\',\'" + txtEmail.Text.Trim() + "\')";
06	SqlConnection sqlConn = new SqlConnection(strSqlConn);
07	SqlCommand sqlInsertComm = new SqlCommand();
08	sqlInsertComm.Connection = sqlConn;

序号	程序代码
09	sqlInsertComm.CommandType = CommandType.Text;
10	sqlInsertComm.CommandText = strComm;
11	try
12	{
13	sqlConn.Open();
14	if (Page.IsValid)
15	{
16	if (sqlInsertComm.ExecuteNonQuery() > 0)
17	{
18	Response.Write("<script>alert ('注册成功，请稍后登录!');</script>");
19	}
20	}
21	sqlConn.Close();
22	}
23	catch (SqlException ex)
24	{
25	Response.Write("<script>alert ('注册失败，其原因为：');</script>"+ex);
26	}

【运行结果】

Web 页面 Register6_7.aspx 成功运行后，在页面的文本框中输入合适的用户数据，如图 6-24 所示，单击【立即注册】按钮，弹出图 6-25 所示对话框，表示注册成功。

图 6-24 在 Web 页面 Register6_7.aspx 中输入用户数据

图 6-25 显示"注册成功"

【技能拓展】

6.3 在.NET 平台的 Web 页面中使用 LINQ 方式更新 SQL Server 数据表的数据

【任务 6-8】 在 Web 页面中使用 LINQ 方式实现用户注册功能

【任务描述】

（1）在网站 WebSite6 中添加 Web 页面"Register6_8.aspx"。

（2）创建 DBML 文件 LinqDataClass.dbml，将数据表"用户表"映射到 DBML 文件。

（3）编写程序使用 LINQ 方式实现用户注册功能。

【任务实施】

（1）在网站 WebSite6 中添加 Web 窗体"Register6_8.aspx"，其外观效果如图 6-24 所示。

（2）创建 DBML 文件 LinqDataClass.dbml，将数据表"用户表"映射到 DBML 文件。

（3）编写 Web 窗体"Register6_8.aspx"中事件过程 ibSubmit_Click 的程序代码。

事件过程 ibSubmit_Click 的程序代码如表 6-19 所示，用于实现 Web 页面的用户注册功能。

表 6-19　Web 窗体"Register6_8.aspx"中事件过程 ibSubmit_Click 的程序代码

/*事件过程名称：ibSubmit_Click　　*/	
序号	程序代码
01	string strSqlConn = ConfigurationManager
02	.ConnectionStrings["ECommerceConnectionString"].ConnectionString;
03	LinqDataClassDataContext objLINQ = new LinqDataClassDataContext(strSqlConn);
04	用户表　user = new　用户表();
05	//要添加的内容
06	user.用户编号　= "111120";
07	user.用户名　= txtUserName.Text;
08	user.密码　= txtPassword.Text;
09	user.Email = txtEmail.Text;
10	//执行添加
11	objLINQ.用户表.InsertOnSubmit(user);
12	objLINQ.SubmitChanges();
13	Response.Write("<script>alert ('注册成功，请稍后登录!');</script>");

【运行结果】

Web 页面"Register6_8.aspx"的运行情况与【任务 6-7】中 Web 页面"Register6_7.aspx"相似，这里不再赘述。

【任务 6-9】　在 Web 页面中使用 LINQ 方式修改与删除用户数据

【任务描述】

（1）在网站 WebSite6 中添加 Web 窗体"Register6_9.aspx"，其设计外观如图 6-26 所示。

（2）编写程序使用 LINQ 方式实现修改用户数据功能。

（3）编写程序使用 LINQ 方式实现删除用户数据功能。

图 6-26　Web 窗体"Register6_9.aspx"的设计外观

【任务实施】

（1）在网站 WebSite6 中添加 Web 窗体"Register6_9.aspx"，其外观效果如图 6-26 所示，Web 页面的主体代码如表 6-20 所示。

表 6-20　　　　　　　　Web 页面"Register6_9.aspx"的主体代码

/*Web 窗体名称：UserManage6_9.aspx　*/	
序号	程序代码
01	<div>
02	<asp:GridView ID="gridView1" runat="server">
03	</asp:GridView>
04	<asp:Button ID="btnEdit" runat="server" Text="修改用户数据"
05	onclick="btnEdit_Click" />
06	<asp:Button ID="btnDelete" runat="server" Text="删除用户数据"
07	onclick="btnDelete_Click" />
08	</div>

（2）编写程序使用 LINQ 方式在 Web 页面中浏览用户数据。

在事件过程 Page_Load 中调用自定义方法 showData()，该方法的程序代码如表 6-21 所示。

表 6-21　　　　Web 窗体"Register6_9.aspx"中方法 showData()的程序代码

/*程序名称：showData()　*/	
序号	程序代码
01	private void showData()
02	{
03	string strSqlConn = ConfigurationManager
04	.ConnectionStrings["ECommerceConnectionString"].ConnectionString;
05	LinqDataClassDataContext ldb = new LinqDataClassDataContext(strSqlConn);
06	var result = from r in ldb.用户表
07	select new
08	{
09	用户编号=r.用户编号,
10	用户名称=r.用户名,
11	Email=r.Email,
12	注册日期=r.注册日期
13	};
14	gridView1.DataSource = result;
15	gridView1.DataBind();
16	}

（3）编写事件过程 btnEdit_Click 的程序代码。

事件过程 btnEdit_Click 的程序代码如表 6-22 所示，该程序使用 LINQ 方式修改用户的注册日期。

表 6-22　　　Web 窗体"Register6_9.aspx"中事件过程 btnEdit_Click 的程序代码

/*事件过程名称：btnEdit_Click　*/	
序号	程序代码
01	string strSqlConn = ConfigurationManager
02	.ConnectionStrings["ECommerceConnectionString"].ConnectionString;
03	LinqDataClassDataContext ldb = new LinqDataClassDataContext(strSqlConn);
04	var result = from r in ldb.用户表
05	select r;
06	///修改数据
07	foreach (用户表　user in result)
08	{
09	user.注册日期 = DateTime.Now;
10	}
11	///将修改的数据提交到数据库中

序号	程序代码
12	ldb.SubmitChanges();
13	Response.Write("<script>alert ('用户表数据修改成功!');</script>");
14	showData();

（4）编写事件过程 btnDelete_Click 的程序代码。

事件过程 btnDelete_Click 的程序代码如表 6-23 所示，该程序使用 LINQ 方式删除指定用户的记录数据。

表 6-23 Web 窗体"Register6_9.aspx"中事件过程 btnDelete_Click 的程序代码

/*事件过程名称：btnDelete_Click   */

序号	程序代码
01	string strSqlConn = ConfigurationManager
02	.ConnectionStrings["ECommerceConnectionString"].ConnectionString;
03	LinqDataClassDataContext ldb = new LinqDataClassDataContext(strSqlConn);
04	var result = from r in ldb.用户表
05	where r.用户编号==null
06	select r;
07	if (result.Count() > 0)
08	{
09	///删除数据,并提交到数据库中
10	ldb.用户表.DeleteAllOnSubmit(result);
11	ldb.SubmitChanges();
12	Response.Write("<script>alert ('指定用户的数据成功删除!');</script>");
13	showData();
14	}
15	else
16	{
17	Response.Write("<script>alert ('不存在符合条件的用户!');</script>");
18	}

【运行结果】

Web 窗体"Register6_9.aspx"的运行结果如图 6-27 所示。

单击【修改用户数据】按钮，会弹出提示"用户表数据修改成功"的信息对话框，表示修改用户数据成功。

单击【删除用户数据】按钮，如果不存在符合限定条件的用户，则会弹出提示"不存在符合条件的用户"的对话框，如果存在符合限定条件的用户，则会弹出提示"指定用户数据成功删除"的对话框。

图 6-27 Web 窗体"Register6_9.aspx"的运行结果

6.4 在 Java 平台中使用 JDBC 方式更新 SQL Server 数据表的数据

【任务 6-10】 使用 JDBC 方式更新 SQL Server 数据表的数据

【任务描述】

（1）在 NetBeans IDE 集成开发环境中创建 Java 应用程序项目 JavaApplication6。
（2）在 Java 应用程序项目 JavaApplication6 中添加 JAR 文件"sqljdbc4.jar"。
（3）在 Java 应用程序项目 JavaApplication6 中创建公共类 GetDataClass。
（4）在 Java 应用程序项目 JavaApplication6 中创建类 JavaApplication6_10。
（5）编写程序使用 JDBC 方式判断用户是否重复注册。
（6）编写程序使用 JDBC 方式实现用户注册功能。
（7）编写程序使用 JDBC 方式实现修改用户密码功能。

【任务实施】

（1）在 NetBeans IDE 集成开发环境中创建 Java 应用程序项目 JavaApplication6。
（2）在 Java 应用程序项目 JavaApplication6 中添加 JAR 文件"sqljdbc4.jar"。
（3）在 Java 应用程序项目 JavaApplication6 中创建公共类 GetDataClass。

公共类 GetDataClass 主要包括多个方法，其中 getSQLServerConn 方法主要用于创建 SQL Server 数据库连接、加载和注册 JDBC 驱动程序，代码如表 6-24 所示。closeConnection 方法用于关闭连接对象，closeResultSet 方法用于关闭 ResultSet 对象，closePreparedStatement 方法用于关闭 PreparedStatement 对象，这 3 个方法的代码如表 6-25 所示。

表 6-24 　　GetDataClass 类中 getSQLServerConn 方法的代码

序号	程序代码
	/*方法名称：getSQLServerConn */
01	public Connection getSQLServerConn() {
02	Connection conn = null;
03	String driver = "com.microsoft.sqlserver.jdbc.SQLServerDriver";
04	String connectURL = "jdbc:sqlserver://localhost:1433;DatabaseName=ECommerce";
05	String loginName = "user";
06	String loginPassword = "123456";
07	try {
08	Class.forName(driver);
09	} catch (ClassNotFoundException ex) {
10	JOptionPane.showMessageDialog(null, "无法加载驱动程序：" + ex.getMessage());
11	}
12	try {
13	conn = DriverManager.getConnection(connectURL, loginName, loginPassword);
14	} catch (SQLException ex) {
15	ex.printStackTrace();
16	}
17	return conn;
18	}

表6-25　GetDataClass 类中 closeConnection、closeResultSet 和 closePreparedStatement 方法的代码

| /*程序名称：closeConnection、closeResultSet、closePreparedStatement　*/ ||
序号	程序代码
01	//关闭连接对象
02	public void closeConnection(Connection conn) {
03	try {
04	if (conn != null && conn.isClosed()) {
05	conn.close();
06	}
07	} catch (SQLException ex) {
08	ex.printStackTrace();
09	}
10	}
11	//关闭 ResultSet 对象
12	public void closeResultSet(ResultSet rs) {
13	try {
14	if (rs != null) {
15	rs.close();
16	}
17	} catch (SQLException ex) {
18	ex.printStackTrace();
19	}
20	}
21	//关闭 PreparedStatement 对象
22	public void closePreparedStatement(PreparedStatement ps) {
23	try {
24	if (ps != null) {
25	ps.close();
26	}
27	} catch (SQLException ex) {
28	ex.printStackTrace();
29	}
30	}

（4）在 Java 应用程序项目 JavaApplication6 中创建 JavaApplication6_10 类。

（5）声明 JavaApplication6_10 类的成员变量。

声明 JavaApplication6_10.java 类的成员变量 objGetData 的代码如下。

GetDataClass objGetData = new GetDataClass();

（6）编写 JavaApplication6_10 类 main 方法的程序代码

main 方法的程序代码如表 6-26 所示。

表6-26　JavaApplication6_10 类 main 方法的程序代码

| /*类名称：JavaApplication6_10，方法名称：Main　*/ ||
序号	程序代码
01	public static void main(String[] args) {
02	JavaApplication6_10 ja6_1 = new JavaApplication6_10();
03	if (ja6_1.getUser("111121") > 0) {
04	JOptionPane.showMessageDialog(null, "该用户已注册过！");
05	if (ja6_1.updatePassword("666","111121") > 0) {
06	JOptionPane.showMessageDialog(null, "修改密码成功！");
07	}
08	} else {

序号	程序代码
09	if (ja6_1.addUser() > 0) {
10	JOptionPane.showMessageDialog(null, "注册成功！");
11	}
12	}
13	}

（7）创建 getUser 方法使用 JDBC 方式判断用户是否重复注册。

getUser 方法的程序代码如表 6-27 所示。

表 6-27   JavaApplication6_10 类中 getUser 方法的程序代码

/*方法名称：getUser */	
序号	程序代码
01	private int getUser(String code) {
02	int num = 0;
03	Connection conn = null;
04	ResultSet rs = null;
05	PreparedStatement ps = null;
06	try {
07	conn = objGetData.getSQLServerConn();
08	String strSql = "Select 用户编号 From 用户表 Where 用户编号=?";
09	ps = conn.prepareStatement(strSql);
10	ps.setString(1, code);
11	rs = ps.executeQuery();
12	if (rs.next()) {
13	num = 1;
14	} else {
15	num = 0;
16	}
17	} catch (Exception ex) {
18	ex.printStackTrace();
19	} finally {
20	objGetData.closePreparedStatement(ps);
21	objGetData.closeResultSet(rs);
22	objGetData.closeConnection(conn);
23	}
24	return num;
25	}

（8）创建 addUser 方法使用 JDBC 方式实现用户注册功能。

addUser 方法的程序代码如表 6-28 所示。

表 6-28   JavaApplication6_10 类中 addUser 方法的程序代码

/*方法名称：addUser */	
序号	程序代码
01	private int addUser() {
02	int num = 0;
03	Connection conn = null;

续表

序号	程序代码
04	PreparedStatement ps = null;
05	SimpleDateFormat sdf = new SimpleDateFormat("yyyy-MM-dd HH:mm:ss");//设置日期格式
06	try {
07	conn = objGetData.getSQLServerConn();
08	String strSql = "Insert into 用户表 Values(?,?,?,?,?,?)";
09	ps = conn.prepareStatement(strSql);
10	ps.setString(1, "111121");
11	ps.setString(2, "向海");
12	ps.setString(3, "888");
13	ps.setString(4, "ml888@163.com");
14	ps.setString(5, "4");
15	ps.setString(6, sdf.format(new Date())); // new Date()为获取当前系统时间
16	num = ps.executeUpdate();
17	} catch (Exception ex) {
18	ex.printStackTrace();
19	} finally {
20	objGetData.closePreparedStatement(ps);
21	objGetData.closeConnection(conn);
22	}
23	return num;
24	}

（9）创建 updatePassword 方法使用 JDBC 方式实现修改用户密码功能。

updatePassword 方法的程序代码如表 6-29 所示。

表 6-29   JavaApplication6_10 类中 updatePassword 方法的程序代码

/*方法名称：updatePassword   */

序号	程序代码
01	private int updatePassword(String password , String code) {
02	int num = 0;
03	Connection conn = null;
04	PreparedStatement ps = null;
05	try {
06	conn = objGetData.getSQLServerConn();
07	String strSql = "Update 用户表 Set 密码=? Where 用户编号=?";
08	ps = conn.prepareStatement(strSql);
09	ps.setString(1, password);
10	ps.setString(2, code);
11	num = ps.executeUpdate();
12	} catch (Exception ex) {
13	ex.printStackTrace();
14	} finally {
15	objGetData.closePreparedStatement(ps);
16	objGetData.closeConnection(conn);
17	}
18	return num;
19	}

【运行结果】

程序 JavaApplication6_10 运行时如果用户重复注册则会弹出图 6-28 所示的提示"该用户已注册过"的【消息】对话框，如果用户成功注册则会弹出提示"注册成功"的【消息】对话框，如果用户成功修改密码则会弹出提示"修改密码成功"的【消息】对话框。

图 6-28 提示"该用户已注册过"

6.5 在 Java 平台中使用 JDBC 方式更新 Oracle 数据表的数据

【任务 6-11】 使用 JDBC 方式更新 Oracle 数据表的数据

【任务描述】

（1）在 Java 应用程序项目 JavaApplication6 中创建 JavaApplication6_11 类。
（2）在 Java 应用程序项目 JavaApplication6 中添加 JAR 文件"ojdbc6_g.jar"。
（3）在公共类 GetDataClass.java 中创建 getOracleConn 方法。
（4）编写程序使用 JDBC 方式判断用户是否重复注册。
（5）编写程序使用 JDBC 方式实现用户注册功能。
（6）编写程序使用 JDBC 方式实现修改用户密码功能。

【任务实施】

（1）在 Java 应用程序项目 JavaApplication6 中创建 JavaApplication6_11 类。
（2）在 Java 应用程序项目 JavaApplication6 中添加 JAR 文件"ojdbc6_g.jar"。
（3）在公共类 GetDataClass.java 中创建 getOracleConn 方法。

getOracleConn( )方法的程序代码如表 6-30 所示。

表 6-30   GetDataClass 类中 getOracleConn 方法的程序代码

/*方法名称：getOracleConn */	
序号	程序代码
01	public Connection getOracleConn() {
02	Connection conn = null;
03	String driver = "oracle.jdbc.driver.OracleDriver";
04	String connectURL = "jdbc:oracle:thin:@localhost:1521:eCommerce";
05	String loginName = "system";
06	String loginPassword = "123456";
07	try {
08	Class.forName(driver);
09	} catch (ClassNotFoundException ex) {
10	JOptionPane.showMessageDialog(null, "无法加载驱动程序：" + ex.getMessage());
11	}
12	try {

续表

序号	程序代码
13	conn = DriverManager.getConnection(connectURL, loginName, loginPassword);
14	} catch (SQLException ex) {
15	ex.printStackTrace();
16	}
17	return conn;
18	}

（4）声明 JavaApplication6_11 类的成员变量。

声明 JavaApplication6_11 类的成员变量 objGetData 的代码如下。

```
GetDataClass objGetData = new GetDataClass();
```

（5）编写 JavaApplication6_11 类 main 方法的程序代码。

main 方法的程序代码与表 6-26 类似，这里不再重复列出代码。

（6）创建 getUser 方法使用 JDBC 方式判断用户是否重要注册。

getUser 方法的程序代码与表 6-27 类似，这里不再重复列出代码。不同的是调用 GetDataClass 类的 getOracleConn() 方法为连接对象赋值，即 conn = objGetData.getOracleConn();。

（7）创建 addUser 方法使用 JDBC 方式实现用户注册功能。

addUser 方法的程序代码与表 6-28 类似，这里不再重复列出代码。不同的是只向"用户表"插入 5 个数据，不插入日期数据，即插入语句的字符串为 String strSql = "Insert into 用户表(用户编号,用户名,密码,Email,用户类型) Values(?,?,?,?,?)";。

（8）创建 updatePassword 方法使用 JDBC 方式实现修改用户密码功能。

updatePassword 方法的程序代码与表 6-29 类似，这里不再重复列出代码。

【运行结果】

程序的运行情况与【任务 6-10】类似，这里不再赘述，请参照【任务 6-10】进行测试。

【考核评价】

本单元的考核评价表如表 6-31 所示。

表 6-31　　　　　　　　　　单元 6 的考核评价表

考核项目	任务描述	基本分
考核项目	（1）创建项目 StudentUnit6，在该项目中添加窗体 Form6_1，在该窗体中添加必要的控件，编写程序在窗体中的控件中输出"学生信息"数据表的"学号"、"姓名"、"性别"、"班级名称"等数据，并实现向"学生信息"表中插入新记录、修改数据和删除记录的功能，但不要求实现改变记录位置和数据验证功能	10
考核项目	（2）创建 ASP.NET 网站 WebSite6，在该网站中添加 1 个 Web 窗体"Page6_2.aspx"，在该窗体中添加必要的控件，编写程序实现用户注册和用户登录功能，但不要求实现数据验证功能	6
评价方式	自我评价　　　　　　　　　小组评价	教师评价
考核得分		

【知识疏理】

6.6 ADO.NET 数据记录的状态与版本

在数据表中新建记录、修改记录和删除记录时，数据表中的记录会呈现多种状态：新增状态、修改状态、删除状态和未改变状态等。修改数据时，可能接受所作的修改，也可能撤销数据修改，还原为修改前的数据，这样数据会呈现多个版本：当前值、原始值、默认值和建议值。ADO.NET 使用记录的状态与版本来管理数据表中的记录。

只有在编辑记录之后、调用 AcceptChanges 或 RejectChanges 方法之前，记录才会存在不同的版本，在调用 AcceptChanges 或 RejectChanges 方法之后，Current 版本和 Original 版本完全相同。

对记录进行新增、修改和删除操作时，会存在不同的状态和版本。DataRow 对象的当前状态使用 RowState 属性来判断，RowState 属性的类型是 DataRowState 枚举类型，DataRowState 枚举类型包括 5 个成员：Added、Deleted、Detached、Modified 和 Unchanged。

影响 RowState 属性值的因素主要有两个：对记录执行的操作类型和是否已调用 AcceptChanges。

记录的版本类型是 DataRowVersion 枚举类型，该枚举类型包括 4 个成员：Current、Default、Original 和 Proposed。

记录的状态和版本具有以下特点。

（1）记录状态"Added"存在于新增记录时调用 Add 方法之后、调用 AcceptChanges 方法之前。

（2）记录状态"Modified"存在于修改记录时调用 EndEdit 方法之后、调用 AcceptChanges 方法之前。

（3）记录状态"Deleted"存在于新增记录时调用 Delete 方法之后、调用 AcceptChanges 方法之前。

（4）记录状态"Detached"存在于新增记录时调用 Add 方法之前、删除记录时调用 Remove 之后或者调用 Delete 方法之后接着调用了 AcceptChanges 方法。

（5）调用 DataSet、DataTable 或 DataRow 的 AcceptChanges 方法时，记录状态为 Deleted 的所有记录将被删除，记录状态为"Added"或"Modified"的记录将变为"Unchanged"状态，Original 记录版本的值将被 Current 记录版本的值覆盖。

调用 DataSet、DataTable 或 DataRow 的 RejectChanges 方法时，记录状态为"Added"的所有记录将被删除，记录状态为"Deleted"或"Modified"的记录会还原成原先的值，并且记录状态将变为"Unchanged"状态，Current 记录版本的值将被 Original 记录版本的值覆盖。

（6）记录状态为 Deleted 的记录不存在 Current 版本的值，记录状态为 Added 的记录不存在 Original 版本的值。

（7）处于 Added、Modified 和 Unchanged 状态的记录的默认记录版本（Default）为 Current；处于 Deleted 状态的记录的默认记录版本为 Original；处于 Detached 状态的记录的默认版本为 Proposed。

（8）记录状态为 Proposed 的记录值只会存在于新增记录时调用 Add 方法之前，编辑记录时调用 BeginEdit 方法之后、调用 EndEdit 方法或 AcceptChanges 方法之前。

（9）如果在调用 EndEdit 或 CancelEdit 方法之前调用了 AcceptChanges 方法，将会结束编辑操作，而且 Current 与 Original 这两个记录版本都会接受 Proposed 版本的值。如果在调用 EndEdit 或 CancelEdit 方法之前调用了 RejectChanges 方法，将会结束编辑操作并放弃 Current 与 Proposed 版本的值。如果在调用 AcceptChanges 方法或 RejectChanges 方法之后才调用 EndEdit 或 CancelEdit 方法，则由于编辑操作已经结束，不会产生任何效果。

（10）AcceptChanges 方法和 RejectChanges 方法的作用范围具有层次性。例如，调用 DataSet 的 AcceptChanges 方法，其作用范围为该 DataSet 中所包含的所有 DataTable 和 DataRow；调用 DataTable 的 AcceptChanges 方法，其作用范围为该 DataTable 中所包含的所有 DataRow；调用 DataRow 的 AcceptChanges 方法，其作用范围为当前的 DataRow。

6.7 ADO.NET 的数据更新

1. 在数据表中实现新增、编辑与删除记录的要点

（1）在数据集的数据表中新增记录。

在数据集的数据表中新增记录一般按以下步骤进行。

① 声明一个 DataRow 类型的变量。

② 调用数据表的 NewRow 方法建立一个 DataRow 对象，并将它赋给 DataRow 变量。

③ 将数据值赋给新记录的各个字段，如果已设定字段的 DefaultValue 属性，对于未赋值的字段，则将默认值赋给对应的字段。

④ 调用记录集合的 Add 方法将已赋数据值的 DataRow 对象添加到记录集合中。

（2）在数据集的数据表中编辑记录。

将数据值赋给特定记录的特定字段即可。

（3）在数据集的数据表中删除记录。

要删除数据集的数据表中的记录，可以调用 DataRow 对象的 Delete 方法将该记录标示为删除，其 RowState 属性被设置为 Deleted。如果确定要将其删除，则调用 AcceptChanges 方法；如果要取消删除，则调用 RejectChanges 方法。如果要从数据表中直接移除所指定的数据记录，则调用数据表的 Rows 集合的 Remove 方法或者 RemoveAt 方法。

2. 使用 SqlDataAdapter 对象实现数据更新的要点

（1）更新数据集中的记录时暂时停止条件约束。

如果数据集包含条件约束（如外键条件约束），那么更新记录中的字段时可能会违反条件约束，这种情况下需要暂时停止条件约束，解决方法如下。

① 在变更记录中的数据之前，先调用 DataRow 对象的 BeginEdit 方法。

② 开始更新该记录。

③ 调用 EndEdit 方法提交对记录的变更，然后重新启用条件约束检查。如果要舍弃记录的变更，则调用记录的 CancelEdit 方法。

（2）判断数据集是否包含变更的记录。

调用数据集的 HasChanges 方法，判断数据集中是否包含变更的记录（包括新增、修改或删除的记录)。如果 HasChanges 方法返回 True，表示数据集包含变更的记录；如果 HasChanges 方法返回 False，表示数据集不包含变更的记录。

HasChanges 方法有两个重载版本：重载版本 HasChanges()将返回所有的变更记录；重载版本 HasChanges（DataRowState）将返回某一种特定类型（如新增的记录）的记录，其参数为 DataRowState 枚举类型，表示记录的状态值。

（3）提取变更的数据记录。

将数据集变更写回数据源时，为了提高数据更新的效率，只需将已变更的记录返回数据源，并不需要更新所有的数据记录，此时需要从数据集提取已变更的数据记录。

需要返回只包含已变更的数据记录的新数据集或数据表时，调用数据集或数据表的 GetChanges 方法。GetChanges 方法有两个重载版本：重载版本 GetChanges()将返回所有的变更记录；重载版本 GetChanges(DataRowState)将返回某一种特定类型的记录，其参数为 DataRowState 枚举类型，表示记录的状态值。

注意：

① 应先调用数据集的 HasChanges 方法，再调用数据集的 GetChanges 方法。

② 必须在调用 AcceptChanges 方法之前使用 GetChanges 方法获取变更的记录。

（4）将数据集变更写回数据源。

调用数据适配器的 Update 方法将数据集的变更写回数据源，并返回成功更新的记录数目。如果更新记录时发生错误，便会抛出异常并中断执行更新，如果希望在遇到错误时继续更新操作而暂时中止异常，可以在调用 Update 方法之前，先将数据适配器的 ContinueUpdateOnError 属性设置为 True，这样在记录更新期间发生错误时就不会抛出异常，记录的更新被忽略，并且将错误置入发生错误的记录的 RowError 属性中，数据适配器仍会继续更新后续的记录。

Update 方法的 5 个重载版本如表 6-32 所示，这些版本的 Update 方法都会返回成功更新的记录数目。

表 6-32 Update 方法的重载版本

重 载 版 本	功 能
Update(DataSet)	将指定数据集中的记录变更写回数据源
Update(DataTable)	将指定数据表中的记录变更写回数据源
Update(DataSet, String)	将指定数据集中特定名称的数据表中的记录变更写回数据源
Update(DataRow [])	将指定 DataRow 对象数组中的记录变更写回数据源
Update(DataRow [], DataTableMapping)	将指定 DataRow 对象数组中的记录变更写回数据源

（5）提交数据集中的变更。

成功执行数据适配器的 Update 方法之后，调用数据集的 AcceptChanges 方法提交变更。

（6）在更新数据时，系统自动判断所要变更的数据是新增、修改还是删除，然后自动执行对应的 InsertCommand、UpdateCommand 和 DeleteCommand 命令。

3. SqlCommandBuilder 对象的使用要点

使用 SqlCommandBuilder 对象可以自动生成数据适配器的 InsertCommand、UpdateCommand 与 DeleteCommand 命令。SqlCommandBuilder 的构造函数为：SqlCommandBuilder(SqlDataAdapter)，

利用该构造函数创建 SqlCommandBuilder 对象时只需传入对应的数据适配器对象即可。

使用 SqlCommandBuilder 对象的限制条件较多，主要的限制条件如下。

（1）SqlCommandBuilder 不能处理参数化存储过程。

（2）根据两个或多个表所建立的视图，不能被视为单一数据表，这种情况下不能使用 SqlCommandBuilder 对象自动生成命令。

（3）SelectCommmand 命令所涉及的数据表至少包含一个主键或唯一字段，如果两者都不存在，将会引发异常，且不会自动生成命令。

（4）在自动生成新增、修改或删除命令之后，如果又修改了 SelectCommand 的 Command Text，则可能会引发异常。

4. 手工编写代码设置数据适配器命令属性的要点

（1）手工编写程序代码设置数据适配器的 InsertCommand、UpdateCommand 与 Delete Command 命令的效率要比使用 SqlCommandBuilder 对象自动生成命令的效率高。

（2）数据适配器的命令是指赋给 SelectCommand、InsertCommand、UpdateCommand 和 DeleteCommand 属性的 SQL 语句或存储过程，SqlDataAdapter 的 SelectCommand、InsertCommand、UpdateCommand 和 DeleteCommand 属性的类型都是 SqlCommand。必须先设置数据适配器的 SelectCommand 属性，才能调用数据适配器的 Fill 方法；同样必须先设置数据适配器的 InsertCommand、UpdateCommand 与 DeleteCommand 属性，才能调用数据适配器的 Update 方法。

（3）SQL 语句中经常包括参数，例如，Select 语句的 Where 子句中可以使用一个或多个参数来动态筛选所需的数据记录，通常在程序执行时才将参数值赋给 Where 子句中的参数，以达到动态筛选数据的目的。

（4）如果数据适配器命令的 SQL 语句中包括参数，在调用数据适配器的 Fill 或 Update 方法之前，必须在参数集合中为每一个参数加入一个参数对象，并指定参数的名称以及参数所对应字段的数据类型与长度，对于 InsertCommand、UpdateCommand 和 DeleteCommand，还应先设置参数的对应字段，然后再设置参数的值。

由于 SqlCommand 对象的 Parameters 属性能够取得与 SqlCommand 对象相关联的参数集合，SqlDataAdapter 对象的 SelectCommand、InsertCommand、UpdateCommand 和 DeleteCommand 属性的类型都属于 SqlCommand 对象，可以使用 SelectCommand.Parameters、InsertCommand.Parameters、UpdateCommand.Parameters 和 DeleteCommand.Parameters 的写法来取得命令的参数集合。

使用 SelectCommand 对象的 Parameters 属性设置参数的方法有以下 3 种。

① 在参数集合中为参数加入一个参数对象并设置参数的值。示例代码如下。

sqlDa.SelectCommand.Parameters.Add("@name", SqlDbType.NvarChar,20).Value= txtName.text ;

② 先在参数集合中为参数加入一个参数对象，然后再设置参数的值。示例代码如下。

sqlDa.SelectCommand.Parameters.Add("@nme", SqlDbType.NvarChar,20) ;
sqlDa.SelectCommand.Parameters.Add("@name").Value= txtName.text ;

③ 在参数集合中为参数加入一个参数对象，并声明一个 SqlParameter 类型的变量来代表该参数对象，然后再设置该参数的值。示例代码如下。

SqlParameter parameterName= sqlDa.SelectCommand.Parameters.Add ("@name", SqlDbType.NvarChar,20) ;
parameterName.Value= txtName.text ;

（5）可以使用 SqlParameter 对象的 Value 属性来设置 SelectCommand 命令中的参数值。而对于 InsertCommand、UpdateCommand 和 DeleteCommand 命令，应该指定参数与数据集中数据表字段的对应关系以便让 ADO.NET 自动设置参数值。当调用数据适配器的 Update 方法时，会逐条检查数据表中的记录，并自动以字段值的特定版本作为参数值更新数据源中对应字段的数据。如果在 Add 方法中没有指定对应的字段，在将参数添加到参数集合之后，也可使用参数对象的 SourceColumn 属性来设置参数所对应的数据表字段，示例代码如下。

```
sqlDa.InsertCommand.Parameters.Add("@name " , SqlDbType.NvarChar , 20)
sqlDa.InsertCommand.Parameters ( "@name ").SoureColumn="姓名"
```

（6）如果修改了数据表中的主键字段的内容，将会造成该记录与后台数据库的记录不能正确对应从而无法顺利更新数据，解决的方法是将参数的 SourceVersion 设置为 Original，示例代码如下。

```
SqlParameter KeywordParaUpdate = sqlDa.UpdateCommand.Parameters.Add("@number",
                    SqlDbType.NChar, 6, "部门编号");
KeywordParaUpdate.SourceVersion = DataRowVersion.Original;
```

这样设置后，如果修改了主键字段"部门编号"的内容，参数"number"也会取得"部门编号"字段的原始版本。由于 Original 记录值会与后台数据库的当前值相符，所以可以确保后端数据库的对应记录被顺利更新。

5. 使用合并数据集的方法实现数据更新的要点

使用合并数据集的方法实现数据更新时可以使用数据集或者数据表的 GetChanges 方法取得变更的记录，数据集的 Merge 方法通过合并数据集来更新数据集中的内容，即将一个源数据集的记录复制到目标数据集中。使用 Merge 方法合并数据集通常用于客户端应用程序，以便将数据源的最新变更加入现有的 DataSet 中，并由此重新整理 DataSet 来确保它拥有数据源的最新数据。合并数据期间会停用条件约束。将一个新的源 DataSet 和一个目标 DataSet 合并时，DataRowState 属性为 Unchanged、Modified 或者 Deleted 的所有源记录会使用相同的主键值来对应目标记录。

使用合并数据集的方法实现数据更新的流程如下。

① 建立数据连接对象、数据适配器对象、主数据集对象和子数据集对象。
② 新建、修改或删除数据表中的记录。
③ 调用主数据集对象的 GetChanges 方法获取主数据集的变化数据，并填入子数据集对象。
④ 调用主数据集的 Update 方法更新数据源，且只更新变化的数据。
⑤ 调用主数据集的 Merge 方法将子数据集合并到主数据集中。
⑥ 调用主数据集的 AcceptChanges 方法接受更改，或者调用主数据集的 RejectChanges 方法来取消更改。

6. 使用 DataView 对象实现数据更新的要点

可以使用 DataView 来新增、修改或者删除数据表中的记录，通过 DataView 来新增、修改或者删除数据表中的记录，必须将 DataView 的 AllowNew、AllowEdit 和 AllowDelete 属性值设置为 True（这 3 个属性的默认值都是 True）。一次只能编辑一条 DataRowView，通过调用 DataRowView 的 EndEdit 方法来确认数据的变更。

6.8 JDBC 的 PreparedStatement 对象

PreparedStatement 接口继承自 Statement 接口，PreparedStatement 实例包含已编译的 SQL 语句，其执行速度要快于 Statement 对象。

PreparedStatement 对象是使用 Connection 对象的 prepareStatement()方法创建的。创建 PreparedStatement 对象的示例程序如下。

```
Connection conn = null;
ResultSet rs = null;
PreparedStatement ps = null;
String strSql = "Select 用户编号 From 用户表 Where 用户编号=?";
ps = conn.prepareStatement(strSql);
ps.setString(1, code);    //code 变量中存入了用户编号值
rs = ps.executeQuery();
```

PreparedStatement 对象中要执行的 SQL 语句可包含一个或多个输入参数，参数的值在 SQL 语句创建时未指定，而是为每个参数保留了一个占位符"?"，在执行 PreparedStatement 对象之前，必须设置每个占位符"?"参数的值，可以通过调用 setXXX 方法来完成，其中 XXX 表示该参数相应的类型。例如，如果参数是 Java 类型 String，则使用 setString 方法，即 ps.setString(1, code)，第一个参数表示要设置值的占位符在 SQL 语句中的序列位置，第二个参数表示赋给该参数的值。

PreparedStatement 接口继承自 Statement 接口的 3 种方法：execute、executeQuery 和 executeUpdate，但这 3 种方法不需要参数。其中 execute 方法用于在 PreparedStatement 对象中执行 SQL 语句，该 SQL 语句可以是任何类型的 SQL 语句；executeQuery 方法用于在 PreparedStatement 对象中执行 SQL 查询语句，并返回该查询生成的 ResultSet 对象；executeUpdate 方法用于在 PreparedStatement 对象中执行 SQL 语句，该 SQL 语句必须是一个 SQL 数据操作语言语句，如 Insert、Update、Delete 语句，或者是无返回内容的 SQL 语句，如 DDL 语句。

单元小结

本单元通过多个实例探讨了更新数据源中数据的各种方法，包括使用 ADO.NET 的数据命令更新数据源中的数据、使用包含参数的数据命令执行数据更新操作、使用包含参数的存储过程执行数据更新操作、使用 ADO.NET 的 SqlCommandBuilder 对象自动生成命令方式实现数据更新、使用手工编写代码方式设置数据适配器的命令属性实现数据更新、在 Web 页面中使用 ADO.NET 方式更新 SQL Server 数据表的数据、在 Web 页面中使用 LINQ 方式更新 SQL Server 数据表、使用 JDBC 方式更新数据源。还介绍了 ADO.NET 数据记录的状态与版本、ADO.NET 各种数据更新方法的使用要点和 JDBC 的 PreparedStatement 对象。

单元习题

（1）调用 SqlCommand 对象的（　　）方法可以执行 Insert 语句、Update 语句和 Delete 语句。
  A．ExecuteReader   B．ExecuteScalar
  C．ExecuteNonQuery   D．ExecuteXmlReader

（2）ADO.NET 的数据更新方法之一，先自行设置数据适配器的 SelectCommand 属性，然后使用下列（　　）对象自动配置数据适配器的 InsertCommand、UpdateCommand 和 DeleteCommand 属性。
  A．AcceptChanges   B．SqlCommandBuilder
  C．GetChanges   D．Merge

（3）调用数据集的（　　）方法可以判断数据集是否包含变更的记录（包括新增、修改或删除的记录）
  A．HasError B．HasChanges C．HasRows D．GegChanges

（4）将数据集变更写回数据源时，为了提高数据更新的效率，只需要将已变更的记录返回数据源，返回只包含已变更数据记录的数据集或数据表时，应调用数据集或数据表的（　　）方法。
  A．AcceptChanges B．HasChanges C．RejectChanges D．GegChanges

（5）填充数据集之前，设置数据集的（　　）属性值可以关闭条件约束检查，暂时不考虑表之间的依赖关系而允许适配器填充数据集。
  A．ExtendedProperties   B．EnforceConstraints
  C．Locale   D．CaseSensitive

（6）可以使用 SqlParameter 的（　　）属性来设置 SelectCommand 命令中的参数值。而对于 InsertCommand、UpdateCommand 和 DeleteCommand 命令，应该指定参数与数据集中数据表字段的对应关系，以便让 ADO.NET 自动设置参数值。
  A．TypeName B．Value C．SqlValue D．DbType

（7）数据命令对象 SqlCommand 的（　　）属性能够取得与 SqlCommand 相关联的参数集合。
  A．Transaction B．CommandType C．Parameters D．CommandText

单元 7 数据绑定与数据验证

对于各种类型的数据库应用系统,通过 Windows 界面或 Web 网页浏览数据源中的数据时,一般先将后台数据表中的数据填充到内存的数据集中,然后通过数据绑定方式使用控件展现在 Windows 界面或者 Web 网页中。用户使用数据库应用系统时,必须输入有效数据(所谓有效数据,是指符合接收该数据的处理程序的要求)才能确保应用程序正常运行。为了保证数据有效、应用程序正常运行,有必要验证用户输入的数据是否符合数据源和应用程序所要求的条件约束。

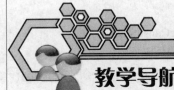

教学导航

教学目标	(1)学会使用 ADO.NET 方式浏览与查询数据源的数据 (2)掌握 ADO.NET 实现记录位置移动的方法 (3)掌握.NET 平台常用的数据绑定方法 (4)掌握数据库应用程序常用的数据验证方法 (5)了解使用 JDBC 方式浏览与查询数据源的方法 (6)了解 JDBC 实现记录位置移动的方法 (7)了解 Java 平台常用的数据绑定方法
教学方法	任务驱动法、分层技能训练法等
课时建议	12 课时(含考核评价)

前导知识

1. 数据绑定

数据绑定就是把数据连接到窗体的过程，既可以使用程序代码实现，也可以通过 Visual Studio.NET 设计环境的属性窗口实现。

Visual Studio.NET 设计环境中，数据绑定主要涉及以下对象。

（1）CurrencyManager 对象：用于跟踪绑定到用户界面的数据表中的记录、数组或集合数据的当前位置。

（2）PropertyManager 对象：用于维护绑定到控件对象的当前属性。

（3）BindingContext 对象：用于跟踪窗体上的所有 CurrencyManager 对象和 PropertyManager 对象，每个 Windows 窗体都有一个默认的 BindingContext 对象。

（4）Binding 对象：用于在控件的单个属性与另一个对象的属性或某个对象列表中当前对象的属性之间创建和维护简单绑定。

2. 数据验证

设计数据库应用系统时，应该全方位、多层次地控制数据的有效性，形成一个严密的验证机制，以确保数据有效，常用的数据验证途径有以下 3 种。

（1）在表示层对数据进行验证。

在表示层验证数据，通常是指对用户通过 Windows 窗体中的控件或者在 Web 网页中的控件中输入的数据进行验证，当用户输入的数据不符合验证逻辑时，立即反馈提示信息，并要求更正。

（2）在业务层对数据进行验证。

对于数据库应用程序，在业务层验证数据，通常是指当数据集中数据表的行或列的值发生变更时对数据进行验证。

（3）在数据层对数据进行验证。

对于 SQL Server 来说，可以使用条件约束、存储过程、触发器和规则等方式来验证数据。但由于在数据层对数据进行验证，必须等到将数据变更写回数据库时才能发现数据有误，所以验证效率较低。本章不讨论数据层的数据验证方法，请读者自行参考数据库方面的书籍。

本单元主要涉及以下数据验证方法。

（1）合理使用控件的验证事件和方法验证数据的有效性。

（2）使用 ErrorProvider 控件验证数据的有效性。

（3）设置数据集中数据表记录的自定义错误信息。

（4）设置数据集中数据表字段的自定义错误信息。

7.1 在.NET 平台的 Windows 窗体中使用 ADO.NET 方式实现数据绑定与数据验证

【任务 7-1】 使用 ADO.NET 方式浏览与查询员工数据

【任务描述】

（1）创建项目 Unit7。

（2）在项目 Unit6 中创建 Windows 窗体应用程序 Form7_1.cs，窗体的设计外观如图 7-1 所示。

（3）编写程序使用 ADO.NET 方式浏览与查询员工数据。

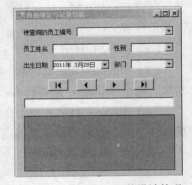

图 7-1 窗体 Form7_1 的设计外观

【任务实施】

（1）创建项目 Unit7。

（2）在项目 Unit7 中创建 Windows 窗体应用程序 Form7_1.cs，窗体的设计外观如图 7-1 所示。窗体中控件的属性设置如表 7-1 所示。

表 7-1　　　　　　　　　窗体 Form7_1 中控件的属性设置

控件类型	属性名称	属性值	属性名称	属性值
Label	Name	lblCode	Text	待查询的员工编号
	Name	lblName	Text	员工姓名
	Name	lblBirthday	Text	出生日期
	Name	lblSex	Text	性别
	Name	lblDepartment	Text	部门
TextBox	Name	txtName	Text	（空）
	Name	txtNavigation	Text	（空）
ComboBox	Name	cboCode	Text	（空）
	Name	cboSex	Text	（空）
	Name	cboDepartment	Text	（空）
DataTimePicker	Name	dtpBirthday	Value	当前日期
Button	Name	btnFirst	Text	（空）
	Name	btnPrevious	Text	（空）
	Name	btnNext	Text	（空）
	Name	btnLast	Text	（空）
DataGridView	Name	dataGridView1	Dock	None

（3）声明 Form7_1 类的成员变量。

声明 Form7_1 类成员变量 bmb 的代码为：BindingManagerBase bmb;

（4）编写事件过程 Form7_1_Load 的程序代码。

事件过程 Form7_1_Load 的程序代码如表 7-2 所示，其功能是使用 ADO.NET 方式浏览员工数据，请注意不同控件的数据绑定方法。

表 7-2　　　　　　　　　　　事件过程 Form7_1_Load 的程序代码

/*事件过程名称：Form7_1_Load　　*/	
序号	程序代码
01	String strConn = "Server=(local);Database=ECommerce;User ID=sa;Password=123456";
02	SqlConnection sqlConn = new SqlConnection();
03	SqlCommand sqlComm = new SqlCommand();
04	SqlDataAdapter sqlDa;
05	DataSet ds = new DataSet();
06	SqlDataReader sqlDR;
07	sqlConn.ConnectionString = strConn;
08	if (sqlConn.State == ConnectionState.Closed)
09	{
10	sqlConn.Open();
11	}
12	sqlComm.Connection = sqlConn;
13	sqlComm.CommandType = CommandType.Text;
14	sqlComm.CommandText = "Select 员工编号 From 员工信息表";
15	sqlDR = sqlComm.ExecuteReader();
16	//将商品类型添加到 ComboBox 控件中
17	if (sqlDR.HasRows)
18	{
19	while (sqlDR.Read())
20	{
21	cboCode.Items.Add(sqlDR.GetString(0).Trim());
22	}
23	}
24	sqlDR.Close();
25	if (sqlConn.State == ConnectionState.Open)
26	{
27	sqlConn.Close();
28	}
29	sqlDa = new SqlDataAdapter("Select 部门编号,部门名称 From 部门信息表", sqlConn);
30	sqlDa.Fill(ds, "部门表");
31	sqlDa.SelectCommand.CommandText = "Select 员工编号,员工姓名,性别,部门,出生日期 "
32	+" From 员工信息表";
33	sqlDa.Fill(ds, "员工表");
34	bmb = BindingContext[ds, "员工表"];
35	String[] arraySex = { "男", "女" };
36	cboSex.DataSource = arraySex;
37	cboSex.DataBindings.Add("Text", ds, "员工表.性别");
38	cboDepartment.DataSource = ds.Tables["部门表"];
39	cboDepartment.DisplayMember = "部门名称";
40	cboDepartment.ValueMember = "部门编号";
41	cboDepartment.DataBindings.Add("SelectedValue", ds, "员工表.部门");
42	txtName.DataBindings.Add("Text", ds, "员工表.员工姓名");
43	dtpBirthday.DataBindings.Add("Text", ds, "员工表.出生日期");
44	dataGridView1.DataSource = ds.Tables["员工表"];
45	// 取得代表 "员工信息表" 的 CurrencyManager 对象
46	bmb = this.BindingContext[ds, "员工表"];
47	// 设定当引发 PositionChanged 事件时便执行事件处理程序 PositionChanged

续表

序号	程序代码
48	bmb.PositionChanged += new System.EventHandler(PositionChanged);
49	// 设定数据记录当前位置信息的初值
50	txtNavigation.Text = string.Format("员工信息表:当前位置 {0} 总数 {1}",
51	bmb.Position + 1, bmb.Count);

（5）编写事件处理程序 PositionChanged 的代码。

事件处理程序 PositionChanged 的代码如表 7-3 所示。

表 7-3　　　　窗体 Form7_1 中事件处理程序 PositionChanged 的代码

/*事件过程名称：PositionChanged　　*/

序号	程序代码
01	protected void PositionChanged(object sender, System.EventArgs e)
02	{
03	txtNavigation.Text = string.Format("员工信息表:当前位置 {0} 总数 {1}",
04	bmb.Position + 1, bmb.Count);
05	dataGridView1.Rows[bmb.Position].Selected = true;
06	dataGridView1.CurrentCell = dataGridView1[dataGridView1.CurrentCell
07	.ColumnIndex, bmb.Position];
08	cboCode.SelectedIndex = bmb.Position;
09	}

（6）编写改变记录指针位置按钮的 Click 事件过程的程序代码。

改变记录指针位置按钮的 Click 事件过程 btnFirst_Click、btnPrevious_Click、btnNext_Click 和 btnLast_Click 的程序代码在单元 5 已予以介绍，这里不再列出其代码，请参见单元 5。

（7）编写事件过程 cboCode_SelectedIndexChanged 的程序代码。

事件过程 cboCode_SelectedIndexChanged 的程序代码如下。

`bmb.Position = cboCode.SelectedIndex;`

（8）编写事件过程 dataGridView1_CellMouseClick 的程序代码。

事件过程 dataGridView1_CellMouseClick 的程序代码如下，其功能是实现记录指针与 DataGridView 控件当前选中行同步变化。

`bmb.Position = dataGridView1.CurrentRow.Index;`

【运行结果】

窗体 Form7_1 的运行结果如图 7-2 所示。

单击记录指针移动按钮，如 ▶ 按钮，当前记录位置便会发生改变，窗体中将显示不同的记录内容。

在"员工编号"组合框中选择编号"93001"，查询结果如图 7-3 所示。

图 7-2　窗体 Form7_1 的运行结果

图 7-3　查询"员工编号"为"93001"的员工情况

【任务 7-2】 使用 ADO.NET 方式验证客户数据

【任务描述】

（1）在项目 Unit7 中创建 Windows 窗体应用程序 Form7_2.cs，窗体的设计外观如图 7-4 所示。

（2）编写程序使用 ADO.NET 方式验证客户数据。

【任务实施】

（1）在项目 Unit7 中创建 Windows 窗体应用程序 Form7_2.cs，窗体的设计外观如图 7-4 所示，窗体中控件的属性设置如表 7-4 所示。

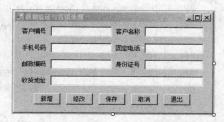

图 7-4 窗体 Form7_2 的设计外观

表 7-4　　　　　　　　　窗体 Form7_2 中控件的属性设置

控件类型	属 性 名 称	属 性 值	属 性 名 称	属 性 值
Label	Name	lblCode	Text	客户编号
	Name	lblMobileTelephone	Text	手机号码
	Name	lblPostalcode	Text	邮政编码
	Name	lblAddress	Text	收货地址
	Name	lblName	Text	客户名称
	Name	lblPhone	Text	固定电话
	Name	lblIDcard	Text	身份证号
TextBox	Name	txtCode	Text	（空）
	Name	txtMobileTelephone	Text	（空）
	Name	txtPostalcode	Text	（空）
	Name	txtAddress	Text	（空）
	Name	txtName	Text	（空）
	Name	txtPhone	Text	（空）
	Name	txtIDcard	Text	（空）
Button	Name	btnAdd	Text	新增
	Name	btnEdit	Text	修改
	Name	btnSave	Text	保存
	Name	btnCancel	Text	取消
	Name	btnClose	Text	退出
ErrorProvider	Name	errorProvider1	ContainerControle	Form7_2

（2）声明 Form7_2 类的成员变量。

声明 Form7_2 类的 2 个成员变量的代码如下。

```
DataSet ds = new DataSet();
BindingManagerBase bmb;
```

（3）编写事件过程 Form7_2_Load 的程序代码。

事件过程 Form7_2_Load 的程序代码如表 7-5 所示，请注意文本框的数据绑定方法和数据表默认值的设置方法。

表 7-5　　　　　　　　　事件过程 Form7_2_Load 的程序代码

/*事件过程名称：Form7_2_Load　　*/	
序号	程序代码
01	String strConn = "Server=(local);Database=ECommerce;User ID=sa;Password=123456";
02	SqlConnection sqlConn = new SqlConnection();
03	SqlDataAdapter sqlDa;
04	sqlConn.ConnectionString = strConn;
05	sqlDa = new SqlDataAdapter("Select 客户编号,客户名称,手机号码,固定电话,
06	邮政编码,身份证号,收货地址 From 客户信息表", sqlConn);
07	sqlDa.Fill(ds, "客户表");
08	bmb = BindingContext[ds, "客户表"];
09	txtCode.DataBindings.Add("Text", ds, "客户表.客户编号");
10	txtName.DataBindings.Add("Text", ds, "客户表.客户名称");
11	txtMobileTelephone.DataBindings.Add("Text", ds, "客户表.手机号码");
12	txtPhone.DataBindings.Add("Text", ds, "客户表.固定电话");
13	txtPostalcode.DataBindings.Add("Text", ds, "客户表.邮政编码");
14	txtIDcard.DataBindings.Add("Text", ds, "客户表.身份证号");
15	txtAddress.DataBindings.Add("Text", ds, "客户表.收货地址");
16	//限制客户编号必须惟一
17	ds.Tables["客户表"].Columns["客户编号"].Unique = true;
18	ds.Tables["客户表"].Columns["客户名称"].DefaultValue = "XXX";
19	ds.Tables["客户表"].Columns["手机号码"].DefaultValue = "";
20	ds.Tables["客户表"].Columns["固定电话"].DefaultValue ="-";
21	ds.Tables["客户表"].Columns["邮政编码"].DefaultValue ="";
22	ds.Tables["客户表"].Columns["身份证号"].DefaultValue ="";
23	ds.Tables["客户表"].Columns["收货地址"].DefaultValue ="";

（4）编写事件过程 txtCode_Leave 和 txtAddress_Leave 的程序代码。

事件过程 txtCode_Leave 和 txtAddress_Leave 的程序代码如表 7-6 所示，其中事件过程 txtCode_Leave 用于验证客户编号的合法性和长度，事件过程 txtAddress_Leave 通过判断界面文本框是否为空来控制【保存】按钮是否可用。

表 7-6　　　　　　事件过程 txtCode_Leave 和 txtAddress_Leave 的程序代码

/*事件过程名称：txt Code_Leave 和 txt Address_Leave */	
序号	程序代码
01	private void txtCode_Leave(object sender, EventArgs e)
02	{
03	if (! Regex.IsMatch(txtCode.Text.Trim(),@"^[0-9]*$"))
04	{
05	MessageBox.Show("客户编号必须为数字", "提示信息");
06	txtCode.Focus();
07	if (ds.Tables["客户表"].Rows[bmb.Position].RowState
08	.Equals(DataRowState.Added))
09	{
10	txtCode.Text = "000000";
11	}

续表

序号	程序代码
12	else
13	{
14	txtCode.Text = ds.Tables["客户表"].Rows[bmb.Position]
15	[ds.Tables["客户表"].Columns["客户编号"],
16	DataRowVersion.Original].ToString();
17	}
18	}
19	else
20	{
21	if (txtCode.Text.Trim().Length != 6)
22	{
23	MessageBox.Show("客户编号只能是 6 个字符", "提示信息");
24	txtCode.Focus();
25	}
26	}
27	}
28	private void txtAddress_Leave(object sender, EventArgs e)
29	{
30	foreach (Control controlVariable in this.Controls)
31	{
32	if (controlVariable is TextBox) // 检验当前的控件是否是文本框
33	{
34	if (controlVariable.Text.Trim().Length == 0)
35	{
36	btnSave.Enabled = false;
37	return;
38	}
39	else
40	{
41	btnSave.Enabled = true;
42	}
43	}
44	}
45	}

（5）编写事件过程 txtName_Validating、txtPhone_Validating、txtPostalcode_Validating、txtIDcard_Validating 和 txtAddress_Validating 的程序代码。

txtName_Validating、txtPhone_Validating、txtPostalcode_Validating、txtIDcard_Validating 和 txtAddress_Validating 5 个验证事件过程的程序代码如表 7-7 所示，分别用于验证"客户名称"和"收货地址"是否为空以及"电话号码"、"邮政编码"、"身份证号"的合法性，"电话号码"、"邮政编码"、"身份证号"使用正则表达式进行验证。

表 7-7   窗体 Form7_2 中 5 个控件的 Validating 事件过程的程序代码

/*事件过程名称：Validacing */

序号	程序代码
01	private void txtName_Validating(object sender, CancelEventArgs e)
02	{
03	if (txtName.Text.Trim().Length == 0)
04	{
05	errorProvider1.SetError(txtName, "客户名称不能为空");

续表

序号	程序代码
06	txtName.Focus();
07	}
08	else
09	{
10	errorProvider1.SetError(txtName, ""); // 清除错误消息
11	}
12	}
13	private void txtPhone_Validating(object sender, CancelEventArgs e)
14	{
15	if (!Regex.IsMatch(txtPhone.Text.Trim(), @"^(\d{3,4}-)?\d{6,8}$"))
16	{
17	MessageBox.Show("电话号码应由 3～4 位区号和 6～8 位本地电话号码构成", "提示信息");
18	txtPhone.Focus();
19	}
20	}
21	private void txtPostalcode_Validating(object sender, CancelEventArgs e)
22	{
23	if (!Regex.IsMatch(txtPostalcode.Text.Trim(), @"^\d{6}$"))
24	{
25	MessageBox.Show("邮政编号应为 6 位数字", "提示信息");
26	txtPostalcode.Focus();
27	}
28	}
29	private void txtIDcard_Validating(object sender, CancelEventArgs e)
30	{
31	if (!Regex.IsMatch(txtIDcard.Text.Trim(), @"(^\d{18}$)|(^\d{15}$)"))
32	{
33	MessageBox.Show("身份证号应为 15 位或者 18 位数字", "提示信息");
34	txtIDcard.Focus();
35	}
36	}
37	private void txtAddress_Validating(object sender, CancelEventArgs e)
38	{
39	if (txtAddress.Text.Trim().Length == 0)
40	{
41	errorProvider1.SetError(txtAddress, "收货地址不能为空");
42	txtAddress.Focus();
43	}
44	else
45	{
46	errorProvider1.SetError(txtAddress, ""); // 清除错误消息
47	}
48	}

（6）编写事件过程 txtMobileTelephone_Validated 的程序代码。

事件过程 txtMobileTelephone_Validated 的程序代码如表 7-8 所示，使用正则表达式进行验证。

表 7-8　　　　　　　　　　事件过程 txtMobileTelephone_Validated 的程序代码

/*事件过程名称：txtMobileTelephone_Validated */	
序号	程序代码
01	private void txtMobileTelephone_Validated(object sender, EventArgs e)
02	{
03	if (!Regex.IsMatch(txtMobileTelephone.Text.Trim(), @"^[1]+[3,5]+\d{9}"))
04	{
05	MessageBox.Show("手机号码应为 11 位数字", "提示信息");
06	txtMobileTelephone.Focus();
07	}
08	}

（7）编写事件过程 txtAddress_Enter 的程序代码。

事件过程 txtAddress_Enter 的程序代码如表 7-9 所示。

表 7-9　　　　　　　　　　事件过程 txtAddress_Enter 的程序代码

/*事件过程名称：txtAddress_Enter */	
序号	程序代码
01	private void txtAddress_Enter(object sender, EventArgs e)
02	{
03	MessageBox.Show("请输入完整的收货地址，谢谢！", "提示信息");
04	txtAddress.Focus();
05	}

（8）编写事件过程 btnAdd_Click 和 btnCancel_Click 的程序代码。

事件过程 btnAdd_Click 和 btnCancel_Click 的程序代码如表 7-10 所示，请注意新建空记录的方法。

表 7-10　　　　　　　　　　事件过程 btnAdd_Click 和 btnCancel_Click 的程序代码

/*事件过程名称：btnAdd_Click 和 btnCancel_Click */	
序号	程序代码
01	private void btnAdd_Click(object sender, EventArgs e)
02	{
03	//新建一条空白记录
04	DataRow newRow = ds.Tables["客户表"].NewRow();
05	//给客户编号赋一个数字，避免主键出现重复的值
06	newRow["客户编号"] = "100000";
07	//将新建的空白记录添加到数据表中
08	ds.Tables["客户表"].Rows.Add(newRow);
09	//移到新建的空白记录上
10	bmb.Position = bmb.Count - 1;
11	}
12	private void btnCancel_Click(object sender, EventArgs e)
13	{
14	errorProvider1.SetError(txtName, "");
15	errorProvider1.SetError(txtAddress, "");
16	}

【运行结果】

窗体 Form7_2 的运行结果如图 7-5 所示。

如果在"客户编号"文本框中输入非数字,则会弹出图7-6所示的提示"客户编号必须为数字"的【提示信息】对话框,如果"客户编号"不足6个字符或者超过6个字符,则会弹出图7-7所示的提示"客户编号只能是6个字符"的【提示信息】对话框。

图7-5 窗体Form7_2的运行结果　　　　　图7-6 提示"客户编号必须为数字的"

如果手机号码长度不符合规定要求,则会弹出图7-8所示的提示"手机号码应为11位数字"的【提示信息】对话框。

图7-7 提示"客户编号只能是6个字符"　　　图7-8 提示"手机号码应为11位数字"

如果"客户名称"文本框为空,则会出现图7-9所示的提示信息。

如果邮政编号长度不符合规定要求,则会弹出图7-10所示的提示"邮政编号应为6位数字"的【提示信息】对话框。如果身份证号长度不符合规定要求,则会弹出图7-11所示的提示"身份证号应为15位或者18位数字"的【提示信息】对话框。

图7-9 "客户名称"文本框为空时所出现的错误提示信息　　图7-10 提示"邮政编号应为6位数字"

如果"收货地址"文本框为空,则会弹出图7-12所示的提示"请输入完整的收货地址"的【提示信息】对话框。

图7-11 提示"身份证号应为15位或者18位数字"　　图7-12 提示"请输入完整的收货地址"

【任务7-3】 使用ADO.NET方式验证数据表中的记录与字段数据

【任务描述】

(1)在项目Unit7中创建Windows窗体应用程序Form7_3.cs,窗体的设计外观如图7-13所示。

（2）使用 ADO.NET 方式验证数据表中的记录与字段数据。

【任务实施】

（1）在项目 Unit7 中创建 Windows 窗体应用程序 Form7_3.cs，窗体的设计外观如图 7-13 所示，窗体中控件的属性设置如表 7-11 所示。

图 7-13 窗体 Form7_3 的设计外观

表 7-11　　　　　　　　　　窗体 Form7_3 中控件的属性设置

控件类型	属性名称	属性值	属性名称	属性值
Button	Name	btnAdd	Text	新增
	Name	btnEdit	Text	修改
	Name	btnSave	Text	保存
	Name	btnCancel	Text	取消
	Name	btnClose	Text	退出
DataGridView	Name	dataGridView1	Dock	None

（2）声明 Form7_3 类的成员变量。

声明 Form7_3 类的 3 个成员变量的代码如下。

```
SqlConnection sqlConn = new SqlConnection();
DataSet ds = new DataSet();
BindingManagerBase bmb;
```

（3）编写事件过程 Form7_3_Load 的程序代码。

事件过程 Form7_3_Load 的程序代码如表 7-12 所示，请注意设置引发 DataTable.RowChanged 事件和 DataTable.ColumnChanged 事件后处理相关事件处理程序的方法。

表 7-12　　　　　　　　　事件过程 Form7_3_Load 的程序代码

/*事件过程名称：Form7_3_Load　　*/	
序号	程序代码
01	String strConn = "Server=(local);Database=ECommerce;User ID=sa;Password=123456";
02	SqlDataAdapter sqlDa;
03	sqlConn.ConnectionString = strConn;
04	sqlDa = new SqlDataAdapter("Select 客户编号,客户名称,客户类型,收货地址
05	From 客户信息表", sqlConn);
06	sqlDa.Fill(ds, "客户表");
07	bmb = BindingContext[ds, "客户表"];
08	dataGridView1.DataSource = ds.Tables["客户表"];
09	// 设定当引发 DataTable.RowChanged 事件时便执行事件处理程序 dt_ColumnChanged
10	ds.Tables["客户表"].RowChanged += new System.Data.DataRowChangeEventHandler
11	(new DataRowChangeEventHandler(dt_RowChanged));
12	// 设定当引发 DataTable.ColumnChanged 事件时便执行事件处理程序 dt_ColumnChanged
13	ds.Tables["客户表"].ColumnChanged += new System.Data.DataColumnChangeEventHandler
14	(new DataColumnChangeEventHandler(dt_ColumnChanged));

（4）编写事件过程 dt_RowChanged 的程序代码。

事件过程 dt_RowChanged 的程序代码如表 7-13 所示，其主要功能是验证数据并记录错误信息。

表 7-13　窗体 Form7_3 中事件过程 dt_RowChanged 的程序代码

序号	程序代码
	/*事件过程名称：dt_RowChanged */
01	private void dt_RowChanged(object sender, DataRowChangeEventArgs eRow)
02	{
03	string strError = "";
04	string[] strRowErrorInfo={"","",""};
05	if (! Regex.IsMatch(eRow.Row["客户编号"].ToString().Trim(),@"^[0-9]*$"))
06	{
07	// 设定错误信息
08	strRowErrorInfo[0] = "客户编号必须为数字\n";
09	}
10	else
11	{
12	if (eRow.Row["客户编号"].ToString().Trim().Length != 6)
13	{
14	strRowErrorInfo[0] = "客户编码只能是 6 个数字字符\n";
15	}
16	else
17	{
18	strRowErrorInfo[0] = "";
19	}
20	}
21	if (eRow.Row["客户名称"].ToString().Trim().Length == 0)
22	{
23	strRowErrorInfo[1] = "客户名称不能为空\n";
24	}
25	else
26	{
27	strRowErrorInfo[1] = "";
28	}
29	if (eRow.Row["收货地址"].ToString().Trim().Length == 0)
30	{
31	strRowErrorInfo[2] = "收货地址不能为空";
32	}
33	else
34	{
35	strRowErrorInfo[2] = "";
36	}
37	foreach(string str in strRowErrorInfo)
38	{
39	if (str.Trim().Length != 0)
40	{
41	strError += str;
42	}
43	}
44	if (strError.Trim().Length == 0)
45	{
46	eRow.Row.RowError = "";
47	}
48	else
49	{
50	eRow.Row.RowError ="本行数据存在以下错误：\n"+ strError;
51	}
52	}

（5）编写事件过程 dt_ColumnChanged 的程序代码。

事件过程 dt_ColumnChanged 的程序代码如表 7-14 所示，其主要功能是验证字段值的合法性且设置错误提示信息，请注意判断客户类型是否存在的方法。

表 7-14　　　　　　　窗体 Form7_3 中事件过程 dt_ColumnChanged 的程序代码

/*事件过程名称：dt_ColumnChanged　　*/	
序号	程序代码
01	private void dt_ColumnChanged(object sender,
02	System.Data.DataColumnChangeEventArgs eCol)
03	{
04	switch (eCol.Column.ColumnName)
05	{
06	case "客户编号":
07	if (!Regex.IsMatch(eCol.ProposedValue.ToString().Trim(), @"^[0-9]*$"))
08	{
09	// 设定字段的错误信息
10	eCol.Row.SetColumnError("客户编号", "客户编号必须为数字");
11	}
12	else
13	{
14	if (eCol.ProposedValue.ToString().Trim().Length != 6)
15	{
16	eCol.Row.SetColumnError("客户编号", "客户编码只能是 6 个数字字符");
17	}
18	else
19	{
20	// 将字段的错误信息重设成空字符串
21	eCol.Row.SetColumnError("客户编号", "");
22	}
23	}
24	break;
25	case "客户名称":
26	if (eCol.ProposedValue == null)
27	{
28	eCol.Row.SetColumnError("客户名称", "客户名称不能为空");
29	}
30	else
31	{
32	eCol.Row.SetColumnError("客户名称", "");
33	}
34	break;
35	case "客户类型":
36	string strComm = "Select 客户类型 ID From 客户类型表 "
37	+ " Where 客户类型 ID=\'" + eCol.ProposedValue.ToString().Trim() + "\'";
38	SqlCommand sqlComm = new SqlCommand(strComm, sqlConn);
39	sqlConn.Open();
40	SqlDataReader sqlDr = sqlComm.ExecuteReader(CommandBehavior.CloseConnection);
41	if (!sqlDr.HasRows)
42	{

续表

序号	程序代码
43	eCol.Row.SetColumnError("客户类型","客户类型表中不存在该客户类型");
44	}
45	else
46	{
47	// 将字段的错误信息重设成空字符串
48	eCol.Row.SetColumnError("客户类型", "");
49	}
50	sqlDr.Close();
51	// 以下的程序代码会检查是否有任何字段仍有错误
52	// 如果已经没有任何字段有错误，则调用 ClearErros 方法来清除记录上的所有错误
53	DataColumn[] colArr;
54	colArr = eCol.Row.GetColumnsInError();
55	if (colArr.Length == 0)
56	{
57	eCol.Row.ClearErrors();
58	}
59	break;
60	}
61	}

（6）编写 btnAdd、btnSave 和 btnCancel 按钮的 Click 事件过程的程序代码。

btnAdd、btnSave 和 btnCancel 按钮的 Click 事件过程的程序代码如表 7-15 所示。

表 7-15　　btnAdd、btnSave 和 btnCancel 按钮的 Click 事件过程的程序代码

/*事件过程名称：btnAdd_Click、btnSave_Click、btnCancel_Click　　*/	
序号	程序代码
01	private void btnAdd_Click(object sender, EventArgs e)
02	{
03	dataGridView1.CurrentCell = dataGridView1[dataGridView1.CurrentCell
04	.ColumnIndex, bmb.Count];
05	}
06	private void btnSave_Click(object sender, EventArgs e)
07	{
08	string strErrorInfo = "";
09	if (ds.Tables[0].HasErrors)
10	{
11	foreach (DataRow dr in ds.Tables["客户表"].GetErrors())
12	{
13	strErrorInfo += dr.RowError + "\n";
14	}
15	MessageBox.Show("仍然有记录存在错误，错误信息如下：\n" + strErrorInfo,
16	"提示信息", MessageBoxButtons.OK, MessageBoxIcon.Information);
17	btnCancel_Click(null, null);
18	}
19	}
20	private void btnCancel_Click(object sender, EventArgs e)
21	{
22	for (int i = 0; i <= ds.Tables["客户表"].Rows.Count - 1; i++)

续表

序号	程序代码
23	{
24	ds.Tables["客户表"].Rows[i].RejectChanges();
25	ds.Tables["客户表"].Rows[i].ClearErrors();
26	}
27	}

【运行结果】

窗体 Form7_3 的运行结果如图 7-14 所示。记录的数据验证及提示信息如图 7-15 所示。

图 7-14 窗体 Form7_3 的运行结果

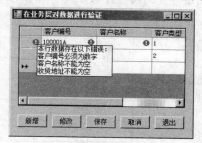
图 7-15 记录的数据验证及提示信息

字段的数据验证及提示信息如图 7-16 所示。

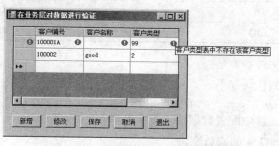
图 7-16 字段的数据验证及提示信息

7.2 在.NET 平台的 Web 页面中使用 ADO.NET 方式实现数据绑定与数据验证

【任务 7-4】 Web 页面中的数据绑定与记录位置移动

【任务描述】

（1）在解决方案 Unit7 中创建 ASP.NET 网站 WebSite7。
（2）在网站 WebSite7 中添加 Web 窗体 DataBind7_4.aspx，其设计外观效果如图 7-17 所示。
（3）编写程序在 Web 页面中实现 TextBox 和 ComboBox 控件的数据绑定与记录位置移动。

【任务实施】

（1）在解决方案 Unit7 中创建 ASP.NET 网站 WebSite7。

图 7-17　Web 窗体 DataBind7_4.aspx 的设计外观

（2）在网站 WebSite7 中添加 Web 窗体 DataBind7_4.aspx，其设计外观效果如图 7-17 所示，Web 页面中控件的属性设置如表 7-16 所示。

表 7-16　　　　　　　Web 窗体 DataBind7_4.aspx 中控件的属性设置

控件类型	属性名称	属性值	属性名称	属性值
Label	（ID）	lblCount	Text	Label
	（ID）	lblCurrentPage	Text	Label
TextBox	（ID）	txtProductCode	Text	（空）
	（ID）	txtNumber	Text	（空）
	（ID）	txtProductName	Text	（空）
	（ID）	txtPrice	Text	（空）
	（ID）	txtAddress	Text	（空）
ComboBox	（ID）	ddlCategory	CssClass	inputbg

（3）附加外部样式文件。

附加外部样式文件的代码如下。

```
<link href="css/style7.css" rel="stylesheet" type="text/css" />
```

（4）在 web.config 文件中配置数据库连接字符串。

（5）声明类 DataBind7_4 的成员变量。

声明 DataBind7_4 类的两个成员变量的代码如下。

```
DataTable dt;
static int n=0;
```

（6）编写事件过程 Page_Load 的程序代码。

事件过程 Page_Load 的程序代码如下。

```
lblCurrentPage.Text = "1";
dataBind();
```

（7）编写 dataBind 方法的程序代码。

dataBind 方法的程序代码如表 7-17 所示，其主要功能是获取商品数据和商品类型数据，请注意 DropDownList 控件数据绑定方法。

表 7-17　　　　　Web 窗体 DataBind7_4.aspx 中 dataBind 方法的程序代码

/*方法名称：dataBind　　*/	
序号	程序代码
01	private void dataBind()
02	{

续表

序号	程序代码
03	string strSqlConn = ConfigurationManager
04	.ConnectionStrings["ECommerceConnectionString"].ConnectionString;
05	string strSql1 = "Select 类型编号, 类型名称 From 商品类型表";
06	SqlConnection sqlConn = new SqlConnection(strSqlConn);
07	SqlDataAdapter sqlDA1 = new SqlDataAdapter(strSql1, strSqlConn);
08	DataSet ds = new DataSet();
09	sqlDA1.Fill(ds, "商品类型");
10	ddlCategory.DataSource = ds.Tables[0];
11	ddlCategory.DataTextField = "类型名称";
12	ddlCategory.DataValueField = "类型编号";
13	ddlCategory.DataBind();
14	string strSql2 = "Select 商品编码,商品名称,类型编号,价格,库存数量,图片地址"
15	+" From 商品数据表";
16	SqlDataAdapter sqlDA2 = new SqlDataAdapter(strSql2, strSqlConn);
17	sqlDA2.Fill(ds, "商品数据");
18	dt = ds.Tables["商品数据"];
19	changeBind(dt, n);
20	lblCount.Text = Convert.ToString(dt.Rows.Count);
21	}

（8）编写 changeBind 方法的程序代码。

changeBind 方法的程序代码如表 7-18 所示，其主要功能是动态设置文本框和 DropDownList 控件显示的数据。

表 7-18　　　　　　Web 窗体 DataBind7_4.aspx 中 changeBind 方法的程序代码

/*方法名称：changeBind　　*/	
序号	程序代码
01	private void changeBind(DataTable dt,int i)
02	{
03	txtProductCode.Text = dt.Rows[i][0].ToString();
04	txtProductName.Text = dt.Rows[i][1].ToString();
05	ddlCategory.SelectedValue = dt.Rows[i][2].ToString();
06	txtPrice.Text = dt.Rows[i][3].ToString();
07	txtNumber.Text = dt.Rows[i][4].ToString();
08	txtAddress.Text = dt.Rows[i][5].ToString();
09	}

（9）编写改变记录指针位置按钮的 Click 事件过程的程序代码。

事件过程 btnFirst_Click、btnPrevious_Click、btnNext_Click、btnLase_Click 的程序代码如表 7-19 所示，其主要功能是改变记录的当前位置，并在页面中显示当前记录位置。

表 7-19　　btnFirst、btnPrevious、btnNext 和 btnLase 按钮的 Click 事件过程的程序代码

/*事件过程名称：btnFirst_Click、btnPrevious_Click、btnNext_Click、btnLase_Click　　*/	
序号	程序代码
01	protected void btnFirst_Click(object sender, EventArgs e)
02	{
03	lblCurrentPage.Text = "1";

续表

序号	程序代码
04	n = 0;
05	changeBind(dt, n);
06	}
07	protected void btnPrevious_Click(object sender, EventArgs e)
08	{
09	if (n > 0)
10	{
11	n--;
12	}
13	else
14	{
15	n = Convert.ToInt32(lblCount.Text) - 1;
16	}
17	changeBind(dt, n);
18	lblCurrentPage.Text = Convert.ToString(n + 1);
19	}
20	protected void btnNext_Click(object sender, EventArgs e)
21	{
22	if (n < Convert.ToInt32(lblCount.Text)-1)
23	{
24	n++;
25	}
26	else
27	{
28	n = 0;
29	}
30	changeBind(dt, n);
31	lblCurrentPage.Text = Convert.ToString(n + 1);
32	}
33	protected void btnLase_Click(object sender, EventArgs e)
34	{
35	lblCurrentPage.Text = lblCount.Text;
36	changeBind(dt, Convert.ToInt32(lblCount.Text)-1);
37	}

【运行结果】

Web 窗体 DataBind7_4.aspx 的运行结果如图 7-18 所示。

图 7-18　Web 窗体 DataBind7_4.aspx 的运行结果

单击【末页】按钮，然后单击【上一页】按钮，页面中显示的数据如图 7-19 所示。

图 7-19　Web 窗体 DataBind7_4.aspx 中改变当前记录位置时页面显示的数据

【任务 7-5】　Web 页面中 GridView 控件的数据绑定与记录位置移动

【任务描述】

（1）在网站 WebSite7 中添加 web 窗体 DataBind7_5.aspx，其设计外观效果如图 7-20 所示。

图 7-20　Web 窗体 DataBind7_5.aspx 的设计外观

（2）编写程序在 Web 页面中实现 GridView 控件的数据绑定与记录位置移动。

【任务实施】

（1）在网站 WebSite7 中添加 Web 窗体 DataBind7_5.aspx，其外观效果如图 7-20 所示。
（2）编写事件过程 Page_Load 的程序代码。
事件过程 Page_Load 的程序代码如下。

```
if (! IsPostBack)
  {
    dataBind();
  }
```

（3）编写 dataBind 方法的程序代码。

dataBind 方法的程序代码如表 7-20 所示，其主要功能是获取商品数据，请注意 GridView 控件数据绑定方法。

表 7-20　Web 窗体 DataBind7_5.aspx 中 dataBind 方法的程序代码

/*方法名称：dataBind　*/	
序号	程序代码
01	private void dataBind()
02	{
03	string strSqlConn = ConfigurationManager
04	.ConnectionStrings["ECommerceConnectionString"].ConnectionString;
05	string strSql1 = "Select 商品编码,商品名称,价格,库存数量,图片地址 "
06	+ " From 商品数据表";
07	SqlConnection sqlConn = new SqlConnection(strSqlConn);
08	SqlDataAdapter sqlDA1 = new SqlDataAdapter(strSql1, strSqlConn);
09	DataSet ds = new DataSet();

续表

序号	程序代码
10	sqlDA1.Fill(ds, "商品数据");
11	gridView1.DataSource = ds.Tables[0];
12	gridView1.DataKeyNames = new string[] { "商品编码" };
13	gridView1.DataBind();　//将控件绑定到指定的数据源
14	}

（4）编写事件过程 gridView1_PageIndexChanging 的程序代码。

事件过程 gridView1_PageIndexChanging 的程序代码如下。

```
gridView1.PageIndex = e.NewPageIndex;
dataBind();
```

【运行结果】

Web 窗体 DataBind7_5.aspx 的运行结果如图 7-21 所示。

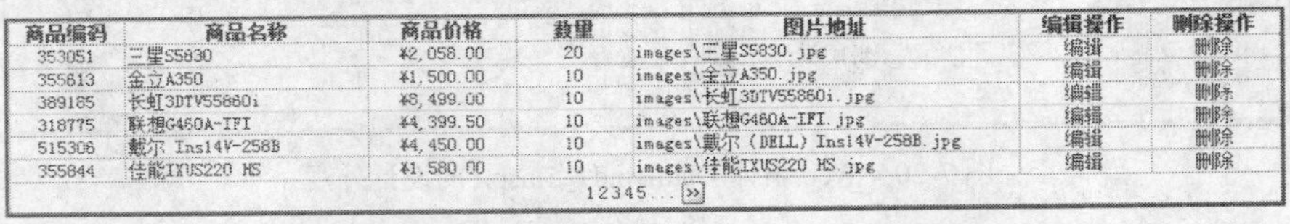

商品编码	商品名称	商品价格	数量	图片地址	编辑操作	删除操作
353051	三星S5830	¥2,058.00	20	images\三星S5830.jpg	编辑	删除
355613	金立A350	¥1,500.00	10	images\金立A350.jpg	编辑	删除
389185	长虹3DTV55860i	¥8,499.00	10	images\长虹3DTV55860i.jpg	编辑	删除
318775	联想G460A-IFI	¥4,399.50	10	images\联想G460A-IFI.jpg	编辑	删除
515306	戴尔 Ins14V-258B	¥4,450.00	10	images\戴尔（DELL）Ins14V-258B.jpg	编辑	删除
355844	佳能IXUS220 HS	¥1,580.00	10	images\佳能IXUS220 HS.jpg	编辑	删除

12345... >>

图 7-21　Web 窗体 DataBind7_5.aspx 的运行结果

单击【5】按钮，显示第 5 页的商品数据，如图 7-22 所示。

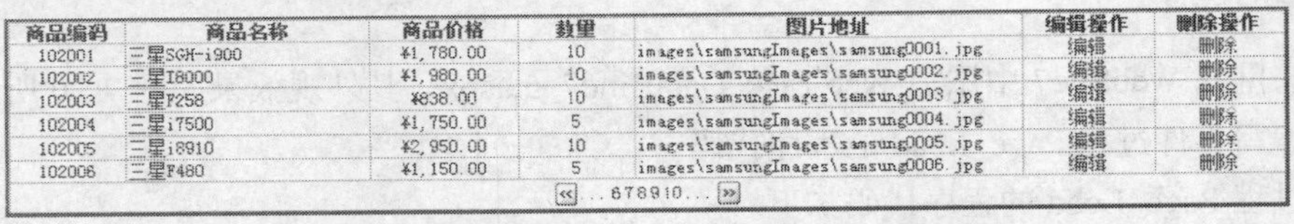

商品编码	商品名称	商品价格	数量	图片地址	编辑操作	删除操作
102001	三星SGH-i900	¥1,780.00	10	images\samsungImages\samsung0001.jpg	编辑	删除
102002	三星I8000	¥1,980.00	10	images\samsungImages\samsung0002.jpg	编辑	删除
102003	三星F258	¥838.00	10	images\samsungImages\samsung0003.jpg	编辑	删除
102004	三星i7500	¥1,750.00	5	images\samsungImages\samsung0004.jpg	编辑	删除
102005	三星i8910	¥2,950.00	10	images\samsungImages\samsung0005.jpg	编辑	删除
102006	三星F480	¥1,150.00	5	images\samsungImages\samsung0006.jpg	编辑	删除

<< ...678910... >>

图 7-22　在 Web 窗体 DataBind7_5.aspx 中显示第 5 页的商品数据

【任务 7-6】　网站客户端和服务器端的数据验证

【任务描述】

（1）在网站 WebSite7 中添加 web 窗体 Register7_6.aspx，其设计外观效果如图 7-23 所示。

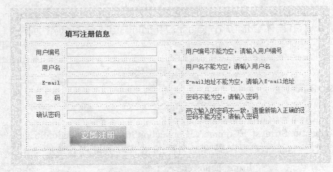

图 7-23　Web 窗体 Register7_6.aspx 的设计外观

（2）编写程序在网站中实现网站客户端的数据验证。

（3）编写程序在网站中实现网站服务器端的数据验证。

【任务实施】

（1）在网站 WebSite7 中添加 Web 窗体 Register7_6.aspx，其外观效果如图 7-23 所示，Web 页面中主要控件的属性设置参见表 6-17，这里不再重复列出。在 Web 页面中添加两个 RequiredFieldValidator 控件，设置控件属性的代码如下。

```
<asp:RequiredFieldValidator ID="RequiredFieldValidator1" runat="server"
    ControlToValidate="txtUserCode" SetFocusOnError="True"
    ErrorMessage="用户编号不能为空，请输入用户编号" >
</asp:RequiredFieldValidator>
<asp:RequiredFieldValidator ID="RequiredFieldValidator2"
    runat="server" ControlToValidate="txtUserName" SetFocusOnError="True"
    ErrorMessage="用户名不能为空，请输入用户名" >
</asp:RequiredFieldValidator>
```

在 Web 页面添加 3 个 CustomValidator 控件和 1 个 CompareValidator 控件，设置控件属性的代码如下。

```
<asp:CustomValidator ID="CustomValidator1"
    runat="server" ControlToValidate="txtEmail" ValidateEmptyText="True"
    ErrorMessage="E-mail 地址不能为空，请输入 E-mail 地址"
    OnServerValidate="CustomValidator1_ServerValidate"
    ClientValidationFunction="validateMail">
</asp:CustomValidator>
<asp:CustomValidator ID="CustomValidator2" runat="server"
    ErrorMessage="<span style='font:12px'>密码不能为空，请输入密码</span>"
    ValidateEmptyText="True" ControlToValidate="txtPassword"
    OnServerValidate="CustomValidator2_ServerValidate"
    ClientValidationFunction="validatePassword">
</asp:CustomValidator>
<asp:CompareValidator ID="CompareValidator1"
    runat="server" ControlToCompare="txtPassword"
    ControlToValidate="txtConformPassword"
    ErrorMessage="两次输入的密码不一致，请重新输入正确的密码">
</asp:CompareValidator><br />
<asp:CustomValidator ID="CustomValidator3"
    runat="server" ControlToValidate="txtConformPassword"
    ErrorMessage="密码不能为空，请输入密码"
    ValidateEmptyText="True" OnServerValidate="CustomValidator3_ServerValidate"
    ClientValidationFunction="validateConformPassword">
</asp:CustomValidator>
```

（2）编写客户端的数据验证程序。

函数 validateMail、validatePassword、validateConformPassword 的程序代码如表 7-21 所示，这些程序用于在客户端对数据合法性进行验证。

表 7-21　　　　Web 窗体 DataBind7_5.aspx 中客户端的数据验证程序

/*方法名称：validateMail、validatePassword、validateConformPassword　　*/	
序号	程序代码
01	`<script language="javascript" type="text/javascript">`
02	`function validateMail(source, args)`

续表

序号	程序代码
03	{
04	if (args.Value == "")
05	{
06	args.IsValid = false;
07	}
08	else
09	{
10	args.IsValid = true;
11	}
12	}
13	function validatePassword(source, args)
14	{
15	if (args.Value == "")
16	{
17	args.IsValid = false;
18	}
19	else
20	{
21	args.IsValid = true;
22	}
23	}
24	function validateConformPassword(source, args)
25	{
26	if (args.Value == "") {
27	args.IsValid = false;
28	}
29	else {
30	args.IsValid = true;
31	}
32	}
33	</script>

（3）编写事件过程 ibSubmit_Click 的程序代码。

事件过程 ibSubmit_Click 的程序代码如表 7-22 所示。

表 7-22   Web 窗体 DataBind7_5.aspx 中事件过程 ibSubmit_Click 的程序代码

/*事件过程名称：ibSubmit_Click   */

序号	程序代码
01	string strSqlConn = ConfigurationManager
02	.ConnectionStrings["ECommerceConnectionString"].ConnectionString;
03	String strComm = "Insert Into 用户表(用户编号,用户名,密码,Email) Values(\"
04	+ txtUserCode.Text.Trim() + "\',\"
05	+ txtUserName.Text.Trim() + "\',\" + txtPassword.Text.Trim()
06	+ "\',\" + txtEmail.Text.Trim() + "\')";
07	SqlConnection sqlConn = new SqlConnection(strSqlConn);
08	SqlCommand sqlInsertComm = new SqlCommand();
09	sqlInsertComm.Connection = sqlConn;
10	sqlInsertComm.CommandType = CommandType.Text;
11	sqlInsertComm.CommandText = strComm;
12	try
13	{

续表

序号	程序代码
14	sqlConn.Open();
15	if (Page.IsValid)
16	{
17	if (sqlInsertComm.ExecuteNonQuery() > 0)
18	{
19	Response.Write("<script>alert ('注册成功，请稍后登录!');</script>");
20	}
21	}
22	sqlConn.Close();
23	}
24	catch (SqlException ex)
25	{
26	Response.Write("<script>alert ('注册失败，其原因为：');</script>"+ex);
27	}

（4）编写服务器端的数据验证程序。

事件过程 CustomValidator1_ServerValidate、CustomValidator2_ServerValidate、CustomValidator3_ServerValidate 的程序代码如表 7-23 所示，其功能主要是设置 CustomValidator 控件的 ErrorMessage 属性值以及被验证控件的 IsValid 属性的值。

表 7-23　　　Web 窗体 DataBind7_5.aspx 中服务器端的数据验证程序

/*事件过程名称：CustomValidator1_ServerValidate、CustomValidator2_ServerValidate、CustomValidator3_ServerValidate*/	
序号	程序代码
01	protected void CustomValidator1_ServerValidate(object source,
02	ServerValidateEventArgs args)
03	{
04	if (args.Value.Length < 1)
05	{
06	CustomValidator1.ErrorMessage = "E-mail 地址不能为空，请输入 E-mail 地址";
07	args.IsValid = false;
08	}
09	else
10	{
11	if (Regex.IsMatch(args.Value, @"\w+([-+.']\w+)*@\w+([-.]\w+)*\.\w+([-.]\w+)*"))
12	{
13	args.IsValid = true;
14	}
15	else
16	{
17	CustomValidator1.ErrorMessage = "E-mail 地址格式有误，请输入合法 E-mail 地址";
18	args.IsValid = false;
19	}
20	}
21	}
22	protected void CustomValidator2_ServerValidate(object source,
23	ServerValidateEventArgs args)
24	{
25	if (args.Value == "")
26	{

续表

序号	程序代码
27	args.IsValid = false;
28	}
29	else
30	{
31	args.IsValid = true;
32	}
33	}
34	protected void CustomValidator3_ServerValidate(object source,
35	ServerValidateEventArgs args)
36	{
37	if (args.Value == "")
38	{
39	args.IsValid = false;
40	}
41	else
42	{
43	args.IsValid = true;
	}
	}

【运行结果】

Web 窗体 DataBind7_5.aspx 的运行结果如图 7-24 所示。

如果将页面文本框中的数据都清除，页面将出现相应的提示信息，如图 7-25 所示。

图 7-24　Web 窗体 DataBind7_5.aspx 的运行结果

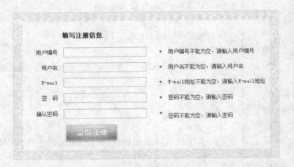
图 7-25　全部清除 Web 页面 DataBind7_5.aspx 中文本框中的数据时所出现的提示信息

如果在"密码"文本框和"确认密码"文本框中两次输入的密码不一致，将会出现相应的提示信息，如图 7-26 所示。

如果在"E-mail"文本框中输入不合理的 E-mail，将出现相应的提示信息，如图 7-27 所示。

在文本框中输入必要的注册信息，但输入的个别数据有误，如输入的 E-mail 地址不符合规定要求，如图 7-28 所示，单击【立即注册】按钮，数据被传送到服务器端进行验证，将出现图 7-29 所示的对话框，表示输入的数据有误。

如果输入的数据全部符合要求，单击【立即注册】按钮，则会弹出提示"注册成功"的对话框，表示注册成功。

单元 7 数据绑定与数据验证

图 7-26 两次输入的密码不一致时所出现的提示信息

图 7-27 输入不合理 E-mail 时所出现的提示信息

图 7-28 输入的注册信息中含有不合法数据

图 7-29 提示"输入的数据有误"

【技能拓展】

7.3 在.NET 平台的 Web 页面中使用 LINQ 方式实现数据绑定

【任务 7-7】 在 Web 页面中使用 LINQ 方式实现数据绑定

【任务描述】

（1）在网站 WebSite7 中添加 Web 窗体"LinqDataBind7_7.aspx"，其设计外观如图 7-30 所示。

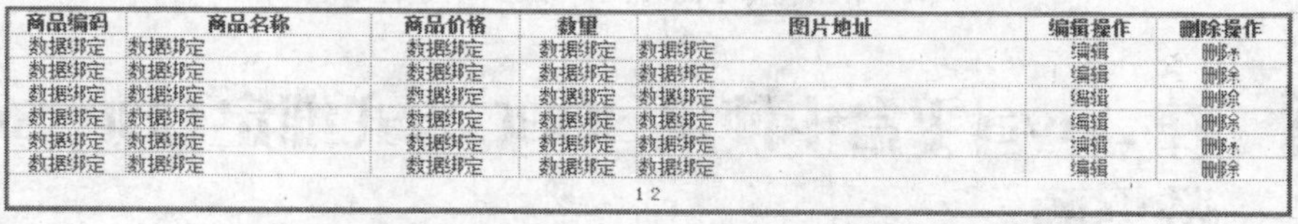

商品编码	商品名称	商品价格	数量	图片地址	编辑操作	删除操作
数据绑定	数据绑定	数据绑定	数据绑定	数据绑定	编辑	删除
数据绑定	数据绑定	数据绑定	数据绑定	数据绑定	编辑	删除
数据绑定	数据绑定	数据绑定	数据绑定	数据绑定	编辑	删除
数据绑定	数据绑定	数据绑定	数据绑定	数据绑定	编辑	删除
数据绑定	数据绑定	数据绑定	数据绑定	数据绑定	编辑	删除
1 2						

图 7-30 Web 窗体"LinqDataBind7_7.aspx"的设计外观

（2）编写程序使用 LINQ 方式在 Web 页面中实现数据绑定。

【任务实施】

（1）在网站 WebSite7 中添加 Web 窗体"LinqDataBind7_7.aspx"，其外观效果如图 7-30 所示。

（2）编写程序使用 LINQ 方式在 Web 页面中实现数据绑定。

187

在事件过程 Page_Load 中调用自定义方法 dataBind()，该方法的程序代码如表 7-24 所示。

表 7-24　　　　　Web 窗体 DataBind7_5.aspx 中 dataBind 方法的程序代码

/*方法名称：dataBind　　*/	
序号	程序代码
01	private void dataBind()
02	{
03	string strSqlConn = ConfigurationManager
04	.ConnectionStrings["ECommerceConnectionString"].ConnectionString;
05	LinqDataClassDataContext ldb = new LinqDataClassDataContext(strSqlConn);
06	var result = from r in ldb.商品数据表
07	select new
08	{
09	商品编码=r.商品编码,
10	商品名称=r.商品名称,
11	价格=r.价格,
12	库存数量=r.库存数量,
13	图片地址=r.图片地址
14	};
15	gridView1.DataSource = result;
16	gridView1.DataBind();
17	}

（3）编写事件过程 gridView1_PageIndexChanging 的程序代码。

事件过程 gridView1_PageIndexChanging 的程序代码如下。

```
gridView1.PageIndex = e.NewPageIndex;
dataBind();
```

【运行结果】

Web 窗体 DataBind7_5.aspx 的运行结果如图 7-31 所示。

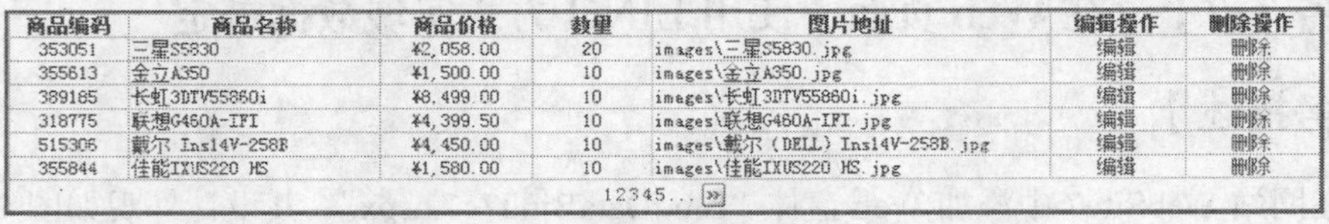

图 7-31　Web 窗体 DataBind7_5.aspx 的运行结果

7.4　在 Java 平台中使用 JDBC 方式绑定 SQL Server 数据源

【任务 7-8】　在 Java 平台中绑定 SQL Server 数据源与数据浏览

【任务描述】

（1）在 NetBeans IDE 集成开发环境中创建 Java 应用程序项目 JavaApplication7。
（2）在 Java 应用程序项目 JavaApplication7 中添加 JAR 文件"sqljdbc4.jar"。

（3）在 Java 应用程序项目 JavaApplication7 中创建实体类 GoodsEntityClass。
（4）在 Java 应用程序项目 JavaApplication7 中创建公共类 GetDataClass。
（5）在 Java 应用程序项目 JavaApplication7 中创建 JFrame 窗体 JFrame7_8，窗体的设计外观如图 7-32 所示。
（6）编写程序使用 JDBC 方式实现 JTextField、JLabel、JComboBox 与 SQL Server 数据源的绑定。
（7）编写程序在 JFrame 窗体中浏览商品数据。

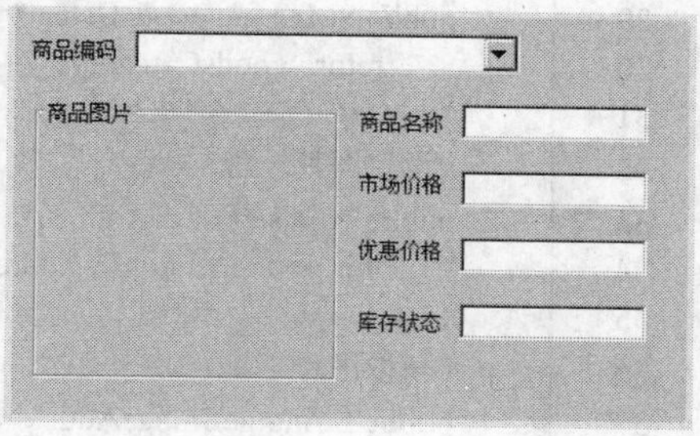

【任务实施】

（1）在 NetBeans IDE 集成开发环境中创建 Java 应用程序项目 JavaApplication7。

图 7-32　JFrame 窗体 JFrame7_8 的设计外观

（2）在 Java 应用程序项目 JavaApplication7 中添加 JAR 文件 "sqljdbc4.jar"。
（3）在 Java 应用程序项目 JavaApplication7 中创建实体类 GoodsEntityClass。
实体类 GoodsEntityClass 的代码如表 7-25 所示，主要实现商品数据的设置与获取。

表 7-25　　　　　　　　实体类 GoodsEntityClass.java 的代码

*实体类名称：GoodsEntityClass　*/	
序号	程序代码
01	public class GoodsEntityClass {
02	private String goodsCode;　//商品编码
03	private String goodsName;　//商品名称
04	private String goodsCategory;　　//商品类别
05	private String imageAddress;　　//图片地址
06	private int goodsNumber;　//商品数量
07	private double goodsPrice;　//商品价格
08	private double preferentialPrice;//优惠价格
09	public void setGoodsCode(String code) {
10	this.goodsCode = code;
11	}
12	//获取商品编码
13	public String getGoodsCode() {
14	return goodsCode;
15	}
16	//设置商品名称
17	public void setGoodsName(String name) {
18	this.goodsName = name;
19	}
20	//获取商品名称
21	public String getGoodsName() {
22	return goodsName;
23	}
24	//设置商品类别
25	public void setGoodsCategory(String category) {
26	this.goodsCategory = category;
27	}
28	//获取商品类别

续表

序号	程序代码
29	public String getGoodsCategory() {
30	return goodsCategory;
31	}
32	//设置图片地址
33	public void setImageAddress(String address) {
34	this.imageAddress = address;
35	}
36	//获取图片地址
37	public String getImageAddress() {
38	return imageAddress;
39	}
40	//设置商品数量
41	public void setGoodsNumber(int number) {
42	this.goodsNumber = number;
43	}
44	//获取商品数量
45	public int getGoodsNumber() {
46	return goodsNumber;
47	}
48	//设置商品价格
49	public void setGoodsPrice(double price) {
50	this.goodsPrice = price;
51	}
52	//获取商品价格
53	public double getGoodsPrice() {
54	return goodsPrice;
55	}
56	//设置商品优惠价格
57	public void setPreferentialPrice(double price) {
58	this.preferentialPrice = price;
59	}
60	//获取商品优惠价格
61	public double getPreferentialPrice() {
62	return preferentialPrice;
63	}
64	}

（4）在 Java 应用程序项目 JavaApplication7 中创建公共类 GetDataClass。

公共类 GetDataClass 主要包括 getSQLServerConn、getOracleConn、closeConnection、getStatement、closeResultSet、closePreparedStatement、getPreStatement 等方法，其中 getStatement、getPreStatement 方法的程序代码如表 7-26 所示，其他方法的程序代码详见【任务 6-10】，在此不再列出。

表 7-26   getStatement 和 getPreStatement 方法的程序代码

/*方法名称：getStatement、getPreStatement */	
序号	程序代码
01	//获取 Statement 对象
02	public Statement getStatement(Connection conn) {
03	Statement statement = null;

续表

序号	程序代码
04	try {
05	statement = conn.createStatement (ResultSet.TYPE_SCROLL_SENSITIVE,
06	ResultSet.CONCUR_READ_ONLY);
07	} catch (SQLException ex) {
08	ex.printStackTrace();
09	}
10	return statement;
11	}
12	//获取 PreparedStatement 对象
13	public PreparedStatement getPreStatement(String strSql,Connection conn) {
14	PreparedStatement ps = null;
15	try {
16	ps = conn.prepareStatement(strSql);
17	} catch (SQLException ex) {
18	ex.printStackTrace();
19	}
20	return ps;
21	}

（5）在 Java 应用程序项目 JavaApplication7 中创建 JFrame 窗体 JFrame7_8.java，窗体的设计外观如图 7-32 所示，窗体中控件的属性设置如表 7-27 所示。

表 7-27　　　　　　　　JFrame 窗体 JFrame7_8 中控件的属性设置

控件类型	属性名称	属性值	属性名称	属性值
JLabel	变量名称	jlblGoodsCode	text	商品编码
	变量名称	jlblGoodsName	text	商品名称
	变量名称	jlblPrice	text	市场价格
	变量名称	jlblPreferentialPrice	text	优惠价格
	变量名称	jlblStore	text	库存状态
	变量名称	jlblImage	icon	项目内图像
JTextField	变量名称	jtfGoodsName	text	（空）
	变量名称	jtfGoodsPrice	text	（空）
	变量名称	jtfPreferentialPrice	text	（空）
	变量名称	jtfStore	text	（空）
JComboBox	变量名称	jcboCode	text	（空）
JPanel	变量名称	jPanel2	title	商品图片

【注意】这里需要通过设置 JLabel 控件 jlblImage 的 icon 属性，将商品图片导入项目，否则商品图片无法正常显示。

（6）声明类 JavaApplication7_8 的成员变量。

声明 JavaApplication7_8 类的成员变量 objGetData 的代码如下。

```
GetDataClass objGetData = new GetDataClass();
```

（7）编写构造函数 JFrame7_8 的程序代码。

构造函数 JFrame7_8 的程序代码如表 7-28 所示，其中语句"initComponents();"是创建 JFrame 窗体时系统自动生成的。

表 7-28　　　　　　　　　构造函数 JFrame7_8 的程序代码

/*方法名称：JFrame7_8　　*/	
序号	程序代码
01	public JFrame7_8() {
02	initComponents();
03	initCode();
04	if(jcboCode.getItemCount()>0){
05	jcboCode.setSelectedIndex(0);
06	}
07	}

（8）编写 initCode 方法的程序代码。

initCode 方法的程序代码如表 7-29 所示，其主要功能是将已注册用户的名称添加到组合框中。

表 7-29　　　　　　　JFrame 窗体 JFrame7_8 中 initCode 方法的程序代码

/*方法名称：initCode　　*/	
序号	程序代码
01	private void initCode() {
02	ResultSet rs = null;
03	try {
04	rs = getUserCode("商品编码");
05	while (rs.next()) {
06	jcboCode.addItem(rs.getString(1).toString());
07	}
08	} catch (SQLException ex) {
09	ex.printStackTrace();
10	}
11	}

（9）编写方法 getUserCode 的程序代码

getUserCode 方法的程序代码如表 7-30 所示，其主要功能是获取"商品数据表"的商品编码。

表 7-30　　　　　　JFrame 窗体 JFrame7_8 中 getUserCode 方法的程序代码

/*方法名称：getUserCode　　*/	
序号	程序代码
01	public ResultSet getUserCode(String code) {
02	Connection conn = objGetData.getSQLServerConn();
03	Statement statement = null;
04	ResultSet rs = null;
05	String strSql = "select " + code + " from 商品数据表";
06	try {
07	statement = objGetData.getStatement(conn);
08	rs = statement.executeQuery(strSql);　　//执行 SQL 语句，返回结果集
09	} catch (SQLException ex) {
10	ex.printStackTrace();
11	}
12	objGetData.closeConnection(conn);
13	return rs;
14	}

（10）编写 setGoodsInfo 方法的程序代码。

setGoodsInfo 方法的程序代码如表 7-31 所示，其主要功能设置 JFrame 窗体的控件中显示的数据。

表 7-31　　　　JFrame 窗体 JFrame7_8 中 setGoodsInfo 方法的程序代码

/*方法名称：setGoodsInfo　*/	
序号	程序代码
01	private void setGoodsInfo(String strCode) {
02	ArrayList<GoodsEntityClass> goodsData = getDataByCode(strCode);
03	for (GoodsEntityClass product : goodsData) {
04	this.jtfGoodsName.setText(product.getGoodsName());
05	this.jtfGoodsPrice.setText(Double.toString(product.getGoodsPrice()));
06	
07	this.jtfPreferentialPrice.setText(Double.toString(product.getPreferentialPrice()));
08	this.jtfStore.setText(product.getGoodsNumber() > 0 ? "现货" : "缺货");
09	//这里的图片已通过标签的 icon 属性导入项目了，不再需要设置具体图片路径
10	this.jlblImage.setIcon(new ImageIcon(product.getImageAddress()));
11	}
12	}

（11）编写 getDataByCode 方法的程序代码。

getDataByCode 方法的程序代码如表 7-32 所示，其主要功能是获取指定编码的商品数据，然后通过实体类 GoodsEntityClass 的方法传递商品数据。

表 7-32　　　　JFrame 窗体 JFrame7_8 中 getDataByCode 方法的程序代码

/*方法名称：getDataByCode　*/	
序号	程序代码
01	//查询指定编码商品信息的方法
02	public ArrayList<GoodsEntityClass> getDataByCode(String code) {
03	Connection conn = objGetData.getSQLServerConn();
04	PreparedStatement ps = null;
05	ResultSet rs = null;
06	ArrayList<GoodsEntityClass> result = new ArrayList<GoodsEntityClass>();
07	String strSql = "select 商品编码,商品名称,价格,优惠价格,库存数量,图片地址 "
08	+ " from 商品数据表　where 商品编码=?";
09	try {
10	ps = objGetData.getPreStatement(strSql, conn);
11	ps.setString(1, code);
12	rs = ps.executeQuery();//执行 SQL 语句，返回结果集
13	GoodsEntityClass goods = new GoodsEntityClass();
14	if (rs.next()) {　　//将获取的商品信息封装在实体类对象中
15	goods.setGoodsCode(rs.getString(1));
16	goods.setGoodsName(rs.getString(2));
17	goods.setGoodsPrice(rs.getDouble(3));
18	goods.setPreferentialPrice(rs.getDouble(4));
19	goods.setGoodsNumber(rs.getInt(5));
20	goods.setImageAddress(rs.getString(6));
21	} else {
22	JOptionPane.showMessageDialog(null, "没有查找商品编码对应的商品！");
23	goods.setGoodsCode("");
24	goods.setGoodsName("");
25	goods.setGoodsPrice(0);
26	goods.setPreferentialPrice(0);
27	goods.setGoodsNumber(0);

续表

序号	程序代码
28	goods.setImageAddress("");
29	}
30	objGetData.closePreparedStatement(ps);
31	result.add(goods);
32	} catch (SQLException ex) {
33	ex.printStackTrace();
34	}
35	objGetData.closeResultSet(rs); //释放资源
36	return result;
37	}

（12）编写事件过程 jcboCodeActionPerformed 的程序代码。

事件过程 jcboCodeActionPerformed 的程序代码如下。

```
String strCode = jcboCode.getSelectedItem().toString().trim();
setGoodsInfo(strCode);   //输出所选商品的信息
```

【运行结果】

JFrame 窗体 JFrame7_8 的运行结果如图 7-33 所示。

在"商品编码"列表中选择"318775"，JFrame 窗体中显示对应的商品数据，如图 7-34 所示。

图 7-33　JFrame 窗体 JFrame7_8 的运行结果　　图 7-34　在 JFrame 窗体 JFrame7_8 中查询指定编码的商品数据

【任务 7-9】　在 Java 平台中表格的数据绑定与数据浏览

【任务描述】

（1）在 Java 应用程序项目 JavaApplication7 中创建 JFrame 窗体 JFrame7_9，窗体的设计外观如图 7-35 所示。

（2）编写程序使用 JDBC 方式实现表格的数据绑定与数据浏览。

图 7-35　JFrame 窗体 JFrame7_9 的设计外观

【任务实施】

（1）在 Java 应用程序项目 JavaApplication7 中创建 JFrame 窗体 JFrame7_9，在该窗体中添加一个 JTabel 控件，其名称为 jTableOrder，窗体的设计外观如图 7-35 所示。

（2）在构造函数 JFrame7_9()中编写代码，调用 setForeOrderTable()方法，在界面中输出订单表信息。

（3）编写 getAllOrderData 方法的程序代码。

getAllOrderData 方法的程序代码如表 7-33 所示，其主要功能是获取全部订单数据。

表 7-33　　　　　JFrame 窗体 JFrame7_9 中 getAllOrderData 方法的程序代码

/*方法名称：getAllOrderData　　*/	
序号	程序代码
01	//查询订单信息的方法
02	public ResultSet getAllOrderData() {
03	Connection conn = objGetData.getSQLServerConn();
04	Statement statement = null;
05	ResultSet rs = null;
06	String strSql = "select 订单编号,订单总金额,下单时间,订单状态 from 订单信息表";
07	try {
08	statement = objGetData.getStatement(conn);
09	rs = statement.executeQuery(strSql);//执行 SQL 语句，返回结果集
10	} catch (SQLException ex) {
11	ex.printStackTrace();
12	}
13	objGetData.closeConnection(conn);
14	return rs;
15	}

（4）编写 setForeOrderTable 方法的程序代码。

setForeOrderTable 方法的程序代码如表 7-34 所示，其主要功能是设置表格表头名称，在表格中浏览订单数据。

表 7-34　　　　　JFrame 窗体 JFrame7_9 中 setForeOrderTable 方法的程序代码

/*方法名称：setForeOrderTable　　*/	
序号	程序代码
01	private void setForeOrderTable() {
02	ResultSet rs = null;
03	ResultSetMetaData rsma;
04	DefaultTableModel modelOrderGoodsInfo;
05	Vector titleName = new Vector();
06	try {
07	rs = getAllOrderData();
08	rsma = rs.getMetaData();
09	for (int i = 1; i < rsma.getColumnCount(); i++) {
10	titleName.addElement(rsma.getColumnName(i));
11	}
12	modelOrderGoodsInfo = new DefaultTableModel(null, titleName);
13	if (! titleName.isEmpty()) {
14	jTableOrder.setModel(modelOrderGoodsInfo);
15	}
16	while (rs.next()) {
17	Vector vectorOrder = new Vector();
18	for (int i = 1; i <= titleName.size(); i++) {
19	vectorOrder.addElement(rs.getString(i));
20	}
21	modelOrderGoodsInfo.addRow(vectorOrder);
22	}
23	} catch (SQLException ex) {
24	ex.printStackTrace();
25	}
26	}

【运行结果】

JFrame 窗体 JFrame7_9 的运行结果如图 7-36 所示。

图 7-36　JFrame 窗体 JFrame7_9 的运行结果

7.5　在 Java 平台中使用 JDBC 方式绑定 Oracle 数据源

【任务 7-10】　在 Java 平台中绑定 Oracle 数据源与数据浏览

【任务描述】

（1）在 Java 应用程序项目 JavaApplication7 中创建 JFrame 窗体 JFrame7_10，窗体的设计外观如图 7-37 所示。

（2）在 Java 应用程序项目 JavaApplication7 中添加 JAR 文件"ojdbc6_g.jar"。

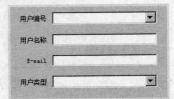

图 7-37　JFrame 窗体 JFrame7_10 的设计外观

（3）在公共类 GetDataClass.java 中创建 getOracleConn( )方法。

（4）编写程序使用 JDBC 方式实现 Oracle 数据源绑定与数据浏览。

【任务实施】

（1）在 Java 应用程序项目 JavaApplication7 中创建 JFrame 窗体 JFrame7_10，窗体的设计外观如图 7-37 所示，窗体中控件的属性设置如表 7-35 所示。

表 7-35　　　　　　　　JFrame 窗体 JFrame7_10 中控件的属性设置

控件类型	属 性 名 称	属 性 值	属 性 名 称	属 性 值
JLabel	变量名称	jlblUserCode	text	用户编号
	变量名称	jlblUserName	text	用户名称
	变量名称	jlblEmail	text	E-mail
	变量名称	jlblUserType	text	用户类型
JTextField	变量名称	jtfUserName	text	（空）
	变量名称	jtfEmail	text	（空）
JComboBox	变量名称	jcboUserCode	text	（空）
	变量名称	jcboUserType	text	（空）

（2）在 Java 应用程序项目 JavaApplication7 中添加 JAR 文件"ojdbc6_g.jar"。

（3）声明类 JavaApplication7_10 的成员变量。

声明 JavaApplication7_10 类的成员变量 objGetData 的代码如下。

```
GetDataClass objGetData = new GetDataClass();
```

（4）在公共类 GetDataClass 中创建 getOracleConn 方法。

getOracleConn 方法的程序代码详见【任务 6-11】，这里不再列出。

（5）编写构造函数 JFrame7_10 的程序代码。

构造函数 JFrame7_10 的程序代码如表 7-36 所示，其中语句"initComponents();"是创建 JFrame

窗体时系统自动生成的。

表 7-36　　　　　　　　　　构造函数 JFrame7_10 的程序代码

/*方法名称：JFrame7_10 */	
序号	程序代码
01	public JFrame7_10() {
02	initComponents();
03	initUserType();
04	initUserCode();
05	}

（6）编写 initUserType 方法的程序代码。

initUserType 方法的程序代码如表 7-37 所示，其主要功能是将用户类型添加到组合框中。

表 7-37　　　　　　JFrame 窗体 JFrame7_10 中 initUserType 方法的程序代码

/*方法名称：initUserType */	
序号	程序代码
01	private void initUserType() {
02	ResultSet rs = null;
03	try {
04	rs = getUserType();
05	while (rs.next()) {
06	jcboUserType.addItem(rs.getString(1).toString());
07	}
08	} catch (SQLException ex) {
09	ex.printStackTrace();
10	}
11	}

（7）编写 initUserCode 方法的程序代码。

initUserCode 方法的程序代码如表 7-38 所示，其主要功能是将用户编号添加到组合框中。

表 7-38　　　　　　　JFrame 窗体 JFrame7_10 中 initUserCode 的程序代码

/*方法名称：initUserCode */	
序号	程序代码
01	private void initUserCode() {
02	ResultSet rs = null;
03	try {
04	rs = getUserCode("用户编号");
05	while (rs.next()) {
06	jcboUserCode.addItem(rs.getString(1).toString());
07	}
08	} catch (SQLException ex) {
09	ex.printStackTrace();
10	}
11	jcboUserCode.setSelectedIndex(0);
12	}

（8）编写 getUserCode 方法的程序代码。

getUserCode 方法的程序代码如表 7-39 所示，其主要功能是从"用户表"中提取用户编号。

表 7-39　　　　　　JFrame 窗体 JFrame7_10 中 getUserCode 方法的程序代码

/*方法名称：getUserCode */	
序号	程序代码
01	private ResultSet getUserCode(String code) {

续表

序号	程序代码
02	Connection conn = objGetData.getOracleConn();
03	Statement statement = null;
04	ResultSet rs = null;
05	String strSql = "select " + code + " from 用户表";
06	try {
07	statement = objGetData.getStatement(conn);
08	rs = statement.executeQuery(strSql); //执行 SQL 语句，返回结果集
09	} catch (SQLException ex) {
10	ex.printStackTrace();
11	}
12	objGetData.closeConnection(conn);
13	return rs;
14	}

（9）编写 getUserType 方法的程序代码。

getUserType 方法的程序代码如表 7-40 所示，其主要功能是从"用户类型表"中提取类型名称。

表 7-40　　　　　JFrame 窗体 JFrame7_10 中 getUserType 方法的程序代码

/*方法名称：getUserType */	
序号	程序代码
01	private ResultSet getUserType() {
02	Connection conn = objGetData.getOracleConn();
03	Statement statement = null;
04	ResultSet rs = null;
05	String strSql = "Select 类型名称 From 用户类型表";
06	try {
07	statement = objGetData.getStatement(conn);
08	rs = statement.executeQuery(strSql);//执行 SQL 语句，返回结果集
09	} catch (SQLException ex) {
10	ex.printStackTrace();
11	}
12	//objGetData.closeStatement(statement);
13	objGetData.closeConnection(conn);
14	return rs;
15	}

（10）编写 setUserInfo 方法的程序代码。

setUserInfo 方法的程序代码如表 7-41 所示，其主要功能是获取指定用户编号的用户数据并在 JFrame 窗体的控件中显示。

表 7-41　　　　　JFrame 窗体 JFrame7_10 中 setUserInfo 方法的程序代码

/*方法名称：setUserInfo　*/	
序号	程序代码
01	private void setUserInfo(String code) {
02	Connection conn = objGetData.getOracleConn();
03	PreparedStatement ps = null;
04	ResultSet rs = null;
05	String strSql = "Select 用户名,Email,用户类型 From 用户表 "
06	+ " Where 用户编号=?";
07	try {
08	ps = objGetData.getPreStatement(strSql, conn);
09	ps.setString(1, code);
10	rs = ps.executeQuery(); //执行 SQL 语句，返回结果集

续表

序号	程序代码
11	if (rs.next()) { //将获取的商品信息封装在实体类的对象中
12	jtfUserName.setText(rs.getString(1));
13	jtfEmail.setText(rs.getString(2));
14	jcboUserType.setSelectedItem(getNameByCode(rs.getString(3)));
15	}
16	objGetData.closePreparedStatement(ps);
17	objGetData.closeResultSet(rs); //释放资源
18	} catch (SQLException ex) {
19	ex.printStackTrace();
20	}
21	}

（11）编写 getNameByCode 方法的程序代码。

getNameByCode 方法的程序代码如表 7-42 所示，其主要功能是获取指定编号的类型名称。

表 7-42　　　　JFrame 窗体 JFrame7_10 中 getNameByCode 方法的程序代码

/*方法名称：getNameByCode */	
序号	程序代码
01	private String getNameByCode(String code) {
02	Connection conn = objGetData.getOracleConn();
03	PreparedStatement ps = null;
04	ResultSet rs = null;
05	String name = "";
06	String strSql = "Select 类型名称 From 用户类型表 Where 用户类型ID=? ";
07	try {
08	ps = objGetData.getPreStatement(strSql, conn);
09	ps.setString(1, code);
10	rs = ps.executeQuery(); //执行 SQL 语句，返回结果集
11	if (rs.next()) {
12	name = rs.getString(1).trim();
13	}
14	objGetData.closePreparedStatement(ps);
15	objGetData.closeResultSet(rs); //释放资源
16	} catch (SQLException ex) {
17	ex.printStackTrace();
18	}
19	return name;
20	}

（12）编写事件过程 jcboUserCodeActionPerformed 的程序代码。

事件过程 jcboUserCodeActionPerformed 的程序代码如下。

```
String strCode = jcboUserCode.getSelectedItem().toString().trim();
setUserInfo(strCode);
```

【运行结果】

JFrame 窗体 JFrame7_10 的运行结果如图 7-38 所示。在"用户编号"组合框中选择"100005"，JFrame 窗体下方的控件中显示相应的用户数据，如图 7-39 所示。

组合框中用户类型列表如图 7-40 所示。

图 7-38　JFrame 窗体 JFrame7_10 的运行结果　　　图 7-39　在 JFrame 窗体中浏览指定编号的用户数据　　　图 7-40　JFrame 窗体 JFrame7_10 中的用户类型列表

【考核评价】

本单元的考核评价表如表 7-43 所示。

表 7-43　　　　　　　　　　　　单元 7 的考核评价表

	任务描述	基本分
考核项目	（1）创建项目 StudentUnit7，在该项目中添加窗体 Form7_1，在该窗体中添加必要的控件，编写程序在窗体的控件中输出"学生信息"数据表的"学号"、"姓名"、"性别"、"班级名称"、"身份证号"、"民族"等数据，并实现向"学生信息"表中插入新记录和修改数据的功能，要求具有改变记录位置和数据验证功能，包括各个数据都不能为空，学号、身份证号必须为数字，身份证号只能为 15 位或 18 位等验证要求	8
	（2）创建 ASP.NET 网站 WebSite7，在该网站中添加 1 个 Web 窗体"Page7_2.aspx"，在该窗体中添加必要的控件，编写程序实现用户注册功能，要求使用 RequiredFieldValidator 控件验证"密码"和"确认密码"等数据不能为空，使用 CompareValidator 控件验证两次输入的密码是否一致，在客户端编写 JavaScript 代码验证"用户名"和"Email"等数据不能为空，在服务器端验证"Email"地址格式的合法性	8
评价方式	自我评价　　　　　　　　　小组评价	教师评价
考核得分		

【知识疏理】

7.6　ADO.NET 的数据绑定

7.6.1　ADO.NET 数据绑定的方式

控件的数据绑定一般可以分为两种方式：单一绑定和复合绑定。

1. 单一绑定

所谓"单一绑定"，是指将单一的数据元素绑定到控件的某个属性。例如，将 TextBox 控件的 Text 属性与"员工信息表"中的"姓名"字段进行绑定。

对 DataSet 中数据表的某个字段进行绑定：将 CheckBox 控件的 Checked 属性和一个 Boolean 型的数据元素进行绑定，将控件的 Image 属性与一个包含图像文件路径（包含文件名）的字段进行绑定。单一绑定的常用控件有：TextBox、CheckBox、Label 和 RadioButton 等，这些控件通常只能显示一个值。

单一绑定是利用控件的 DataBindings 集合属性实现的，其一般形式如下。

控件名称.DataBindings.Add（"控件的属性名称"，数据源，"数据成员"）

示例代码如下。

txtGoodsCode.DataBindings.Add("Text", ds, "商品数据.商品编码");

括号中 3 个参数的说明如下。

（1）控件的属性名称。

该参数为字符串形式，指定绑定到控件的哪一个属性。DataBindings 的集合属性允许让控件的多个属性与数据源进行绑定，经常使用的绑定属性如表 7-44 所示。

表 7-44　　　　　　　　　　ADO.NET 单一数据绑定经常使用的绑定属性

控件类型	绑定属性
TextBox	Text、Tag
ComboBox	SelectedItem、SelectedValue、Text、Tag
ListBox	SelectedIndex、SelectedItem、SelectedValue、Tag
CheckBox	Checked、CheckState、Text、Tag
RadioButton	Text、Tag
Label	Text、Tag
Button	Text、Tag
DateTimePicker	Value、Text、Tag、Checked
NumericUpDown	Tag、Value

（2）数据源。

该参数为变量形式，可以是 DataSet、DataTable、DataView 或者数组等多种形式。

（3）数据成员。

该参数为字符串形式，是数据源的子集合。如果数据源是 DataSet，那么数据成员就是"DataTable.字段名称"；如果数据源是 DataTable，那么数据成员就是"字段名称"。如果绑定对象不必指定数据成员，那么数据成员写成空字符串。

2. 复合绑定

所谓"复合绑定"，是指控件和一个以上的数据元素进行绑定，通常是指把控件和数据集中的多条数据记录或者多个字段值、数组中的多个数组元素进行绑定。DataGridView、ComboBox、ListBox 和 CheckedListBox 等控件都支持复合绑定。例如，将 GridView 控件与数据集 DataSet 绑定，以便同时显示数据表中的所有数据记录。

复合绑定时的关键属性是 DataSource、DataMember 或 DisplayMember。

（1）DataSource。

DataSource 用于指定数据源，可以是 DataSet、DataTable、DataView、数组或者集合等多种形式。

（2）DataMember 或 DisplayMember。

DataMember 或 DisplayMember 用于指定数据源的子集合。

编写数据库应用程序代码进行数据绑定，复合绑定的常见形式如表 7-45 所示，表中的数据绑定假定数据集 ds 中包含 2 个 DataTabel 对象，分别为"部门表"和"员工表"，"部门表"中包含"部门编号"、"部门名称"等字段，"员工表"中包含"员工编号"、"员工姓名"、"性别"、"部门"、

"出生日期"、"工资级别"等字段。

表 7-45　　　　　　　　　　数据库应用程序中复合绑定的常见形式

控件类型	数据源类型	数据绑定的程序代码
ComboBox	DataSet	cboDepartment.DataSource = ds.Tables["部门表"]; cboDepartment.DisplayMember = "部门名称"; cboDepartment.ValueMember = "部门编号"; cboDepartment.DataBindings.Add("SelectedValue", ds, "员工表.部门"); 或者 String[] arraySex = { "男", "女" }; cboSex.DataSource = arraySex; cboSex.DataBindings.Add("Text", ds, "员工表.性别");
DataGridView	DataTable	dataGridView1.DataSource = ds.Tables["员工表"]; 也可以写成以下两种形式 dataGridView1.DataSource = ds ; dataGridView1.DataMember = "员工表" ;
TextBox	DataSet	txtName.DataBindings.Add("Text", ds, "员工表.员工姓名");
DateTimePicker	DataSet	dtpBirthday.DataBindings.Add("Text", ds, "员工表.出生日期");
NumericUpDown	DataSet	NumericUpDown 1.DataBindings.Add("Value", ds,"员工表.工资级别")

对于具有父/子关系两个数据表，要保证子表与父表同步变化，数据绑定的示例如下。

```
DataColumn parentCol = ds.Tables["类型表"].Columns["类型编号"];
DataColumn childCol = ds.Tables["数据表"].Columns["类型编号"];
DataRelation relation = new DataRelation("FK_商品类型_商品数据",
                                        parentCol, childCol); // 建立主从关系
ds.Relations.Add(relation);  // 添加主从关系到数据集中
BindingSource bs_商品类型 = new BindingSource();  // 创建绑定源
BindingSource bs_商品数据 = new BindingSource();
bs_商品类型.DataSource = ds;
bs_商品类型.DataMember = "类型表";  // 绑定到数据源—主表
bs_商品数据.DataSource = bs_商品类型;
bs_商品数据.DataMember = "FK_商品类型_商品数据";  // 绑定到关系—从表
dataGridView1.DataSource = bs_商品类型;
dataGridView2.DataSource = bs_商品数据;
```

7.6.2　ADO.NET 数据绑定的对象

ADO.NET 提供了许多能够被绑定的数据对象，既包括一般的数据集及其成员对象，也包括数组或集合，以及窗体或其他控件的属性。

1. DataSet

可以使用单一绑定或者复合绑定来绑定 DataSet 内的数据。例如，窗体中的文本框绑定"SqlDs"数据集中的"员工表"数据表中的"姓名"字段：TextBox1.DataBindings.Add("Text", SqlDs,"员工表.姓名")。

2. DataTable

可以使用单一绑定或复合绑定来绑定 DataTable 内的数据。例如，窗体中的文本框绑定"SqlDs"数据集中的"员工表"数据表中的"姓名"字段：TextBox1.DataBindings.Add("Text",

SqlDs.Tables("员工表"), "姓名")。

3. DataView

可以使用单一绑定或复合绑定来绑定 DataView 内的数据。一个 DataView 是控件进行复合绑定所使用的数据子集，但是所绑定的不是一个可以更新的数据源。

4. DataColumn

DataColumn 对象是 DataTable 对象的基本组成元素，可以使用单一绑定或复合绑定来绑定数据表中的某个字段的数据。例如，窗体中的文本框绑定"SqlDs"数据集中的"员工表"数据表中的第 1 条记录的"姓名"字段：TextBox1.DataBindings.Add("Text", SqlDs.Tables("员工表").Rows(0)("姓名"), "")。

5. 数组或集合

数组或集合也可以作为数据绑定的对象。

7.6.3　Web 页面中的数据绑定

Web 页面可以将控件的任何属性绑定到数据源，数据源可以是数据库、XML 文档或其他控件属性等。

Web 页面支持单一绑定和复合绑定：对于 TextBox、Label、HtmlInputText 和 HtmlAnchor 等控件可以显示单个数据值，实现单一绑定；对于 DataGridView、DataList、Repeater、ListBox、DropDownList 和 RadioButtonList 等 Web 服务器控件可以同时显示一条或多条数据记录，实现复合绑定。复合绑定时，控件属性 DataSource 用于设置数据集，DataTextField 用于设置数据表，DataKeyField 存储数据源中的主键信息，DataValueField 用于设置为各个列表项提供值的数据源字段。

在程序运行中设置 GridView 控件的数据源并进行数据绑定的代码如下：

```
gridView1.DataSource = ds.Tables[0];
gridView1.DataKeyNames = new string[] { "商品编码" };
gridView1.DataBind();
```

7.7　ADO.NET 中记录位置的改变

ADO.NET 中没有游标的概念，相应地也没有当前记录的概念，这样做的目的是减少对服务器资源的占用，从而提高效率。在 ADO.NET 中改变数据表中的当前记录位置主要涉及 3 个类：BindingManagerBase、BindingContext 和 CurrencyManager，这 3 个类各自有何作用？相互之间有何关系？下面简要加以说明。

为了使数据绑定操作更加简化，Windows 窗体中的控件所绑定的任何一个数据源都会拥有一个相关的 CurrencyManager 对象，CurrencyManager 对象能够跟踪哪一条记录或数据元素正被与这个数据源绑定的控件所使用，并进行相关的管理操作。CurrencyManager 对象通过 Position 属性来确保每一个控件都读取和写入相同的记录。

1. BindingContext 类

Windows 窗体提供了 BindingContext 对象来管理窗体中的所有 CurrencyManager 对象。

BindingContext 对象会传递各个 CurrencyManager 对象的属性值。任何一个继承 Control 类的对象都会拥有一个 BindingContext 对象，可以使用 BindingContext 对象替绑定控件所使用的数据源建立或获得 BindingManagerBase 对象。大多数情况下，使用 Form 类的 BindingContext 来为窗体上的绑定控件获得 BindingManagerBase 对象。

2. BindingManagerBase 类

BindingManagerBase 类用来管理与相同数据源及数据成员绑定的所有 Binding 对象。BindingManagerBase 类是一个 MustInherit 类，不能被实例化，实际应用时使用的是 CurrencyManager 对象，可以使用 BindingContext 类来获得一个 CurrencyManager 对象。

BindingManagerBase 类能够确保 Windows 窗体上与相同数据源绑定的控件能够彼此同步且一致。可以设置 CurrencyManager 对象的 Position 属性来指定控件要和哪一条记录进行绑定，使用 CurrencyManager 对象的 Count 属性可以知道目前在列表中共有多少条记录。

3. CurrencyManager 类

CurrencyManager 类派生自 BindingManagerBase 类，CurrencyManager 对象代表绑定的控件操作一个特定的数据源，并支持数据检索和索引维护，能够跟踪哪一条记录或数据元素正被与该数据源绑定的控件所使用，并进行相关的管理操作，所绑定的每一个数据源都会在窗体中分别拥有一个 CurrencyManager 对象。如果窗体中的所有控件都与相同的单一数据源（如同一个表中的多个字段）绑定，那么这些控件会共享相同的 CurrencyManager 对象。如果窗体中的控件和不同的数据源绑定，此时窗体中会存在多个 CurrencyManager 对象，每一个 CurrencyManager 对象分别负责跟踪相应数据源的哪一条记录或数据元素正在被控件使用。

CurrencyManager 类从 BindingManagerBase 类继承了多个属性，常用的属性有 Count、Position、Current 和 Bindings。

（1）Position 属性。

数据绑定机制通过该属性来确保每一个控件都读取与写入相同的数据记录。要想在一个窗体中浏览数据源中的数据记录，必须将 Position 属性设定为特定数值。Position 属性是从 0 开始计算的，即第一条记录的 Position 属性值为 0。如果将 Position 属性设成第一条记录之前或最后一条记录之后的数值也不会造成错误，但是应该判断目前是否已超过记录的有效范围。每当 Position 属性的值改变时就会触发 CurrencyManager 对象的 PositionChanged 事件。

例如，假设建立了一个 "ds" 数据集，该数据集包含一个 "员工表" 数据表，要获取 CurrencyManager 对象并移到第一条数据记录，必须写成以下形式。

```
BindingContext[ds, "员工表"].Position=0
```

（2）Count 属性。

Count 属性表示 DataSet 对象中某个数据表的记录总数。

例如，假设建立了一个 "ds" 数据集，该数据集包含一个 "员工表" 数据表，要获取 CurrencyManager 对象并移到最后一条数据记录，必须写成以下形式。

```
BindingContext[ds, "员工表"].Position= BindingContext[ds, "员工表"].Count-1
```

浏览数据时常见的 4 种记录导航方法如表 7-46 所示。

表 7-46　ADO.NET 中浏览数据的常见导航方法

导航按钮	程　序　代　码
首记录	BindingContext[ds, "员工表"].Position=0；
上一条	BindingContext[ds, "员工表"].Position -=1；
后一条	BindingContext[ds, "员工表"].Position +=1；
末记录	BindingContext[ds, "员工表"].Position= BindingContext[ds, "员工表"].Count-1

应使用 BindingContext 类的构造函数来获得代表特定数据源的 CurrencyManager 对象，原因是 Windows 窗体通过 BindingContext 对象来管理窗体的所有 CurrencyManager 对象。

例如，建立了一个名称为"ds"的数据集，该数据集包含"员工表"，如果要取得代表"员工表"的 CurrencyManager 对象以便浏览其数据，可以写成如下形式。

```
this.BindingContext[ds, "员工表"]
```

但每次使用 CurrencyManager 对象都要使用 BindingContext 来获取它，这非常不方便。我们可以先声明一个 BindingManagerBase 类的变量，并用此变量代表特定数据源的 CurrencyManager 对象，然后需要使用时，就可以直接使用该变量而不需要再使用 BindingContext 来获得，使程序代码更加容易维护。

示例代码如下。

```
BindingManagerBase bmb;
bmb = this.BindingContext[ds, "员工表"];
bmb.Position = 0;
```

7.8　ADO.NET 的数据验证

7.8.1　在数据表示层对数据进行验证

1. 数据库应用系统验证用户输入数据一般应遵循的原则

（1）在任何情况下都要防止用户输入无效数据，将用户的输入数据限制在有效的数据范围之内。

（2）引导用户输入有效的数据，建议在窗体填写接近结束时运行验证代码，当遇到输入错误时，将用户引导到出现错误的域，并显示一条消息以帮助用户修改错误。

（3）让用户在输入数据时有一定的灵活性，能自由地与窗体上的各个域进行交互。

2. 数据库应用系统常见的验证任务

（1）确认用户所输入的数据为数字。

例如，"员工编号"、"类型编号"和"邮政编码"等数据一般都是数字形式。

（2）确认用户所输入的数据属于某个特定的范围。

例如，成绩一般为 0～100，固定电话的号码一般为 7 位或 8 位，身份证号码一般为 15 位或 18 位，我国的邮政编码为 6 位等。

（3）确认用户所输入的日期是有效的或者在某个特定的日期范围内。

例如，月份不能超过 12，星期不能超过 7，"参加工作日期"应大于"出生日期"等。

（4）确认所有需填写的域都已填写。

（5）用户名、密码与数据表中相应的项匹配。

（6）符合某种特定格式或组合条件。

3. 合理使用控件的验证事件和属性验证数据的有效性

验证用户输入的数据是否正确时，可以将验证代码添加到 Enter、GotFocus、Leave、Validating、Validated 和 LostFocus 事件中，这 6 个事件的触发时机不同，实际应用时一般将验证代码添加到 LostFocus 事件中即可。

（1）Enter 事件。

当一个控件获得焦点时就会触发 Enter 事件。当用户移至待输入数据的域时，使用 Enter 事件提供一些帮助信息，提示数据输入的限制或注意事项。

（2）Leave 事件。

当控件失去焦点时就会触发 Leave 事件。当用户离开某个域时，利用 Leave 事件的程序代码验证用户是否已在当前域中输入了正确的数据。

（3）Validating 事件。

当控件失去焦点时触发该事件，它发生在 Leave 事件之后、Validated 事件之前。

（4）Validated 事件。

Validated 事件触发的时机是：Validating 事件中的限制条件满足之后，且在 LostFocus 事件发生之前。

（5）LostFocus 事件。

当控件失去焦点时触发该事件。

（6）CausesValidation 属性。

每个 Windows 窗体中的控件都包含该属性，当它设置为 True，用户试图转移焦点时，该属性会触发当前控件之前处于激活状态的控件的验证事件：Validating 事件和 Validated 事件。

4. 使用 TextBox 控件的内键验证数据

使用 TextBox 控件的内键验证（是指利用控件本身固有的属性和方法来限制和验证用户的输入）数据。TextBox 控件与验证相关的属性有以下几个。

（1）PasswordChar：用于隐藏输入字符，一般设置为 "*" 字符。

（2）MaxLength：设置允许输入的最大字符数。

（3）ReadOnly：设置为 True 时，用户只能查看而不能修改文本框中的文本。

（4）CharacterCasing：根据程序要求改变字符的大小写。

5. 使用 ErrorProvider 组件验证数据的有效性

ErrorProvider 组件用于在用户输入无效数据时显示错误图标。ErrorProvider 组件以友好的方式提醒用户出现了某个错误，并通过与用户交互来解决该问题，可以不关闭错误信息窗口继续运行程序。使用一个 ErrorProvider 组件就可以处理窗体上所有控件的验证消息，用户只需将鼠标指针放在图标上即可显示错误消息。

ErrorProvider 组件的 SetError 方法规定了出错消息字符串和错误图标出现的位置。该方法的参数包括一个控件的引用和一个错误描述字符串，例如，ErrorProvider1.SetError(txtName, "姓名不能为空")。

ErrorProvider 组件的主要属性有以下几个。

（1）Icon 属性：设置包含无效值的控件旁所显示的图标。

（2）ContainerControl 属性：用于指定合适的容器（通常是 Windows 窗体），它使 ErrorProvider 组件能在窗体上显示错误图标。

（3）BlinkStyle：当确定错误后，错误图标是否闪烁。

（4）BlinkRate：设置错误图标的闪烁频率（单位为毫秒）。

6. 一个窗体上的多个域的验证

如果窗体中有些域中的数据必须输入但还没有输入，则将【确认】或【提交】按钮变为禁用状态。当用户输入完全部所需信息后，再将按钮的 Enabled 属性设置为 True，表示已成功完成了输入。在所有域都已填写完毕后，利用 Controls 集合遍历并验证每个控件。当某个需要输入的域仍然为空时，向用户提供提示信息；当窗体上所有需要输入的域都已输入了数据时，激活【确定】按钮，示例代码如下。

```
foreach (Control controlVariable in this.Controls)
{
    if (controlVariable is TextBox) // 检验当前的控件是否是文本框
    {
        if (controlVariable.Text.Trim().Length == 0)
        {
            btnSave.Enabled = false;
            return;
        }
        else
        {
            btnSave.Enabled = true;
        }
    }
}
```

7. 网站客户端与服务器端的数据验证

Web 页面中如果包含必要的验证控件，就可以编写代码来测试页面或者单个验证控件的状态。例如，在使用输入数据之前测试验证控件的 IsValid 属性，如果为 true，表示输入数据有效，如果为 false，表示输入错误，并显示错误信息。只有 Web 页面的所有被验证控件的 IsValid 属性都为 true，即所有输入数据都符合验证条件时，Page 类的 IsValid 属性才设置为 true，否则为 false。

（1）为验证控件添加客户端验证机制。

如果用户的浏览器支持 DHTML 和 JavaScript 技术，并且页面和验证控件的 EnableClientScript 均设置为 true，那么就可以在客户端执行验证。客户端验证是在向服务器发送用户输入的数据之前，通过检查用户输入、改变一些页面效果来增强验证过程。例如，通过在客户端检测输入错误，从而避免服务器端验证所需要信息来回传递。

在客户端检查是指通过客户端脚本（如 javascript 脚本或者 vbscript 脚本）来检查，利用客户端脚本检查的好处是减小网络流量、减轻服务器压力和反映迅速。因为客户端脚本在客户端运行，定义好检验规则，在客户端就可以完成检验，一旦不能通过验证，客户端马上就能得到提示，而不用将整个表单提交到服务器。

（2）服务器端的数据验证机制。

服务器端验证总是要被执行的，这看起来好像是与客户端验证产生了重复，实际不然。出于安全考虑，如果某些用户通过手工提交恶意数据，而绕过客户端验证，那么服务器端验证的执行将对保护应用程序和服务器的安全性提供有力支持。

在服务器端进行数据验证是指将表单提交到服务器后用服务器端代码进行验证，服务器端验证的优点是验证规则对用户来说是一个黑匣子，比较难找出验证代码的漏洞，并且服务器端验证的代码编写起来相对客户端脚本要容易得多，但服务器端验证也有缺点：那就是大量的复杂验证会降低服务器的性能。

（3）使用 CustomValidator 控件进行有效数据验证。

CustomValidator 类继承 BaseValidator 抽象类，所以 CustomValidator 控件除了拥有 BaseValidator 中定义的属性之外，还有以下常见属性：ClientValidationFunction 属性用于设置在客户端执行验证的客户端函数名；ValidateEmptyText 属性用于设置是否验证空文本，即当所验证控件值为空时执行客户端验证。CustomValidator 控件用于在客户端验证的函数有两个参数，第一个参数表示被验证的控件，第二个参数表示事件数据。第二个参数有两个属性：IsValid 用于表示被验证控件是否通过验证，Value 属性表示被验证控件的值。

除了客户端验证之外，在 CustomValidator 控件中还能实现服务器端验证，它有一个 OnServerValidate 事件，与它的客户端处理函数一样，处理这个事件的委托也需要两个参数，第一个参数表示被验证的控件，第二个参数表示事件数据。第二个参数也有两个属性：IsValid 用于表示被验证控件是否通过验证，Value 属性表示被验证控件的值。

7.8.2 在业务逻辑层对数据进行验证

在数据集中建立合适的验证机制来验证数据，确保写入数据集的数据是正确且有效的。

1. 数据集内的数据验证方式

（1）通过主键与唯一条件约束来进行唯一性验证。

例如，"员工信息表"中的"员工编号"为主键，新增或修改记录时不能输入相同的员工编号，否则就会出现错误提示。

（2）通过外键条件约束来确保数据引用完整性。

例如，在"员工信息表"中新增记录时，所输入的"部门编号"在"部门信息表"中必须存在，否则会出现错误提示。

（3）编写验证输入数据的程序代码，以便在字段和记录变更事件触发时验证数据。

2. 记录数据发生变更时触发的事件

（1）字段值被更改期间会触发 ColumnChanging 事件，如果没有调用 BeginEdit 方法，则每一个字段所发生的变更都会触发一次 ColumnChanging 事件，接着会触发 RowChanging 事件；字段值变更成功后会触发 ColumnChanged 事件。

（2）记录被更改期间会触发 RowChanging 事件，记录变更成功后会触发 Row Changed 事件。

默认状态下，如果没有调用 BeginEdit 方法，每次一个字段值发生改变时会按顺序触发 4 个事件：首先触发被更改字段的 ColumnChanging 事件和 ColumnChanged 事件，然后触发 RowChanging 事件和 RowChanged 事件。如果记录有多个字段被更改，则每次更改都会触发事件。

如果调用了 BeginEdit 方法，则当字段值被更改时会停用 RowChanging 和 RowChanged 事件。必须等到调用 EndEdit 方法之后才会触发 RowChanging 和 RowChanged 事件，而且只会触发一次。

3. 记录被删除时触发的事件

（1）记录被删除期间会触发 RowDeleting 事件。
（2）记录删除成功后会触发 RowDeleted 事件。

7.8.3 设置数据记录的错误信息与数据验证

利用记录的 RowChanging 事件可以在记录被更改期间验证数据；利用记录的 RowChanged 事件可以在记录变更之后验证数据。

使用 DataTable 对象的 GetErrors 方法返回发生错误的记录，要取得或设置特定记录的自定义错误信息，则使用 DataRow 对象的 RowError 属性。使用 DataRow 对象的 ClearErrors 方法清除记录中的所有错误信息。

7.8.4 设置数据表中字段的错误信息与数据验证

利用字段的 ColumnChanging 事件，在字段更改期间验证数据；利用字段的 ColumnChanged 事件，在字段变更之后验证数据。

用 DataRow 对象的 SetColumnError 方法设置字段的自定义错误信息，调用 DataRow 对象的 GetColumnsInError 方法取得某一个字段的自定义错误信息内容或取得有错误的字段数组。

DataRow 对象的 SetColumnError 方法有如下 3 个重载版本。

（1）SetColumnError(DataColumn, String)。
（2）SetColumnError(Int32, String)。
（3）SetColumnError(String, String)。

DataRow 对象的 GetColumnError 方法有如下 3 个重载版本。

（1）GetColumnError(DataColumn)。
（2）GetColumnError(Int32)。
（3）GetColumnError(String)。

DataTable 的 ColumnChanged 事件的参数 eCol 属于 DataColumn ChangeEventArgs 类型，其主要属性有以下几个。

（1）Column：获取字段值被更改的字段（即 DataColumn 对象）。
（2）Row：获取字段值被更新的字段所在的记录（即 DataRow 对象）。
（3）ProposedValue：获取或设置字段的建议新值。

单元小结

本单元通过多个实例探讨了使用 ADO.NET 方式浏览与查询数据源的方法、

ADO.NET 改变当前记录位置的方法、.NET 平台常用的数据绑定方法、数据库应用程序常用的数据验证方法、使用 JDBC 方式浏览与查询数据源的方法、JDBC 实现记录位置移动的方法等。还介绍了 ADO.NET 数据绑定的方式和对象、在 ADO.NET 中改变数据表中当前记录位置的相关类、数据表示层对数据的验证方法和业务逻辑层对数据的验证方法等。

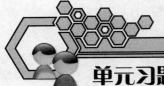

单元习题

（1）下列的（　　）控件可以实现简单绑定。
　　A．TextBox　　　B．Label　　　C．CheckBox　　　D．以上都是

（2）已定义一个名为 sqlDs 的 DataSet 对象，该 DataSet 对象中包含一个表名为"用户"的数据表。在 Windows 窗体 Form1 中，为了将 name 属性值为 DataGridView1 的 DataGridView 控件绑定到"用户"数据表，下列绑定语句正确的是（　　）。
　　A．DataGridView1.DataSource = sqlDs
　　　　DataGridView1.DataMember = sqlDs.Tables["用户"]
　　B．DataGridView1.DataMember = sqlDs
　　C．DataGridView1.DataSource = sqlDs.Tables["用户"]
　　D．DataGridView1.DataSource = sqlDs.Tables["用户"]
　　　　DataGridView1.DataMember = sqlDs

（3）下列用于数据绑定的属性，（　　）不是 DataGridView 控件的属性。
　　A．DataSource　　B．DataMember　　C．SetDataBinding　　D．DataBindings

（4）下面选项中，（　　）对象用于跟踪窗体上的所有 CurrencyManager 对象。
　　A．BindingManagerBase 对象　　　　B．Binding 对象
　　C．BindingContext 对象　　　　　　D．PropertyManager 对象

（5）TextBox 控件的（　　）属性用于控制输入的最大字符数。
　　A．PasswordChar　B．MaxLength　　C．ReadOnly　　D．CharacterCasing

（6）ErrorProvider 组件 ErrorProvider1 的 SetError 方法规定了出错消息字符串和错误图标出现的位置，对于文本框 TextBox1，如果要求提示信息为"员工编号不能为空"，下列语句正确的是（　　）。
　　A．ErrorProvider1.SetError(TextBox1, "员工编号不能为空")
　　B．ErrorProvider1.SetError("员工编号不能为空")
　　C．ErrorProvider1.SetError.Message("员工编号不能为空")
　　D．ErrorProvider1.SetError(TextBox, "员工编号不能为空")

（7）记录的变更成功完成后会触发（　　）事件。
　　A．RowChanging　B．RowDeleting　　C．RowChanged　　D．RowDeleted

单元 8
基于多层架构的数据库程序设计

数据库应用系统有多个窗体都需要访问数据库，即从数据表中读取数据、向数据表中新增记录或者修改、删除数据表中的数据记录，如果每一个需要访问数据库的窗体都建立独立的连接对象、命令对象、数据适配器对象和数据集对象，则会出现大量重复的代码，这样做既不符合面向对象编程的要求，也不利于程序模块的维护和扩展。为了提高编程效率、共享程序代码，设计用于实现数据访问的类，各功能模块调用该类的方法即可实现对数据库的读、写、检查等操作。本单元主要探讨基于多层架构的数据库程序设计。

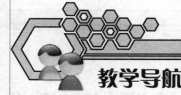

教学导航

教学目标	（1）学会设计数据访问类，实现对数据库的访问 （2）学会设计数据实体类，实现对数据的封装 （3）学会设计业务逻辑类，实现业务功能和数据处理 （4）学会设计 Windows 窗体或 Web 页面，实现数据展示和交互 （5）学会使用跨层调用类的方法实现数据跨层传递和处理 （6）了解基于多层架构数据库系统的规划与设计
教学方法	任务驱动法、分层技能训练法等
课时建议	14 课时（含考核评价）

前导知识

设计数据库应用系统时,可以将应用系统划分为4层:用户界面层、业务逻辑层、数据访问层和数据实体层。用户界面用于向用户显示数据和接受用户的操作请求,通常表现为交互界面,如 Windows 窗体或 Web 页面;业务逻辑层根据应用程序的业务逻辑处理要求,对数据进行传递和处理,如验证处理、业务逻辑处理等,业务逻辑层的实现形式通常为类库。数据访问层对数据源中的数据进行读写操作,数据源包括关系数据库、数据文件或 XML 文档等。对数据源的访问操作都封装在该层,其他层不能越过该层直接访问数据库,数据访问层的实现形式也为类库。数据实体层包含各种实体类,通常情况下一个实体类对应数据库中的一张关系表,实体类中的属性对应关系表中的字段,通过实体类来实现对数据表数据的封装,并将实体对象作为数据载体,有利于数据在各层之间的传递,实体层的实现形式也为类库。

在这种多层架构中,其他层调用实体层中的实体类作为数据的载体,以完成数据在各层之间的传递。用户界面层接受用户的请求后,将请求向业务逻辑层传递。业务逻辑层接受请求后,会根据业务规格进行处理,并将处理后的请求转交给数据访问层。数据访问层接受到请求后访问数据库,在得到从数据库返回的请求结果后,数据访问层将请求结果返回给业务逻辑层,业务逻辑层收到返回结果后,对结果进行审核和处理,然后将请求的结果返回给用户界面层,用户界面层收到返回结果后以适当的方式呈现给用户。

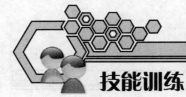

8.1 在.NET 平台基于多层架构的 C/S 模式数据库程序设计(使用 ADO.NET 方式访问 SQL Server 数据库)

【任务 8-1】 基于多层架构实现商品数据的浏览与更新

【任务描述】

(1)创建解决方案 Unit8,在该解决方案中创建"WinForm8"和"数据库访问层"项目。
(2)在"数据库访问层"项目中创建商品实体类"ProductEntityClass"。
(3)在"数据库访问层"项目中创建数据访问类"DataAccessClass"及其方法。
(4)在"WinForm8"项目中创建 Windows 窗体应用程序 Form8_1.cs,窗体的设计外观如图 8-1 所示。

单元 8 基于多层架构的数据库程序设计

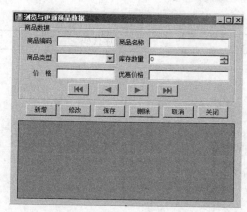

图 8-1 窗体 Form8_1 的设计外观

（5）编写程序使用 ADO.NET 方式在 Windows 窗体 Form8_1 中浏览商品数据。

【任务实施】

【任务 8-1-1】 商品数据的浏览与更新模块数据访问层的程序设计

1. 创建解决方案和项目

创建解决方案 Unit8，在该解决方案中创建"WinForm8"和"数据库访问层"项目。

2. 创建商品实体类"ProductEntityClass.cs"

在"数据库访问层"项目中创建商品实体类"ProductEntityClass"，其代码如表 8-1 所示。

表 8-1　　　　　　　　商品实体类"ProductEntityClass.cs"的代码

/*方法名称：ProductEntityClass　　*/	
序号	程序代码
01	public class ProductEntityClass
02	{
03	private string goodsCode;
04	/// <summary.
05	/// 商品编号
06	/// </summary>
07	public string GoodsCode
08	{
09	get { return goodsCode; }
10	set { goodsCode = value; }
11	}
12	private string goodsName;
13	/// <summary.
14	/// 商品名称
15	/// </summary>
16	public string GoodsName
17	{
18	get { return goodsName; }
19	set { goodsName = value; }
20	}
21	private string category;

213

续表

序号	程序代码
22	/// <summary.
23	/// 商品类型
24	/// </summary>
25	public string Category
26	{
27	get { return category; }
28	set { category = value; }
29	}
30	private string stockNumber;
31	/// <summary.
32	/// 库存数量
33	/// </summary>
34	public string StockNumber
35	{
36	get { return stockNumber; }
37	set { stockNumber = value; }
38	}
39	private string price;
40	/// <summary.
41	/// 价格
42	/// </summary>
43	public string Price
44	{
45	get { return price; }
46	set { price = value; }
47	}
48	private string preferentialPrice;
49	/// <summary.
50	/// 优惠价格
51	/// </summary>
52	public string PreferentialPrice
53	{
54	get { return preferentialPrice; }
55	set { preferentialPrice = value; }
56	}

3. 创建数据访问类"DataAccessClass.cs"及其方法

在"数据库访问层"项目中创建数据访问类"DataAccessClass",在该类中创建必要的方法,且编写程序代码实现其功能。

(1)编写 createOpenConnection 方法的程序代码。

createOpenConnection 方法的程序代码如表 8-2 所示。

表 8-2 类"DataAccessClass"中 createOpenConnection 方法的程序代码

/*方法名称:createOpenConnection */	
序号	程序代码
01	private SqlConnection createOpenConnection()
02	{
03	//数据库连接字符串
04	String strConn = "Server=(local);Database=ECommerce;User ID=sa;Password=123456";
05	SqlConnection sqlConn;

序号	程序代码
06	sqlConn = new SqlConnection(strConn);
07	if (sqlConn.State == ConnectionState.Closed)
08	{
09	sqlConn.Open();
10	}
11	return sqlConn;
12	}

（2）编写 closeConnection 方法的程序代码。

closeConnection 方法的程序代码如表 8-3 所示。

表 8-3　　　　类 "DataAccessClass" 中 closeConnection 方法的程序代码

/*方法名称：closeConnection　　*/

序号	程序代码
01	private void closeConnection(SqlConnection sqlConn)
02	{
03	if (sqlConn.State == ConnectionState.Open)
04	{
05	sqlConn.Close();
06	}
07	}

（3）编写 getDataBySQL 方法的程序代码。

getDataBySQL 方法的程序代码如表 8-4 所示。

表 8-4　　　　类 "DataAccessClass" 中 getDataBySQL 方法的程序代码

/*方法名称：getDataBySQL　　*/

序号	程序代码
01	//getDataBySQL 方法的作用是根据传入的 SQL 语句生成相应的数据表，参数是 SQL 语句
02	public DataTable getDataBySQL(string strComm)
03	{
04	SqlConnection sqlConn;
05	SqlDataAdapter sqlDa;
06	DataSet ds = new DataSet();
07	try
08	{
09	sqlConn=createOpenConnection();
10	sqlDa = new SqlDataAdapter(strComm, sqlConn);
11	sqlDa.Fill(ds, "table01");
12	closeConnection(sqlConn);
13	//返回生成的数据表
14	return ds.Tables[0];
15	}
16	catch (Exception ex)
17	{
18	MessageBox.Show("创建数据表发生异常！异常原因：" + ex.Message, "错误提示信息");
19	}
20	return null;
21	}

（4）编写 updateDataTable 方法的程序代码。

updateDataTable 方法的程序代码如表 8-5 所示。

表 8-5　类"DataAccessClass"中 updateDataTable 方法的程序代码

/*方法名称：updateDataTable　*/	
序号	程序代码
01	//updateDataTable 方法的作用是根据传入的 SQL 语句更新相应的数据表
02	public bool updateDataTable(string strName,string paraValue)
03	{
04	try
05	{
06	SqlConnection sqlConn;
07	SqlCommand sqlComm = new SqlCommand();
08	sqlConn = createOpenConnection();
09	sqlComm.Connection = sqlConn;
10	sqlComm.CommandType = CommandType.StoredProcedure;
11	sqlComm.CommandText = strName;
12	sqlComm.Parameters.Add("@goodsCode", SqlDbType.NChar, 6).Value = paraValue;
13	sqlComm.ExecuteNonQuery();
14	closeConnection(sqlConn);
15	MessageBox.Show("更新数据成功！ ", "提示信息");
16	return true;
17	}
18	catch (Exception ex)
19	{
20	MessageBox.Show("更新数据失败！ " + ex.Message, "提示信息");
21	return false;
22	}
23	}

（5）编写 updateProductData 方法的程序代码。

updateProductData 方法的程序代码如表 8-6 所示。

表 8-6　类"DataAccessClass"中 updateProductData 方法的程序代码

/*方法名称：updateProductData　*/	
序号	程序代码
01	public bool updateProductData(string strName, ProductEntityClass product)
02	{
03	SqlConnection sqlConn;
04	SqlCommand sqlComm = new SqlCommand();
05	sqlConn = createOpenConnection();
06	sqlComm.Connection = sqlConn;
07	sqlComm.CommandType = CommandType.StoredProcedure;
08	sqlComm.CommandText = strName;
09	sqlComm.Parameters.Add("@goodsCode", SqlDbType.NChar, 6).Value =
10	product.GoodsCode;
11	sqlComm.Parameters.Add("@goodsName", SqlDbType.NVarChar, 30).Value =
12	product.GoodsName;
13	sqlComm.Parameters.Add("@category", SqlDbType.VarChar, 6).Value =
14	product.Category;
15	sqlComm.Parameters.Add("@stockNumber", SqlDbType.Int).Value =
16	product.StockNumber;
17	sqlComm.Parameters.Add("@price", SqlDbType.Money).Value = product.Price;
18	sqlComm.Parameters.Add("@preferentialPrice", SqlDbType.Money).Value =
19	product.PreferentialPrice;
20	try
21	{
22	sqlComm.ExecuteNonQuery();

续表

序号	程序代码
23	closeConnection(sqlConn);
24	MessageBox.Show("更新数据成功！ ", "提示信息");
25	return true;
26	}
27	catch (Exception ex)
28	{
29	MessageBox.Show("更新数据失败！ " + ex.Message, "提示信息");
30	return false;
31	}
32	finally
33	{
34	//确保数据库连接被关闭
35	closeConnection(sqlConn);
36	}
37	}

【任务 8-1-2】 商品数据的浏览与更新模块数据展示层的界面设计

（1）创建 Windows 窗体应用程序 Form8_1.cs。

在"WinForm8"项目中创建 Windows 窗体应用程序 Form8_1.cs，窗体的设计外观如图 8-1 所示。窗体中控件的属性设置如表 8-7 所示。

表 8-7   窗体 Form8_1 中控件的属性设置

控件类型	属性名称	属性值	属性名称	属性值
Label	Name	lblGoodsCode	Text	商品编码
	Name	lblCategory	Text	商品类型
	Name	lblPrice	Text	价格
	Name	lblGoodsName	Text	商品名称
	Name	lblStockNumber	Text	库存数量
	Name	lblPreferentialPrice	Text	优惠价格
TextBox	Name	txtGoodsCode	Text	（空）
	Name	txtPrice	Text	（空）
	Name	txtGoodsName	Text	（空）
	Name	txtPreferentialPrice	Text	（空）
ComboBox	Name	cboCategory	Text	（空）
NumericUpDown	Name	nudStockNumber	Value	0
Button	Name	btnFirst	Text	（空）
	Name	btnPrevious	Text	（空）
	Name	btnNext	Text	（空）
	Name	btnLast	Text	（空）
	Name	btnAdd	Text	新增
	Name	btnEdit	Text	修改
	Name	btnSave	Text	保存
	Name	btnDelete	Text	删除
	Name	btnCancel	Text	取消
	Name	btnClose	Text	关闭
GroupBox	Name	groupBox1	Text	商品数据
DataGridView	Name	dataGridView1	Dock	None

217

（2）在"WinForm8"项目中添加"数据访问层"的引用。

打开【添加引用】对话框，切换到"项目"选项卡，选择已有项目"数据访问层"，如图8-2所示，然后单击【确定】按钮，完成引用的添加。

【任务8-1-3】 商品数据的浏览与更新模块业务逻辑层的程序设计

（1）声明类Form8_1的成员变量。

声明类Form8_1的4个成员变量的代码如下：

```
BindingManagerBase bmb;
string dataUpdateMarker;
DataTable dt = new DataTable();
数据访问层.DataAccessClass objDataAccess =
new 数据访问层.DataAccessClass ();
```

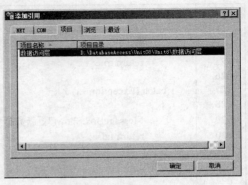

图8-2 【添加引用】对话框

（2）编写事件过程Form8_1_Load的程序代码。

事件过程Form8_1_Load的程序代码如表8-8所示。

表8-8　　　　　　　　　　　事件过程Form8_1_Load的程序代码

/*事件过程名称：Form8_1_Load　　*/	
序号	程序代码
01	DataTable dt1 = new DataTable();
02	string strComm = "Select 类型编号,类型名称 From 商品类型表";
03	dt1 = objDataAccess.getDataBySQL(strComm);
04	cboCategory.DataSource = dt1;
05	cboCategory.DisplayMember = "类型名称";
06	cboCategory.ValueMember = "类型编号";
07	strComm = "Select 商品编码,商品名称,类型编号,库存数量,价格,优惠价格 "
08	+ " From 商品数据表";
09	dt = objDataAccess.getDataBySQL(strComm);
10	txtGoodsCode.DataBindings.Add("Text", dt, "商品编码");
11	txtGoodsName.DataBindings.Add("Text", dt, "商品名称");
12	cboCategory.DataBindings.Add("SelectedValue", dt, "类型编号");
13	nudStockNumber.DataBindings.Add("Value", dt, "库存数量");
14	txtPrice.DataBindings.Add("Text", dt, "价格");
15	txtPreferentialPrice.DataBindings.Add("Text", dt, "优惠价格");
16	// 取得代表 "商品数据表" 数据表的 CurrencyManager 对象
17	bmb = this.BindingContext[dt];
18	dataGridView1.DataSource = dt;
19	dataGridView1.Rows[0].Selected = true;
20	setEnabled(false);

（3）编写改变记录位置按钮的Click事件过程的程序代码。

改变记录位置按钮的 Click 事件过程 btnFirst_Click、btnPrevious_Click、btnNext_Click 和 btnLast_Click 的程序代码在单元5已予以介绍，这里不再列出其代码，请参见单元5。注意这里多增加如下一行代码用于选中DataGridView控件的当前行。

```
dataGridView1.Rows[bmb.Position].Selected = true;
```

（4）编写setEnabled方法的程序代码。

setEnabled方法的程序代码如表8-9所示。

表 8-9　　　　　　　　　窗体 Form8_1 中 setEnabled 方法的程序代码

/*方法名称：setEnabled */	
序号	程序代码
01	private void setEnabled(bool state)
02	{
03	txtGoodsCode.Enabled = state;
04	txtGoodsName.Enabled = state;
05	cboCategory.Enabled = state;
06	nudStockNumber.Enabled = state;
07	txtPrice.Enabled = state;
08	txtPreferentialPrice.Enabled = state;
09	btnSave.Enabled = state;
10	}

（5）编写事件过程 btnAdd_Click、btnEdit_Click、btnSave_Click、btnDelete_Click、btnCancel_Click 的程序代码。

事件过程 btnAdd_Click、btnEdit_Click、btnSave_Click、btnDelete_Click、btnCancel_Click 的程序代码如表 8-10 所示。

表 8-10　　按钮 btnAdd、btnEdit、btnSave、btnDelete 和 btnCancel 的 Click 事件过程的程序代码

/*事件过程名称：btnAdd_Click、btnEdit_Click、btnSave_Click、btnDelete_Click、btnCancel_Click */	
序号	程序代码
01	private void btnAdd_Click(object sender, EventArgs e)
02	{
03	dataUpdateMarker = "insert";
04	txtGoodsCode.Text = "";
05	txtGoodsName.Text = "";
06	cboCategory.Text = "";
07	nudStockNumber.Text = "";
08	txtPrice.Text = "";
09	txtPreferentialPrice.Text = "";
10	setEnabled(true);
11	}
12	private void btnEdit_Click(object sender, EventArgs e)
13	{
14	dataUpdateMarker = "update";
15	setEnabled(true);
16	}
17	private void btnSave_Click(object sender, EventArgs e)
18	{
19	数据访问层.ProductEntityClass product = new 数据访问层.ProductEntityClass();
20	product.GoodsCode = txtGoodsCode.Text.Trim();
21	product.GoodsName = txtGoodsName.Text.Trim();
22	product.Category = cboCategory.SelectedValue.ToString().Trim();
23	product.StockNumber = nudStockNumber.Value.ToString().Trim();
24	product.Price = txtPrice.Text.Trim();
25	product.PreferentialPrice = txtPreferentialPrice.Text.Trim();
26	if (dataUpdateMarker == "insert")
27	{
28	objDataAccess.updateProductData("insertGoodsData", product);
29	}
30	if (dataUpdateMarker == "update")
31	{
32	objDataAccess.updateProductData("updateGoodsData", product);
33	}

续表

序号	程序代码
34	setEnabled(false);
35	}
36	private void btnDelete_Click(object sender, EventArgs e)
37	{
38	dt.Rows[bmb.Position].Delete();
39	dt.AcceptChanges();
40	objDataAccess.updateDataTable("deleteGoodsData", txtGoodsCode.Text.Trim());
41	}
42	private void btnCancel_Click(object sender, EventArgs e)
43	{
44	dataUpdateMarker = "";
45	}

【运行结果】

窗体 Form8_1 的运行结果如图 8-3 所示。

单击两次 ▶ 按钮，在界面中显示后面的记录数据，如图 8-4 所示。

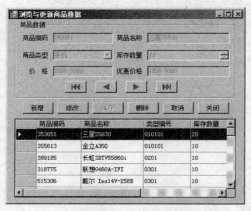

图 8-3　窗体 Form8_1 的运行结果

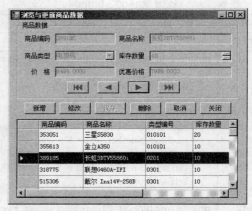

图 8-4　在窗体 Form8_1 中改变当前记录的位置

将"库存数量"由"10"修改为"15"，如图 8-5 所示，单击【保存】按钮，弹出图 8-6 所示的提示"更新数据成功"的【提示信息】对话框。

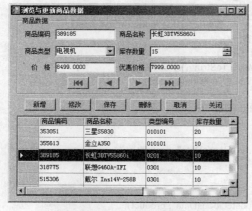

图 8-5　在窗体 Form8_1 中修改数据

图 8-6　提示"更新数据成功"

单击【新增】按钮，首先清空控件中的商品数据，如图 8-7 所示，然后输入合适的商品数据，如图 8-8 所示，接着单击【保存】按钮，弹出图 8-6 所示的【提示信息】对话框。

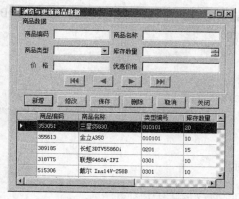

图 8-7　在窗体 Form8_1 中单击【新增】按钮

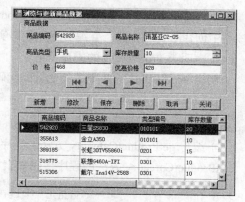

图 8-8　在窗体 Form8_1 中输入商品数据

8.2　在 .NET 平台基于多层架构的 B/S 模式数据库程序设计（使用 ADO.NET 方式访问 SQL Server 数据库）

【任务 8-2】　基于多层架构实现商品管理

【任务描述】

（1）在解决方案 Unit8 中创建 ASP.NET 网站 WebSite8。
（2）在"数据库访问层"项目中创建数据访问类"ProductDB"及其方法。
（3）在"数据库访问层"项目中创建数据访问类"CustomerDetails"及其方法。
（4）在"数据库访问层"项目中创建数据访问类"ShoppingCartDB"及其方法。
（5）在网站 WebSite8 中添加 Web 窗体 ProductList.aspx，其页面外观组成如图 8-9 所示。
（6）编写程序在 Web 页面 ProductList.aspx 的 TreeView 控件中展示商品类型。
（7）编写程序在 Web 页面 ProductList.aspx 的 Repeater 控件中展示客户购买次数最多的商品数据。
（8）编写程序在 Web 页面 ProductList.aspx 的 DataList 控件中以列表展示商品数据。
（9）编写程序实现用户登录功能。
（10）编写程序实现搜索商品功能。

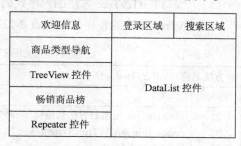

图 8-9　Web 窗体 ProductList.aspx 的外观组成

【任务实施】

【任务 8-2-1】　商品管理模块数据访问层的程序设计

1. 创建 ASP.NET 网站 WebSite8

在解决方案 Unit8 中创建 ASP.NET 网站 WebSite8。

2. 创建文件 ProductDB.cs 和数据访问类"ProductDB"及其方法

在"数据库访问层"项目中创建文件 ProductDB.cs，在该文件中创建数据访问类"ProductDB"，在该类中创建必要的方法，并编写程序代码实现其功能。

（1）声明类 ProductDB 的成员变量。

声明类 ProductDB 的两个成员变量的代码如下。

```
DataAccessClass objGetData = new DataAccessClass();
string   strSqlConn   =   ConfigurationManager.ConnectionStrings["ConnectionString"].ConnectionString;
```

（2）编写 getProductCategory 方法的程序代码。

getProductCategory 方法的程序代码如表 8-11 所示。

表 8-11　　　类"ProductDB"中 getProductCategory 方法的程序代码

/*方法名称：getProductCategory　　*/	
序号	程序代码
01	public DataTable getProductCategory()
02	{
03	SqlConnection sqlConn = new SqlConnection(strSqlConn);
04	SqlCommand sqlComm = new SqlCommand();
05	SqlDataAdapter sqlDa;
06	DataSet ds = new DataSet();
07	sqlComm.Connection = sqlConn;
08	sqlComm.CommandType = CommandType.StoredProcedure;
09	sqlComm.CommandText = "productCategoryList";
10	sqlDa = new SqlDataAdapter(sqlComm);
11	sqlDa.Fill(ds, "商品类型");
12	DataTable result = ds.Tables[0];
13	return result;
14	}

（3）编写 initTrvTree 方法的程序代码。

initTrvTree 方法的程序代码如表 8-12 所示。

表 8-12　　　类"ProductDB"中 initTrvTree 方法的程序代码

/*方法名称：initTrvTree　　*/	
序号	程序代码
01	//initTrvTree 用递归方法初始化 TreeView 控件的节点
02	public void initTrvTree(System.Web.UI.WebControls.TreeNodeCollection treeNodes, string strParentIndex,
03	DataView dvList)
04	{
05	try
06	{
07	TreeNode tempNode;
08	DataView dvList1;
09	string currentNum;
10	dvList1 = dvList;
11	//选出数据源中父部门编号为 strParentIndex 的数据行
12	DataRow[] dataRows = dvList.Table.Select("父类编号　=' "

单元 8　基于多层架构的数据库程序设计

续表

序号	程序代码
13	+ strParentIndex + "'");
14	foreach (DataRow dr in dataRows)　　//循环添加 TreeNode
15	{
16	tempNode = new TreeNode();
17	tempNode.Text = dr["类型名称"].ToString();
18	currentNum = dr["类型编号"].ToString();
19	treeNodes.Add(tempNode);　　//添加节点
20	//递归调用,treeNodes.Count - 1 随着 treeNodes 增加而动态变化
21	TreeNodeCollection temp_nodes =
22	treeNodes[treeNodes.Count - 1].ChildNodes;
23	initTrvTree(temp_nodes, currentNum, dvList1);
24	}
25	}
26	catch (Exception)
27	{
28	//MessageBox.Show("初始化 TreeView 失败");
29	}
30	}

（4）编写 getMostPopularProducts 方法的程序代码。

getMostPopularProducts 方法的程序代码如表 8-13 所示。

表 8-13　　　类"ProductDB"中 getMostPopularProducts 方法的程序代码

/*方法名称：getMostPopularProducts　　*/	
序号	程序代码
01	public DataTable getMostPopularProducts()
02	{
03	SqlConnection sqlConn = new SqlConnection(strSqlConn);
04	SqlCommand sqlComm = new SqlCommand();
05	SqlDataAdapter sqlDa;
06	DataSet ds = new DataSet();
07	sqlComm.Connection = sqlConn;
08	sqlComm.CommandType = CommandType.StoredProcedure;
09	sqlComm.CommandText = "productMostPopular";
10	sqlDa = new SqlDataAdapter(sqlComm);
11	sqlDa.Fill(ds, "畅销商品");
12	return ds.Tables[0];
13	}

（5）编写 getProductsByCategoryName 方法的程序代码。

getProductsByCategoryName 方法的程序代码如表 8-14 所示。

表 8-14　　　类"ProductDB"中 getProductsByCategoryName 方法的程序代码

/*方法名称：getProductsByCategoryName　　*/	
序号	程序代码
01	public DataTable getProductsByCategoryName(string categoryName)
02	{
03	SqlConnection sqlConn = new SqlConnection(strSqlConn);

223

续表

序号	程序代码
04	SqlCommand sqlComm = new SqlCommand();
05	SqlDataAdapter sqlDa;
06	DataSet ds = new DataSet();
07	sqlComm.Connection = sqlConn;
08	sqlComm.CommandType = CommandType.StoredProcedure;
09	sqlComm.CommandText = "productByCategory";
10	SqlParameter parameterCategoryName = new SqlParameter("@categoryName",
11	SqlDbType.NVarChar, 20);
12	parameterCategoryName.Value = categoryName;
13	sqlComm.Parameters.Add(parameterCategoryName);
14	sqlDa = new SqlDataAdapter(sqlComm);
15	sqlDa.Fill(ds, "商品数据");
16	return ds.Tables[0];
17	}

（6）编写 searchProduct 方法的程序代码。

searchProduct 方法的程序代码如表 8-15 所示。

表 8-15   类"ProductDB"中 searchProduct 方法的程序代码

/*方法名称：searchProduct */	
序号	程序代码
01	public DataTable searchProduct(string strSearch)
02	{
03	SqlConnection sqlConn = new SqlConnection(strSqlConn);
04	SqlCommand sqlComm = new SqlCommand();
05	SqlDataAdapter sqlDa;
06	DataSet ds = new DataSet();
07	sqlComm.Connection = sqlConn;
08	sqlComm.CommandType = CommandType.StoredProcedure;
09	sqlComm.CommandText = "productSearch";
10	SqlParameter parameterSearch = new SqlParameter("@search",
11	SqlDbType.NVarChar, 50);
12	parameterSearch.Value = strSearch;
13	sqlComm.Parameters.Add(parameterSearch);
14	sqlDa = new SqlDataAdapter(sqlComm);
15	sqlDa.Fill(ds, "搜索商品");
16	return ds.Tables[0];
17	}

3. 创建文件 CustomersDB.cs 和相应的类

在"数据库访问层"项目中创建文件 CustomersDB.cs，在该文件中创建"CustomerDetails"和"CustomersDB"类，在这些类中创建必要的方法，并编写程序代码实现其功能。

（1）创建 CustomerDetails 类。

CustomerDetails 类的代码如表 8-16 所示。

表 8-16　　　　　　　　　　　CustomerDetails 类的代码

/*方法名称：CustomerDetails */	
序号	程序代码
01	public class CustomerDetails
02	{
03	public String CustomerName;
04	public String Password;
05	}

（2）创建 CustomersDB 类和声明类的成员变量。

声明类 CustomersDB 的一个成员变量的代码如下。

```
string strSqlConn = ConfigurationManager.ConnectionStrings["ConnectionString"].ConnectionString;
```

（3）编写 Login 方法的程序代码。

Login 方法的程序代码如表 8-17 所示。

表 8-17　　　　　　　　CustomersDB 类中 Login 方法的程序代码

/*方法名称：Login */	
序号	程序代码
01	public String Login(string name, string password)
02	{
03	SqlConnection sqlConn = new SqlConnection(strSqlConn);
04	SqlCommand sqlComm = new SqlCommand();
05	sqlComm.Connection = sqlConn;
06	sqlComm.CommandType = CommandType.StoredProcedure;
07	sqlComm.CommandText = "customerLogin";
08	SqlParameter parameterCustomerName = new SqlParameter("@customerName",
09	SqlDbType.NVarChar, 30);
10	parameterCustomerName.Value = name;
11	sqlComm.Parameters.Add(parameterCustomerName);
12	SqlParameter parameterPassword = new SqlParameter("@password",
13	SqlDbType.NVarChar, 10);
14	parameterPassword.Value = password;
15	sqlComm.Parameters.Add(parameterPassword);
16	SqlParameter parameterCustomerCode = new SqlParameter("@customerCode",
17	SqlDbType.NChar, 6);
18	parameterCustomerCode.Direction = ParameterDirection.Output;
19	sqlComm.Parameters.Add(parameterCustomerCode);
20	sqlConn.Open();
21	sqlComm.ExecuteNonQuery();
22	sqlConn.Close();
23	string customerCode = (string)parameterCustomerCode.Value;
24	if (customerCode == "0")
25	{
26	return null;
27	}
28	else
29	{
30	return customerCode.ToString();
31	}
32	}

（4）编写 getCustomerDetails 方法的程序代码。

getCustomerDetails 方法的程序代码如表 8-18 所示。

表 8-18　　　　　CustomersDB 类中 getCustomerDetails 方法的程序代码

/*方法名称：getCustomerDetails　　*/	
序号	程序代码
01	//根据参数 customerID 实例化前面创建的 CustomerDetails 对象，并返回该对象
02	public CustomerDetails getCustomerDetails(String customerID)
03	{
04	SqlConnection sqlConn = new SqlConnection(strSqlConn);
05	SqlCommand sqlComm = new SqlCommand();
06	sqlComm.Connection=sqlConn;
07	sqlComm.CommandType = CommandType.StoredProcedure;
08	sqlComm.CommandText="customerDetail";
09	SqlParameter parameterCustomerID = new SqlParameter("@customerCode",
10	SqlDbType.NChar, 6);
11	parameterCustomerID.Value = customerID;
12	sqlComm.Parameters.Add(parameterCustomerID);
13	SqlParameter parameterCustomerName = new SqlParameter("@customerName",
14	SqlDbType.NVarChar, 30);
15	parameterCustomerName.Direction = ParameterDirection.Output;
16	sqlComm.Parameters.Add(parameterCustomerName);
17	SqlParameter parameterPassword = new SqlParameter("@password",
18	SqlDbType.NVarChar, 10);
19	parameterPassword.Direction = ParameterDirection.Output;
20	sqlComm.Parameters.Add(parameterPassword);
21	sqlConn.Open();
22	sqlComm.ExecuteNonQuery();
23	sqlConn.Close();
24	CustomerDetails objCustomerDetails = new CustomerDetails();
25	if (!(parameterCustomerName.Value is System.DBNull
26	|| parameterPassword.Value is System.DBNull))
27	{
28	objCustomerDetails.CustomerName = (string)parameterCustomerName.Value;
29	objCustomerDetails.Password = (string)parameterPassword.Value;
30	return objCustomerDetails;
31	}
32	else
33	{
34	return null;
35	}
36	}

4. 创建文件 ShoppingCartDB.cs 和 ShoppingCartDB 类

在"数据库访问层"项目中创建文件 ShoppingCartDB.cs，在该文件中创建 ShoppingCartDB 类，在该类中创建必要的方法，并编写程序代码实现其功能。

（1）声明类 ShoppingCartDB 的成员变量。

声明类 ShoppingCartDB 的一个成员变量的代码如下。

```
string strSqlConn = ConfigurationManager.ConnectionStrings["ConnectionString"].ConnectionString;
```

（2）编写 getShoppingCartCode 方法的程序代码。

getShoppingCartCode 方法的程序代码如表 8-19 所示。

表 8-19　　　　　ShoppingCartDB 类中 getShoppingCartCode 方法的程序代码

/*方法名称：getShoppingCartCode　　*/	
序号	程序代码
01	public String getShoppingCartCode()
02	{
03	HttpContext context = HttpContext.Current;
04	if (context.Request.Cookies["commerce_Cart"] != null)
05	{
06	return context.Request.Cookies["commerce_Cart"].Value;
07	}
08	else
09	{
10	if (context.User.Identity.Name != "")
11	{
12	context.Response.Cookies["commerce_Cart"].Value =
13	context.User.Identity.Name;
14	return context.User.Identity.Name;
15	}
16	else
17	{
18	Guid tempCartCode = Guid.NewGuid();
19	context.Response.Cookies["commerce_Cart"].Value =
20	tempCartCode.ToString();
21	return tempCartCode.ToString();
22	}
23	}
24	}

（3）编写 migrateCart 方法的程序代码。

migrateCart 方法的程序代码如表 8-20 所示。

表 8-20　　　　　ShoppingCartDB 类中 migrateCart 方法的程序代码

/*方法名称：migrateCart　　*/	
序号	程序代码
01	public void migrateCart(String oldcartCode, String newcartCode)
02	{
03	SqlConnection sqlConn = new SqlConnection(strSqlConn);
04	SqlCommand sqlComm = new SqlCommand();
05	sqlComm.Connection = sqlConn;
06	sqlComm.CommandType = CommandType.StoredProcedure;
07	sqlComm.CommandText = "shoppingCartMigrate";
08	SqlParameter cart1 = new SqlParameter("@OriginalcartCode ",
09	SqlDbType.VarChar, 30);
10	cart1.Value = oldcartCode;
11	sqlComm.Parameters.Add(cart1);
12	SqlParameter cart2 = new SqlParameter("@NewcartCode ", SqlDbType.VarChar, 30);
13	cart2.Value = newcartCode;
14	sqlComm.Parameters.Add(cart2);
15	sqlConn.Open();

续表

序号	程序代码
16	sqlComm.ExecuteNonQuery();
17	sqlConn.Close();
18	}

（4）编写 addItem 方法的程序代码。

addItem 方法的程序代码如表 8-21 所示。

表 8-21　　ShoppingCartDB 类中 addItem 方法的程序代码

/*方法名称：addItem　　*/	
序号	程序代码
01	public void addItem(string cartCode, string productCode, int quantity)
02	{
03	SqlConnection sqlConn = new SqlConnection(strSqlConn);
04	SqlCommand sqlComm = new SqlCommand();
05	sqlComm.Connection = sqlConn;
06	sqlComm.CommandType = CommandType.StoredProcedure;
07	sqlComm.CommandText = "shoppingCartAddItem";
08	SqlParameter parameterCartCode = new SqlParameter("@cartCode",
09	SqlDbType.VarChar, 30);
10	parameterCartCode.Value = cartCode.Trim();
11	sqlComm.Parameters.Add(parameterCartCode);
12	SqlParameter parameterProductCode = new SqlParameter("@goodsCode",
13	SqlDbType.NChar, 6);
14	parameterProductCode.Value = productCode;
15	sqlComm.Parameters.Add(parameterProductCode);
16	SqlParameter parameterQuantity = new SqlParameter("@quantity", SqlDbType.Int, 4);
17	parameterQuantity.Value = quantity;
18	sqlComm.Parameters.Add(parameterQuantity);
19	SqlParameter parameterDate = new SqlParameter("@currentDate", SqlDbType.Date, 8);
20	parameterDate.Value = DateTime.Now;
21	sqlComm.Parameters.Add(parameterDate);
22	sqlConn.Open();
23	sqlComm.ExecuteNonQuery();
24	sqlConn.Close();
25	}

【任务 8-2-2】　商品管理模块数据展示层的界面设计

1. 创建与设计 Web 窗体 ProductList.aspx

（1）创建 Web 窗体 ProductList.aspx。

在网站 WebSite8 中添加 Web 窗体 ProductList.aspx。

（2）在 Web 窗体 ProductList.aspx 中添加控件。

在 Web 窗体 ProductList.aspx 中添加合适的控件，其页面外观组成如图 8-9 所示。

（3）设置 Web 页面中控件的属性。

Web 页面中控件的属性设置如表 8-22 所示。

表 8-22　　　　　　　　　Web 窗体 ProductList.aspx 中控件的属性设置

控件类型	属性名称	属性值	属性名称	属性值
Label	（ID）	lblMessage	Text	欢迎光临蝴蝶e购
	（ID）	lblLoginName	Text	用户名
	（ID）	lblPassword	Text	密码
TextBox	（ID）	txtLoginName	Text	（空）
	（ID）	txtPassword	Text	（空）
	（ID）	txtSearch	Text	（空）
CheckBox	（ID）	autoLogin	Text	自动登录
LinkButton	（ID）	lbtnRegister	Text	【注册】
Button	（ID）	btnSearch	Text	搜索
TreeView	（ID）	treeView1	ExpandDepth	0
Repeater	（ID）	repeater1		
DataList	（ID）	dataList1	RepeatColumns	4

Web 页面 ProductList.aspx 登录区域的代码如表 8-23 所示。

表 8-23　　　　　　　　　Web 页面 ProductList.aspx 登录区域的代码

/*Web 页面名称：ProductList.aspx　*/	
序号	程序代码
01	`<div class="block box">`
02	`    <div id="user_here">`
03	`        <table border="0" cellspacing="0" cellpadding="0">`
04	`            <tr>`
05	`            <%`
06	`                if (Session["currentUser"] == null)`
07	`                {`
08	`            %>`
09	`            <td>`
10	`                <asp:Label ID="lblMessage" runat="server"`
11	`                    Text="欢迎光临蝴蝶e购网"></asp:Label>  `
12	`            </td>`
13	`            <td>`
14	`                <asp:Label ID="lblLoginName" runat="server" Text="用户名"></asp:Label>`
15	`                <asp:TextBox ID="txtLoginName" runat="server"></asp:TextBox> `
16	`                <asp:Label ID="lblPassword" runat="server" Text="密码"></asp:Label>`
17	`                <asp:TextBox ID="txtPassword" runat="server"`
18	`                    Width="90px" TextMode="Password"></asp:TextBox> `
19	`                <asp:CheckBox ID="autoLogin" runat="server" Text="自动登录" /> `
20	`                <asp:LinkButton ID="lbtnLogin" runat="server" onclick="btnLogin_Click">`
21	`                    【登录】</asp:LinkButton> `
22	`            </td>`
23	`            <td>`
24	`                <asp:LinkButton ID="lbtnRegister" runat="server">【注册】</asp:LinkButton>`
25	`            </td>`
26	`            <%`
27	`                }`

续表

序号	程序代码
28	else
29	{
30	%>
31	\<td>
32	欢迎【<% =Session["currentUser"]%> 】光临
33	\</td>
34	\<td>
35	\<asp:LinkButton ID="lbtnOutLogin" runat="server"
36	onclick="lbtnOutLogin_Click" Width="80px">
37	【退出登录】\</asp:LinkButton>
38	\</td>
39	<%
40	}
41	%>
42	\<td> \<asp:TextBox ID="txtSearch" runat="server">\</asp:TextBox>
43	\<asp:Button ID="btnSearch" runat="server" onclick="btnSearch_Click"
44	Text="搜索" />
45	\</td>
46	\</tr>
47	\</table>
48	\</div>
49	\</div>

TreeView 控件的代码如下。

```
<asp:TreeView ID="treeView1" runat="server" ExpandDepth="0" >
</asp:TreeView>
```

在 Repeater 控件的\<ItemTemplate>模板中添加 1 个 Image 控件和 2 个 Label 控件,代码如下。

```
<asp:Image ID="Image2" runat="server" ImageUrl='<%# Eval("图片地址") %>'
CssClass="mall_arf_img" />
<asp:Label ID="GoodsNameLabel" runat="server" Text='<%# Eval("商品名称") %>'
CssClass="blue" />
<asp:Label ID="PreferentialPriceLabel" runat="server" Text='<%# Eval("优惠价格",
"{0:N1}") %>' CssClass="red" />
```

在 DataList 控件的\<ItemTemplate>模板中添加 1 个 Image 控件、多个 Label 控件和 1 个 HyperLink 控件,代码如下。

```
<a href='AddToCart.aspx?productCode=<%# DataBinder.Eval(Container.DataItem, "商品编
码") %>' target='_blank'> <asp:Image ID="Image1" runat="server" ImageUrl='<%# Eval("图片
地址") %>' /></a>
<asp:Label ID="GoodsNameLabel" runat="server" Text='<%# Eval("商品名称") %>'
   CssClass="mall_text"/>
<asp:Label ID="SellPriceLabel" runat="server"
   Text='<%# Eval("价格", "{0:N1}") %>' CssClass="gray_6 del"/>
<asp:Label ID="PreferentialLabel" runat="server"
   Text='<%# Eval("优惠价格", "{0:N1}") %>' CssClass="mall_price_bg"/>
<asp:HyperLink ID="hlBuy" runat="server" NavigateUrl='<%# "AddToCart.aspx?productCode=
"+Eval("商品编码")%>'><img alt="购买" src="images/but_buy.gif" /></asp:HyperLink>
```

【说明】这里的部分代码与后面的业务逻辑层的程序设计相关。

(4)附加外部样式文件。

附加外部样式文件的代码如下。

```
<link href="css/styleProductList.css" rel="stylesheet" type="text/css" />
```
(5)在"WebSite8"项目中添加"数据访问层"的引用。

参照【任务8-1】中介绍的操作方法添加"数据访问层"的引用。

2. 创建 Web 窗体 AddToCart.aspx

在网站 WebSite8 中添加 Web 窗体 AddToCart.aspx。

【任务8-2-3】 商品管理模块业务逻辑层的程序设计

1. Web 窗体 ProductList.aspx 的程序设计

在 ProductList 类中声明成员变量,创建必要的方法和事件过程,编写代码实现其功能。

(1)声明类 ProductDB 的成员变量。

声明类 ProductDB 的 1 个成员变量声明的如下。

```
ProductDB objProduct = new ProductDB();
```
(2)编写事件过程 Page_Load 的程序代码。

事件过程 Page_Load 的程序代码如表 8-24 所示。

表8-24　Web 窗体 ProductList.aspx 中事件过程 Page_Load 的程序代码

/*事件过程名称:Page_Load　*/	
序号	程序代码
01	if (!IsPostBack) //首次加载
02	{
03	initializeCategoryTree();
04	repeater1.DataSource = objProduct.getMostPopularProducts();
05	repeater1.DataBind();
06	DataList1.DataSource = objProduct.getProductsByCategoryName("手机");
07	DataList1.DataKeyField = "商品编码";
08	DataList1.DataBind();
09	txtLoginName.Text = "admin";
10	}

(3)编写 initializeCategoryTree 方法的程序代码。

initializeCategoryTree 方法的程序代码如表 8-25 所示。

表8-25　Web 窗体 ProductList.aspx 中 initializeCategoryTree 方法的程序代码

/*方法名称:initializeCategoryTree　*/	
序号	程序代码
01	private void initializeCategoryTree()
02	{
03	DataTable dt = new DataTable();
04	DataView dvList;
05	dt = objProduct.getProductCategory();
06	dvList = dt.DefaultView;
07	//初始化 TreeView 控件的各个节点
08	objProduct.initTrvTree(treeView1.Nodes, "0", dvList);
09	treeView1.Nodes[0].Expand();
10	}

（4）编写事件过程 treeView1_SelectedNodeChanged 的程序代码。

事件过程 treeView1_SelectedNodeChanged 的程序代码如表 8-26 所示。

表 8-26　Web 窗体 ProductList.aspx 中事件过程 treeView1_SelectedNodeChanged 的程序代码

/*事件过程名称：treeView1_SelectedNodeChanged */	
序号	程序代码
01	protected void treeView1_SelectedNodeChanged(object sender, EventArgs e)
02	{
03	string categoryName = treeView1.SelectedNode.Value.ToString();
04	DataList1.DataSource = objProduct.getProductsByCategoryName(categoryName);
05	DataList1.DataKeyField = "商品编码";
06	DataList1.DataBind();
07	}

（5）编写事件过程 btnLogin_Click 的程序代码。

事件过程 btnLogin_Click 的程序代码如表 8-27 所示。

表 8-27　Web 窗体 ProductList.aspx 中事件过程 btnLogin_Click 的程序代码

/*事件过程名称：btnLogin_Click */	
序号	程序代码
01	protected void btnLogin_Click(object sender, EventArgs e)
02	{
03	if (Page.IsValid == true)
04	{
05	ShoppingCartDB shoppingCart=new ShoppingCartDB() ;
06	String tempCartCode = shoppingCart.getShoppingCartCode();
07	CustomersDB objCustomers = new CustomersDB();
08	String customerCode;
09	customerCode = objCustomers.Login(txtLoginName.Text.Trim(),
10	txtPassword.Text.Trim());
11	if (customerCode != null)
12	{
13	shoppingCart.migrateCart(tempCartCode, customerCode);
14	CustomerDetails objCustomerDetails =
15	objCustomers.getCustomerDetails(customerCode);
16	if (objCustomerDetails != null)
17	{
18	Session["currentUser"] = objCustomerDetails.CustomerName;
19	Response.Cookies["commerce_Cart"].Value = customerCode;
20	}
21	else{
22	Session["currentUser"] = null;
23	Response.Cookies["commerce_Cart"].Value = null;
24	lblMessage.Text = "登录失败!";
25	}
26	if (autoLogin.Checked == true)
27	{
28	Response.Cookies["currentUser"].Expires =
29	DateTime.Now.AddMonths(1);
30	}
31	//根据 customerId 创建用户身份验证票据并将用户定向到 Default.aspx 页面

续表

序号	程序代码
32	//FormsAuthentication.RedirectFromLoginPage(customerCode, autoLogin.Checked);
33	}
34	else
35	{
36	//如果输入的用户名和密码没有通过验证，则显示登录失败的提示信息
37	lblMessage.Text = "登录失败!";
38	}
39	}
40	}

（6）编写事件过程 lbtnOutLogin_Click 的程序代码。

事件过程 lbtnOutLogin_Click 的程序代码如表 8-28 所示。

表 8-28　　Web 窗体 ProductList.aspx 中事件过程 lbtnOutLogin_Click 的程序代码

/*事件过程名称：lbtnOutLogin_Click　　*/	
序号	程序代码
01	protected void lbtnOutLogin_Click(object sender, EventArgs e)
02	{
03	FormsAuthentication.SignOut();
04	Session["currentUser"] = null;
05	Response.Redirect("productList.aspx");
06	}

（7）编写事件过程 btnSearch_Click 的程序代码。

事件过程 btnSearch_Click 的程序代码如表 8-29 所示。

表 8-29　　Web 窗体 ProductList.aspx 中事件过程 btnSearch_Click 的程序代码

/*事件过程名称：btnSearch_Click　　*/	
序号	程序代码
01	protected void btnSearch_Click(object sender, EventArgs e)
02	{
03	string strSearch = txtSearch.Text.Trim();
04	DataList1.DataSource = objProduct.searchProduct(strSearch);
05	DataList1.DataKeyField = "商品编码";
06	DataList1.DataBind();
07	}

2. Web 窗体 AddToCart.aspx 的程序设计

编写类 AddToCart 事件过程 Page_Load 的程序代码，代码如表 8-30 所示，将客户选择的商品添加到"购物车商品表"中或者修改"购物车商品表"中的购买数量，然后导航到购物车页面中。

表 8-30　　Web 窗体 AddToCart.aspx 中事件过程 Page_Load 的程序代码

/*事件过程名称：Page_Load　　*/	
序号	程序代码
01	protected void Page_Load(object sender, EventArgs e)
02	{

续表

序号	程序代码
03	if (Request.Params["productCode"] != null)
04	{
05	ShoppingCartDB cart = new ShoppingCartDB();
06	string cartCode = cart.getShoppingCartCode();
07	cart.addItem(cartCode, Request.Params["productCode"].ToString(), 1);
08	}
09	Response.Redirect("ShoppingCart.aspx");
10	}

【运行结果】

Web 页面 ProductList.aspx 的运行结果如图 8-10 所示。

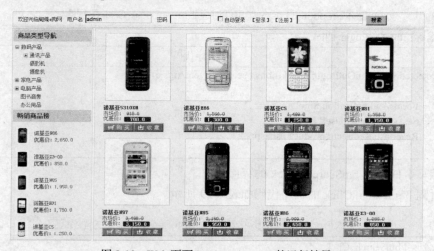

图 8-10　Web 页面 ProductList.aspx 的运行结果

在 Web 页面 ProductList.aspx 的左侧"商品类型导航"区域单击"摄像机"，右侧显示相应类型的商品数据，如图 8-11 所示。

图 8-11　在 Web 页面 ProductList.aspx 中显示选定类型的商品数据

在 Web 页面 ProductList.aspx 上方的"用户名"文本框中输入合适的用户名,在"密码"文本框中输入正确的密码,然后单击【登录】按钮,成功登录后页面的登录区域如图 8-12 所示。

图 8-12　成功登录后 Web 页面 ProductList.aspx 的登录区域

在 Web 页面 ProductList.aspx 的"搜索"文本框中输入"三星",然后单击【搜索】按钮,搜索结果如图 8-13 所示。

图 8-13　在 Web 页面 ProductList.aspx 中搜索商品

【任务 8-3】　基于多层架构实现购物车管理

【任务描述】

(1) 在"数据库访问层"项目中的类"ShoppingCartDB"中添加必要的方法。
(2) 在"数据库访问层"项目中创建数据访问类"OrderDB"及其方法。
(3) 在网站 WebSite8 中添加 Web 窗体 ShoppingCart.aspx,其页面外观组成如图 8-14 所示。

图 8-14　Web 窗体 ShoppingCart.aspx 的外观组成

(4) 编写程序,在 Web 页面 ShoppingCart.aspx 的 GridView 控件中展示客户所选购的商品。
(5) 编写程序,在 Web 页面 ShoppingCart.aspx 的左下方输出购物车中的商品总金额。
(6) 编写程序,在 Web 页面 ShoppingCart.aspx 中实现更新购物车、清空购物车、继续购物和去结算等功能。
(7) 编写程序实现逐条删除选购商品的功能。
(8) 编写程序实现动态更新购买数量、金额小计和金额合计功能。

【任务实施】

【任务 8-3-1】 购物车管理模块数据访问层的程序设计

1. 在类 ShoppingCartDB 中添加必要的方法

（1）编写 getItemCount 方法的程序代码。

getItemCount 方法的程序代码如表 8-31 所示，其功能是获取指定购物车选购商品的数量。

表 8-31 　　　　　类 ShoppingCartDB 中 getItemCount 方法的程序代码

/*方法名称：getItemCount　　*/	
序号	程序代码
01	public int getItemCount(string cartCode)
02	{
03	SqlConnection sqlConn = new SqlConnection(strSqlConn);
04	SqlCommand sqlComm = new SqlCommand();
05	sqlComm.Connection = sqlConn;
06	sqlComm.CommandType = CommandType.StoredProcedure;
07	sqlComm.CommandText = "shoppingCartItemCount";
08	SqlParameter parametercartCode = new SqlParameter("@cartCode",
09	SqlDbType.VarChar, 30);
10	parametercartCode.Value = cartCode.Trim();
11	sqlComm.Parameters.Add(parametercartCode);
12	SqlParameter parameterItemCount = new SqlParameter("@itemCount",
13	SqlDbType.Int, 4);
14	parameterItemCount.Direction = ParameterDirection.Output;
15	sqlComm.Parameters.Add(parameterItemCount);
16	sqlConn.Open();
17	sqlComm.ExecuteNonQuery();
18	sqlConn.Close();
19	return ((int)parameterItemCount.Value);
20	}

（2）编写 getItems 方法的程序代码。

getItems 方法的程序代码如表 8-32 所示，其功能是获取指定购物车选购的商品数据。

表 8-32 　　　　　类 ShoppingCartDB 中 getItems 方法的程序代码

/*方法名称：getItems　　*/	
序号	程序代码
01	public DataTable getItems(string cartCode)
02	{
03	SqlConnection sqlConn = new SqlConnection(strSqlConn);
04	SqlCommand sqlComm = new SqlCommand();
05	SqlDataAdapter sqlDa=new SqlDataAdapter(sqlComm);
06	DataSet ds = new DataSet();
07	sqlComm.Connection = sqlConn;
08	sqlComm.CommandType = CommandType.StoredProcedure;
09	sqlComm.CommandText = "shoppingCartList";
10	SqlParameter parametercartCode = new SqlParameter("@cartCode",
11	SqlDbType.VarChar, 30);
12	parametercartCode.Value = cartCode.Trim();

续表

序号	程序代码
13	sqlComm.Parameters.Add(parametercartCode);
14	sqlDa.Fill(ds, "购物车");
15	DataTable result = ds.Tables[0];
16	return result;
17	}

（3）编写 getTotal 方法的程序代码。

getTotal 方法的程序代码如表 8-33 所示，其功能是计算指定购物车选购商品的总金额。

表 8-33　　　　　　　　类 ShoppingCartDB 中 getTotal 方法的程序代码

/*方法名称：getTotal　*/	
序号	程序代码
01	public decimal getTotal(string cartCode)
02	{
03	SqlConnection sqlConn = new SqlConnection(strSqlConn);
04	SqlCommand sqlComm = new SqlCommand();
05	sqlComm.Connection = sqlConn;
06	sqlComm.CommandType = CommandType.StoredProcedure;
07	sqlComm.CommandText = "shoppingCartTotal";
08	SqlParameter parametercartCode = new SqlParameter("@cartCode",
09	SqlDbType.VarChar, 30);
10	parametercartCode.Value = cartCode.Trim();
11	sqlComm.Parameters.Add(parametercartCode);
12	SqlParameter parameterTotalCost = new SqlParameter("@TotalAmount",
13	SqlDbType.Money, 8);
14	parameterTotalCost.Direction = ParameterDirection.Output;
15	sqlComm.Parameters.Add(parameterTotalCost);
16	sqlConn.Open();
17	sqlComm.ExecuteNonQuery();
18	sqlConn.Close();
19	if (parameterTotalCost.Value.ToString() != "")
20	{
21	return (decimal)parameterTotalCost.Value;
22	}
23	else
24	{
25	return 0;
26	}
27	}

（4）编写 updateItem 方法的程序代码。

updateItem 方法的程序代码如表 8-34 所示，其功能是更新指定的购物车，包括插入新选购的商品数据和修改已选商品的购买数量。

表 8-34　　　　　　　　类 ShoppingCartDB 中 updateItem 方法的程序代码

/*方法名称：updateItem　*/	
序号	程序代码
01	public void updateItem(string cartCode, string productCode, int quantity)
02	{
03	if (quantity < 0)

序号	程序代码
04	{
05	throw new Exception("购买数量必须大于0！");
06	}
07	SqlConnection sqlConn = new SqlConnection(strSqlConn);
08	SqlCommand sqlComm = new SqlCommand();
09	sqlComm.Connection = sqlConn;
10	sqlComm.CommandType = CommandType.StoredProcedure;
11	sqlComm.CommandText = "shoppingCartUpdate";
12	SqlParameter parameterProductCode = new SqlParameter("@ProductCode",
13	SqlDbType.NChar, 6);
14	parameterProductCode.Value = productCode;
15	sqlComm.Parameters.Add(parameterProductCode);
16	SqlParameter parametercartCode = new SqlParameter("@cartCode",
17	SqlDbType.NVarChar, 150);
18	parametercartCode.Value = cartCode.Trim();
19	sqlComm.Parameters.Add(parametercartCode);
20	SqlParameter parameterQuantity = new SqlParameter("@Quantity", SqlDbType.Int, 4);
21	parameterQuantity.Value = quantity;
22	sqlComm.Parameters.Add(parameterQuantity);
23	sqlConn.Open();
24	sqlComm.ExecuteNonQuery();
25	sqlConn.Close();
26	}

（5）编写 removeItem 方法的程序代码。

removeItem 方法的程序代码如表 8-35 所示，其功能是删除指定购物车中的指定商品数据。

表 8-35   类 ShoppingCartDB 中 removeItem 方法的程序代码

/*方法名称：removeItem   */

序号	程序代码
01	public void removeItem(string cartCode, string productCode)
02	{
03	SqlConnection sqlConn = new SqlConnection(strSqlConn);
04	SqlCommand sqlComm = new SqlCommand();
05	sqlComm.Connection = sqlConn;
06	sqlComm.CommandType = CommandType.StoredProcedure;
07	sqlComm.CommandText = "shoppingCartRemoveItem";
08	SqlParameter parametercartCode = new SqlParameter("@cartCode",
09	SqlDbType.VarChar, 30);
10	parametercartCode.Value = cartCode;
11	sqlComm.Parameters.Add(parametercartCode);
12	SqlParameter parameterProductCode = new SqlParameter("@productCode",
13	SqlDbType.NChar, 6);
14	parameterProductCode.Value = productCode;
15	sqlComm.Parameters.Add(parameterProductCode);
16	sqlConn.Open();
17	sqlComm.ExecuteNonQuery();
18	sqlConn.Close();
19	}

（6）编写 emptyCart 方法的程序代码。

emptyCart 方法的程序代码如表 8-36 所示，其功能是清空指定购物车。

表 8-36　　　　　　　　类 ShoppingCartDB 中 emptyCart 方法的程序代码

序号	程序代码
/*方法名称：emptyCart　　*/	
01	public void emptyCart(string cartCode)
02	{
03	SqlConnection sqlConn = new SqlConnection(strSqlConn);
04	SqlCommand sqlComm = new SqlCommand();
05	sqlComm.Connection = sqlConn;
06	sqlComm.CommandType = CommandType.StoredProcedure;
07	sqlComm.CommandText = "shoppingCartEmpty";
08	SqlParameter parameterCartCode = new SqlParameter("@cartCode",
09	SqlDbType.VarChar, 30);
10	parameterCartCode.Value = cartCode;
11	sqlComm.Parameters.Add(parameterCartCode);
12	sqlConn.Open();
13	sqlComm.ExecuteNonQuery();
14	sqlConn.Close();
15	}

2．创建文件 OrderDB.cs 和相应的类

在"数据库访问层"项目中创建文件 OrderDB.cs，在该文件中创建 OrderDB 类，在该类中创建必要的方法，并编写程序代码实现其功能。

（1）声明 OrderDB 类的成员变量。

声明类 OrderDB 的 1 个成员变量的代码如下。

```
string strSqlConn = ConfigurationManager.ConnectionStrings["ConnectionString"].ConnectionString;
```

（2）编写 getOrderCode 方法的程序代码。

getOrderCode 方法的程序代码如表 8-37 所示，其功能是获取"订单信息表"中最新订单的订单编号。

表 8-37　　　　　　　类 ShoppingCartDB 中 getOrderCode 方法的程序代码

序号	程序代码
/*方法名称：getOrderCode　　*/	
01	public string getOrderCode()
02	{
03	SqlConnection sqlConn = new SqlConnection(strSqlConn);
04	SqlCommand sqlComm = new SqlCommand();
05	sqlComm.Connection = sqlConn;
06	sqlComm.CommandType = CommandType.StoredProcedure;
07	sqlComm.CommandText = "getExistingOrderCode";
08	SqlParameter parameterOrderCode = new SqlParameter("@existingCode",
09	SqlDbType.NChar, 10);
10	parameterOrderCode.Direction = ParameterDirection.Output;
11	sqlComm.Parameters.Add(parameterOrderCode);
12	sqlConn.Open();
13	sqlComm.ExecuteNonQuery();
14	sqlConn.Close();
15	return parameterOrderCode.Value.ToString();
16	}

（3）编写 setOrder 方法的程序代码。

setOrder 方法的程序代码如表 8-38 所示，其功能是将订单数据存入"订单信息表"中。

表 8-38　　　　　　　类 ShoppingCartDB 中 setOrder 方法的程序代码

*方法名称：setOrder　　*/	
序号	程序代码
01	public string setOrder(string orderCode, string code, decimal amountCart)
02	{
03	SqlConnection sqlConn = new SqlConnection(strSqlConn);
04	SqlCommand sqlComm = new SqlCommand();
05	sqlComm.Connection = sqlConn;
06	sqlComm.CommandType = CommandType.StoredProcedure;
07	sqlComm.CommandText = "orderAdd";
08	SqlParameter parameterOrderCode = new SqlParameter("@orderCode",
09	SqlDbType.NChar, 10);
10	parameterOrderCode.Value = orderCode;
11	sqlComm.Parameters.Add(parameterOrderCode);
12	SqlParameter parametercartCode = new SqlParameter("@cartCode",
13	SqlDbType.VarChar, 30);
14	parametercartCode.Value = code;
15	sqlComm.Parameters.Add(parametercartCode);
16	SqlParameter parametercartAmount = new SqlParameter("@cartAmount",
17	SqlDbType.Money, 8);
18	parametercartAmount.Value = amountCart;
19	sqlComm.Parameters.Add(parametercartAmount);
20	SqlParameter parameterOrderDate = new SqlParameter("@orderDate",
21	SqlDbType.DateTime, 8);
22	parameterOrderDate.Value = DateTime.Now;
23	sqlComm.Parameters.Add(parameterOrderDate);
24	SqlParameter parameterCode = new SqlParameter("@returnCode",
25	SqlDbType.NChar, 10);
26	parameterCode.Direction=ParameterDirection.Output;
27	sqlComm.Parameters.Add(parameterCode);
28	sqlConn.Open();
29	sqlComm.ExecuteNonQuery();
30	sqlConn.Close();
31	return parameterCode.Value.ToString();
32	}

【任务 8-3-2】　购物车管理模块数据展示层的界面设计

（1）创建 Web 窗体 ShoppingCart.aspx。

在网站 WebSite8 中添加 Web 窗体 ShoppingCart.aspx。

（2）在 Web 窗体 ShoppingCart.aspx 中添加控件。

在 Web 窗体 ShoppingCart.aspx 中添加合适的控件，其页面外观组成如图 8-14 所示。

（3）设置 Web 页面中控件的属性。

Web 页面中控件的属性设置如表 8-39 所示。

表 8-39　　　　　　　　　Web 窗体 ShoppingCart.aspx 中控件的属性设置

控件类型	属性名称	属性值	属性名称	属性值
GridView	（ID）	gridViewCart	AutoGenerateColumns	False
	DataKeyNames	购买数量	Width	100%
PlaceHolder	（ID）	placeHolder1	Text	
Label	（ID）	lblTotal	Text	0
LinkButton	（ID）	lbtnUpdateCart	Text	更新购物车
	（ID）	lbtnRemove	Text	清空购物车
	（ID）	lbtnClearing	Text	去结算
	（ID）	lbtnContinueCart	Text	继续购物
	PostBackUrl	productList.aspx	Text	

Web 页面 ShoppingCart.aspx 中 GridView 控件的 HTML 代码如表 8-40 所示。

表 8-40　　　　　　Web 页面 ShoppingCart.aspx 中 GridView 控件的 HTML 代码

```
/*程序名称：GridView   */
```

序号	程序代码
01	`<asp:GridView ID="gridViewCart" runat="server"`
02	`    CellPadding="3" AutoGenerateColumns="False"`
03	`    onrowcommand="gridViewCart_RowCommand"`
04	`    onrowcreated="gridViewCart_RowCreated" DataKeyNames="购买数量"`
05	`    onrowdatabound="gridViewCart_RowDataBound"`
06	`    onrowdeleting="gridViewCart_RowDeleting" Width="100%">`
07	`    <Columns>`
08	`        <asp:Templatefield HeaderText="商品编码">`
09	`            <ItemTemplate>`
10	`                <asp:Label id="productCode" runat="server"`
11	`                    Text='<%# DataBinder.Eval(Container.DataItem, "商品编码") %>' />`
12	`            </ItemTemplate>`
13	`            <ItemStyle HorizontalAlign="Center" Width="100px" />`
14	`        </asp:Templatefield>`
15	`        <asp:Templatefield HeaderText="图片预览">`
16	`            <ItemTemplate>`
17	`                <asp:Image ID="imgPicture" runat="server"`
18	`                    ImageUrl='<%# Eval("图片地址") %>' Width="48"`
19	`                    Height="72"   AlternateText='<%# Eval("商品名称") %>' />`
20	`            </ItemTemplate>`
21	`            <ItemStyle Font-Size="Small" HorizontalAlign="Center" Width="100px"`
22	`                Height="80px" />`
23	`        </asp:Templatefield>`
24	`        <asp:BoundField DataField="商品名称" HeaderText="商品名称" ReadOnly="True" >`
25	`            <ItemStyle Width="240px" />`
26	`        </asp:BoundField>`
27	`        <asp:BoundField DataField="优惠价格" HeaderText="优惠价格"`
28	`            ReadOnly="True"   DataFormatString="{0:C}" >`
29	`            <ItemStyle HorizontalAlign="Right" Width="120px"></ItemStyle>`
30	`        </asp:BoundField>`
31	`        <asp:Templatefield HeaderText="购买数量">`

续表

序号	程序代码
32	<ItemTemplate>
33	<asp:ImageButton ID="ibtnReduce" runat="server" ImageAlign="Middle"
34	CommandName="reduceNum" ImageUrl="images/reduceNum.gif" />
35	<asp:TextBox ID="txtNumber" runat="server"
36	Width="20px" Height="20" CommandName="number"
37	Text='<%# DataBinder.Eval(Container.DataItem, "购买数量") %>'>
38	</asp:TextBox>
39	<asp:ImageButton ID="ibtnAdd" runat="server"
40	ImageAlign="Middle" CommandName="addNum"
41	ImageUrl="images/addNum.gif" />
42	</ItemTemplate>
43	<ItemStyle HorizontalAlign="Center" Width="100px" />
44	</asp:Templatefield>
45	<asp:BoundField DataField="总金额" HeaderText="小计"
46	DataFormatString="{0:C}" >
47	<ItemStyle Width="100px" HorizontalAlign="Right"/>
48	</asp:BoundField>
49	<asp:TemplateField HeaderText="删除操作">
50	<ItemTemplate>
51	<asp:CheckBox ID="remove" runat="server" />
52	<asp:LinkButton ID="lbtnDelete" runat="server"
53	CommandName="Delete">删除</asp:LinkButton>
54	</ItemTemplate>
55	<ItemStyle HorizontalAlign="Center" Width="70px" />
56	</asp:TemplateField>
57	</Columns>
58	</asp:GridView>

（4）附加外部样式文件。

附加外部样式文件的代码如下。

```
<link href="css/styleShoppingCart.css" rel="stylesheet" type="text/css" />
```

【任务 8-3-3】 购物车管理模块业务逻辑层的程序设计

（1）编写事件过程 Page_Load 的程序代码。

事件过程 Page_Load 的程序代码如下，调用 shoppingCartList()方法在 gridViewCart 控件中显示指定购物车的选购商品数据，同时输出该购物车选购商品的总金额。

```
if (!Page.IsPostBack)
    {
        shoppingCartList();
    }
```

shoppingCartList 方法的程序代码如表 8-41 所示。

表 8-41   shoppingCartList 方法的程序代码

/*方法名称：shoppingCartList */	
序号	程序代码
01	void shoppingCartList()
02	{
03	ShoppingCartDB cart = new ShoppingCartDB();

续表

序号	程序代码
04	string cartCode = cart.getShoppingCartCode().Trim();
05	if (cart.getItemCount(cartCode) != 0)
06	{
07	gridViewCart.DataSource = cart.getItems(cartCode);
08	gridViewCart.DataBind();
09	lblTotal.Text = String.Format("{0:C}", cart.getTotal(cartCode));
10	}
11	}

（2）编写【更新购物车】按钮的事件过程 btnUpdateCart_Click 的程序代码。

【更新购物车】按钮的事件过程 btnUpdateCart_Click 的代码很简单，分别调用 updateShoppingCartData()和 shoppingCartList()方法。

（3）编写 updateShoppingCartData 方法的程序代码。

updateShoppingCartData 方法的程序代码如表 8-42 所示，其功能是更新指定购物车。

表 8-42　Web 窗体 ShoppingCart.aspx 中 updateShoppingCartData 方法的程序代码

/*方法名称：updateShoppingCartData　*/

序号	程序代码
01	void updateShoppingCartData()
02	{
03	ShoppingCartDB cart = new ShoppingCartDB();
04	string cartCode = cart.getShoppingCartCode();
05	foreach (GridViewRow row in gridViewCart.Rows)
06	{
07	TextBox txtQuantity = (TextBox)row.FindControl("txtNumber");
08	CheckBox remove = (CheckBox)row.FindControl("remove");
09	int quantity;
10	quantity = Int32.Parse(txtQuantity.Text);
11	if (quantity != (int)gridViewCart.DataKeys[row.RowIndex].Value
12	|| remove.Checked == true)
13	{
14	Label lblProductCode = (Label)row.FindControl("productCode");
15	if (quantity == 0 || remove.Checked == true)
16	{
17	cart.removeItem(cartCode.Trim(), lblProductCode.Text.Trim());
18	}
19	else
20	{
21	cart.updateItem(cartCode.Trim(), lblProductCode.Text.Trim()
22	, quantity);
23	}
24	}
25	}
26	}

（4）编写事件过程 gridViewCart_RowCommand 的程序代码。

事件过程 gridViewCart_RowCommand 的程序代码如表 8-43 所示，其功能是动态更新选购商品的购买数量。

表 8-43　Web 窗体 ShoppingCart.aspx 中事件过程 gridViewCart_RowCommand 的程序代码

/*事件过程名称：gridViewCart_RowCommand　　*/	
序号	程序代码
01	protected void gridViewCart_RowCommand(object sender, GridViewCommandEventArgs e)
02	{
03	if (e.CommandName=="reduceNum" || e.CommandName=="addNum")
04	{
05	GridViewRow drv = (GridViewRow)((ImageButton)
06	e.CommandSource).NamingContainer;//表示那行被选中的索引值
07	TextBox txtNum = new TextBox();
08	txtNum = (TextBox)gridViewCart.Rows[drv.RowIndex].FindControl("txtNumber");
09	int num = Convert.ToInt32(txtNum.Text.ToString());//获取 txtNumber 的值
10	if (e.CommandName.CompareTo("reduceNum") == 0)
11	{
12	if (num > 0)
13	num--;
14	else
15	num = 0;
16	txtNum.Text = num.ToString();
17	}
18	else
19	{
20	num++;
21	txtNum.Text = num.ToString();
22	}
23	}
24	}

（5）编写事件过程 gridViewCart_RowDataBound 的程序代码。

事件过程 gridViewCart_RowDataBound 的程序代码如表 8-44 所示，其功能是删除购物车中的一条商品数据时弹出一个提示"确定要删除"的对话框。

表 8-44　Web 窗体 ShoppingCart.aspx 中事件过程 gridViewCart_RowDataBound 的程序代码

/*事件过程名称：gridViewCart_RowDataBound　　*/	
序号	程序代码
01	protected void gridViewCart_RowDataBound(object sender, GridViewRowEventArgs e)
02	{
03	if (e.Row.RowType == DataControlRowType.DataRow)
04	{
05	LinkButton lbtn = e.Row.FindControl("lbtnDelete") as LinkButton;
06	lbtn.Attributes.Add("onclick", "return confirm('确定要删除吗？')");
07	}
08	}

（6）编写事件过程 gridViewCart_RowDeleting 的程序代码。

事件过程 gridViewCart_RowDeleting 的程序代码如表 8-45 所示，其功能是删除购物车中的一条商品数据。

单元 8　基于多层架构的数据库程序设计

表 8-45　Web 窗体 ShoppingCart.aspx 中事件过程 gridViewCart_RowDeleting 的程序代码

/*事件过程名称：gridViewCart_RowDeleting　*/	
序号	程序代码
01	protected void gridViewCart_RowDeleting(object sender, GridViewDeleteEventArgs e)
02	{
03	ShoppingCartDB cart = new ShoppingCartDB();
04	string cartCode = cart.getShoppingCartCode();
05	Label lblProductCode = (Label)gridViewCart.Rows[e.RowIndex]
06	.FindControl("productCode");
07	cart.removeItem(cartCode, lblProductCode.Text);
08	gridViewCart.EditIndex = −1;
09	shoppingCartList();
10	}

（7）编写事件过程 lbtnClearing_Click 的程序代码。

事件过程 lbtnClearing_Click 的程序代码如表 8-46 所示，其功能是将购物车中选购商品数据分别存入"订单信息表"和"订单商品详情表"中。

表 8-46　Web 窗体 ShoppingCart.aspx 中事件过程 lbtnClearing_Click 的程序代码

/*事件过程名称：lbtnClearing_Click　*/	
序号	程序代码
01	protected void lbtnClearing_Click(object sender, EventArgs e)
02	{
03	ShoppingCartDB cart = new ShoppingCartDB();
04	OrderDB orderData = new OrderDB();
05	string orderCode = orderData.getOrderCode();
06	string cartCode = cart.getShoppingCartCode();
07	string customerName = User.Identity.Name;
08	decimal amountCart = cart.getTotal(cartCode);
09	if (int.Parse(orderCode.Trim())<1)
10	{
11	orderCode = "100000";
12	}
13	else
14	{
15	int intCode;
16	intCode = int.Parse(orderCode.Trim());//注意删除多余空格
17	intCode += 1;
18	orderCode = intCode.ToString();
19	}
20	if ((cartCode != null) && (customerName != null) && (amountCart>0))
21	{
22	orderData.setOrder(orderCode, cartCode, amountCart);
23	shoppingCartList();
24	}
25	}

（8）编写事件过程 lbtnRemove_Click 的程序代码。

事件过程 lbtnRemove_Click 的程序代码如表 8-47 所示，其功能是清空购物车。

表 8-47　Web 窗体 ShoppingCart.aspx 中事件过程 lbtnRemove_Click 的程序代码

/*事件过程名称：lbtnRemove_Click   */

序号	程序代码
01	protected void lbtnRemove_Click(object sender, EventArgs e)
02	{
03	ShoppingCartDB cart = new ShoppingCartDB();
04	string cartCode = cart.getShoppingCartCode();
05	cart.emptyCart(cartCode);
06	}

【运行结果】

在 Web 页面 ProductList.aspx 中单击【购买】按钮选购商品后进入图 8-15 所示的购物车页面，在该页面中可以实现以下各项功能。

（1）动态改变购买数量，例如，图 8-15 中第 2 件商品的购买数量为 2。
（2）显示当前购物车中商品总金额，图 8-15 中的商品总金额为￥5450.00。
（3）批量更新购物车。
（4）返回页面 ProductList.aspx 继续购物。
（5）删除一条商品数量或清空购物车。
（6）完成结算，将购物车中选购商品数据分别存入"订单信息表"和"订单商品详情表"中。

图 8-15　Web 窗体 ShoppingCart.aspx 的运行效果

【技能拓展】

8.3　在.NET 平台基于多层架构的 B/S 模式数据库程序设计（使用 LINQ 方式访问 SQL Server 数据库）

【任务 8-4】　基于多层架构实现订单管理

【任务描述】

（1）在网站 WebSite8 中添加 Web 窗体 OrderManage.aspx，其页面外观组成如图 8-16 所示。
（2）编写程序，使用 LINQ 方式在 Web 页面中实现数据绑定，在 DetailsView 控件中显示订单信息，在 GridView 控件中显示对应订单的商品数据。

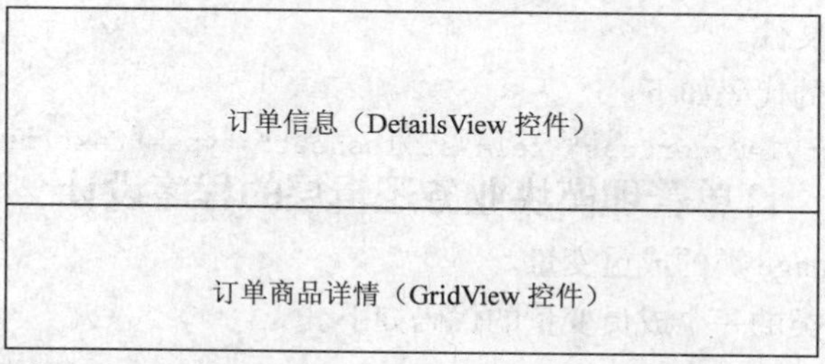

```
┌─────────────────────────────────────────────┐
│                                             │
│         订单信息（DetailsView 控件）          │
│                                             │
├─────────────────────────────────────────────┤
│                                             │
│        订单商品详情（GridView 控件）          │
│                                             │
└─────────────────────────────────────────────┘
```

图 8-16　Web 窗体 OrderManage.aspx 的外观组成

【任务实施】

【任务 8-4-1】　订单管理模块数据展示层的界面设计

（1）创建 Web 窗体 OrderManage.aspx。

在网站 WebSite8 中添加 Web 窗体 OrderManage.aspx。

（2）在 Web 窗体 OrderManage.aspx 中添加控件。

在 Web 窗体 OrderManage.aspx 中添加 DetailsView 控件和 GridView 控件，其页面外观组成如图 8-16 所示。

（3）设置 Web 页面中控件的属性。

Web 页面中控件的属性设置如表 8-48 所示，页面的设计外观效果如图 8-17 所示。

表 8-48　　Web 窗体 OrderManage.aspx 中控件的属性设置

控件类型	属性名称	属性值	属性名称	属性值
DetailsView	（ID）	detailsView1	AllowPaging	True
	AutoGenerateRows	False	DataKeyNames	订单编号
GridView	（ID）	gridView1	AllowPaging	True
	AutoGenerateColumns	False	Width	100%

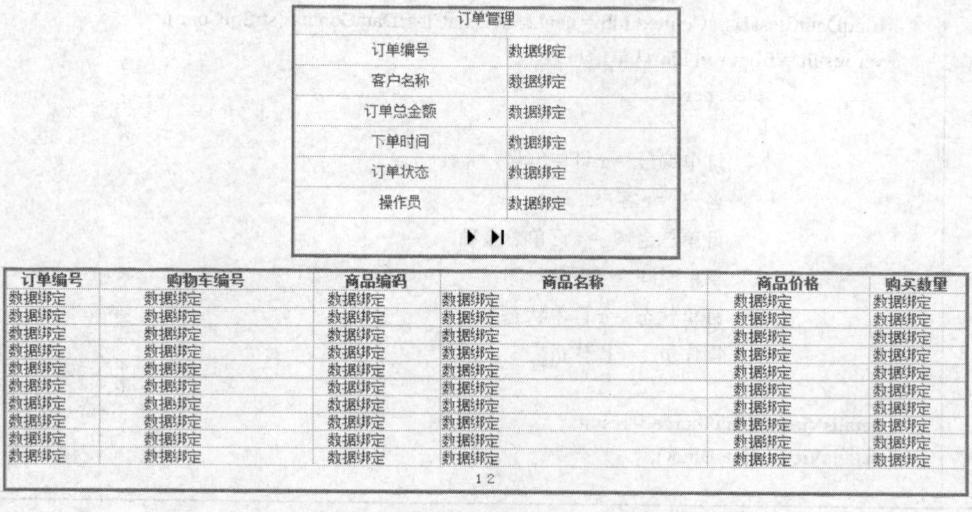

图 8-17　Web 窗体 OrderManage.aspx 的设计外观

（4）附加外部样式文件。

附加外部样式文件的代码如下。

```
<link href="css/styleOrder.css" rel="stylesheet" type="text/css" />
```

【任务 8-4-2】 订单管理模块业务逻辑层的程序设计

（1）声明 OrderManage 类的成员变量。

声明 OrderManage 类的一个成员变量的代码如下。

```
string strOrderCode;
```

（2）编写事件过程 Page_Load 的程序代码。

事件过程 Page_Load 的程序代码如表 8-49 所示。

表 8-49　　Web 窗体 OrderManage.aspx 中事件过程 Page_Load 的程序代码

/*事件过程名称：Page_Load　　*/	
序号	程序代码
01	protected void Page_Load(object sender, EventArgs e)
02	{
03	orderBind();
04	string strOrderCode = detailsView1.DataKey.Value.ToString();
05	orderDetailBind(strOrderCode);
06	}

（3）编写 orderBind 方法的程序代码。

orderBind 方法的程序代码如表 8-50 所示。

表 8-50　　Web 窗体 OrderManage.aspx 中 orderBind 方法的程序代码

/*方法名称：orderBind　　*/	
序号	程序代码
01	private void orderBind()
02	{
03	string strSqlConn = ConfigurationManager
04	.ConnectionStrings["ECommerceConnectionString"].ConnectionString;
05	LinqDataClassDataContext ldb = new LinqDataClassDataContext(strSqlConn);
06	var result = from r in ldb.订单信息表
07	select new
08	{
09	订单编号　= r.订单编号,
10	客户　= r.客户,
11	订单总金额　= r.订单总金额,
12	下单时间　= r.下单时间,
13	订单状态　= r.订单状态,
14	操作员　= r.操作员
15	};
16	detailsView1.DataSource = result;
17	detailsView1.DataBind();
18	}

（4）编写 orderDetailBind 方法的程序代码。

orderDetailBind 方法的程序代码如表 8-51 所示。

表 8-51　　　Web 窗体 OrderManage.aspx 中 orderDetailBind 方法的程序代码

/*方法名称：orderDetailBind　　*/	
序号	程序代码
01	private void orderDetailBind(string strCode)
02	{
03	string strSqlConn = ConfigurationManager
04	.ConnectionStrings["ECommerceConnectionString"].ConnectionString;
05	LinqDataClassDataContext ldb = new LinqDataClassDataContext(strSqlConn);
06	var result = from r in ldb.订单商品详情表
07	where r.订单编号 == strCode
08	select new
09	{
10	订单编号 = r.订单编号,
11	购物车编号 = r.购物车编号,
12	商品编码 = r.商品编码,
13	商品名称 = r.商品名称,
14	市场价格 = r.市场价格,
15	购买数量 = r.购买数量
16	};
17	gridView1.DataSource = result;
18	gridView1.DataBind();
19	}

（5）编写事件过程 detailsView1_PageIndexChanging 的程序代码。

事件过程 detailsView1_PageIndexChanging 的程序代码如表 8-52 所示。

表 8-52　Web 窗体 OrderManage.aspx 中事件过程 detailsView1_PageIndexChanging 的程序代码

/*事件过程名称：detailsView1_PageIndexChanging　　*/	
序号	程序代码
01	protected void detailsView1_PageIndexChanging(object sender,
02	DetailsViewPageEventArgs e)
03	{
04	detailsView1.PageIndex = e.NewPageIndex;
05	orderBind();
06	string strOrderCode = detailsView1.DataKey.Value.ToString();
07	orderDetailBind(strOrderCode);
08	}

（6）编写事件过程 gridView1_PageIndexChanging 的程序代码。

事件过程 gridView1_PageIndexChanging 的程序代码如下。

```
gridView1.PageIndex = e.NewPageIndex;
```

【运行结果】

Web 页面 OrderManage.aspx 的运行结果如图 8-18 所示。

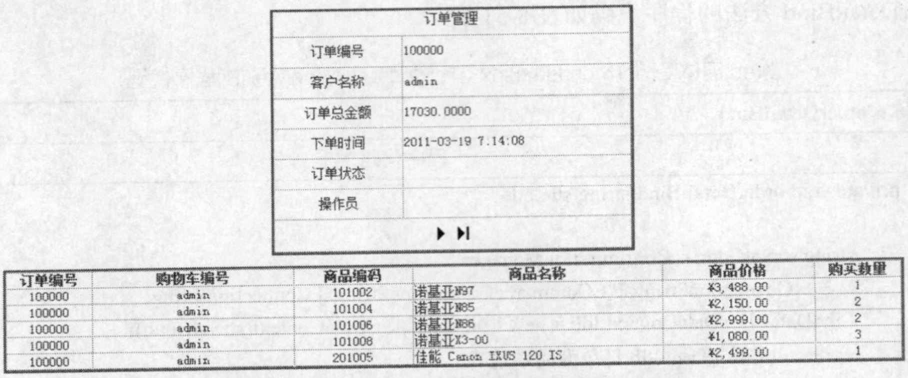

图 8-18 Web 页面 OrderManage.aspx 的运行结果

8.4 在 Java 平台中基于多层架构的数据库程序设计（使用 JDBC 方式访问 SQL Server 数据库）

【任务 8-5】 在 Java 平台中基于多层架构实现客户管理

【任务描述】

（1）在 NetBeans IDE 集成开发环境中创建 Java 应用程序项目 JavaApplication8。
（2）在 Java 应用程序项目 JavaApplication8 中添加 JAR 文件"sqljdbc4.jar"。
（3）在 Java 应用程序项目 JavaApplication8 中创建公共数据访问类 GetDataClass。
（4）在 Java 应用程序项目 JavaApplication8 中创建公共业务逻辑类 OperationClass。
（5）在 Java 应用程序项目 JavaApplication8 中创建 JFrame 窗体。JFrameCustomerManage，窗体的设计外观如图 8-19 所示。
（6）编写程序使用 JDBC 方式实现客户信息的浏览。
（7）编写程序使用 JDBC 方式实现记录位置的改变。
（8）编写程序使用 JDBC 方式实现客户信息的更新与保存。

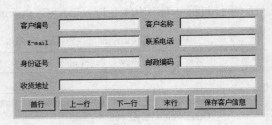

图 8-19 JFrame 窗体 JFrameCustomerManage 的设计外观

【任务实施】

【任务 8-5-1】 客户管理模块数据访问层的程序设计

（1）在 NetBeans IDE 集成开发环境中创建 Java 应用程序项目 JavaApplication8。
（2）在 Java 应用程序项目 JavaApplication8 中添加 JAR 文件"sqljdbc4.jar"。
（3）在 Java 应用程序项目 JavaApplication8 中创建公共数据访问类 GetDataClass。

GetDataClass.java 类主要包括 getSQLServerConn、getOracleConn、closeConnection、getStatement、closeResultSet、closePreparedStatement、getPreStatement、getStatementScroll 等方法，

其中 getStatementScroll 方法的程序代码如表 8-53 所示，getStatement、getPreStatement 方法的程序代码详见【任务 7-8】，其他方法的程序代码详见【任务 6-10】，在此不再列出。

表 8-53　　　　　　类 GetDataClass 中 getStatementScroll 方法的程序代码

/*方法名称：getStatementScroll　　*/	
序号	程序代码
01	public Statement getStatementScroll(Connection conn) {
02	Statement statement = null;
03	try {
04	conn = getSQLServerConn();
05	//ResultSet.TYPE_SCROLL_SENSITIVE　返回可滚动的结果集
06	statement = conn.createStatement (ResultSet.TYPE_SCROLL_INSENSITIVE,
07	ResultSet.CONCUR_READ_ONLY);
08	} catch (SQLException ex) {
09	ex.printStackTrace();
10	}
11	return statement;
12	}

【任务 8-5-2】　客户管理模块业务逻辑层的程序设计

（1）在 Java 应用程序项目 JavaApplication8 中创建公共业务逻辑类 OperationClass。

（2）声明 OperationClass 类的成员变量。

声明 OperationClass 类的一个成员变量的代码如下。

`GetDataClass objGetData = new GetDataClass();`

（3）编写 getCustomer 方法的程序代码。

getCustomer 方法的程序代码如表 8-54 所示，其主要功能是获取客户信息。

表 8-54　　　　　　类 OperationClass getCustomer 方法的程序代码

/*方法名称：getCustomer　　*/	
序号	程序代码
01	//获取客户信息
02	public ResultSet getCustomer() {
03	Connection conn = null;
04	Statement statement = null;
05	ResultSet rs = null;
06	String strSql = "Select 客户编号,客户名称,手机号码,Email,身份证号,邮政编码,收货地址"
07	+ " From 客户信息表 ";
08	try {
09	conn = objGetData.getSQLServerConn();
10	statement = objGetData.getStatementScroll(conn);
11	rs = statement.executeQuery(strSql);
12	} catch (SQLException ex) {
13	ex.printStackTrace();
14	}
15	objGetData.closeConnection(conn);
16	return rs;
17	}

（4）编写 checkRecordNum 方法的程序代码。

checkRecordNum 方法的程序代码如表 8-55 所示，其主要功能是判断符合条件的客户是否存在，注意这里假设一个用户只存在一条收货地址信息。

表 8-55　　　　　类 OperationClass checkRecordNum 方法的程序代码

/*方法名称：checkRecordNum　　*/	
序号	程序代码
01	//判断符合条件的客户是否存在
02	public boolean checkRecordNum(String tableName, String fieldName, String userCode) {
03	boolean returnValue = false;
04	Connection conn = null;
05	Statement statement = null;
06	ResultSet rs = null;
07	String strSql = "Select 客户编号 From " + tableName + " Where "
08	+ fieldName + "='" + userCode + "'";
09	try {
10	conn = objGetData.getSQLServerConn();
11	statement = objGetData.getStatement(conn);
12	rs = statement.executeQuery(strSql);//执行 SQL 语句，返回结果集
13	rs.beforeFirst();
14	if (rs.next()) {//执行 SQL 语句，返回结果集
15	returnValue = true;
16	} else {
17	returnValue = false;
18	}
19	} catch (SQLException ex) {
20	ex.printStackTrace();
21	}
22	objGetData.closeResultSet(rs);
23	objGetData.closeStatement(statement);
24	objGetData.closeConnection(conn);
25	return returnValue;
26	}

（5）编写 updateCustomer 方法的程序代码。

updateCustomer 方法的程序代码如表 8-56 所示，其主要功能是调用存储过程更新客户信息。

表 8-56　　　　　类 OperationClass updateCustomer 方法的程序代码

/*方法名称：updateCustomer　　*/	
序号	程序代码
01	//更新客户信息
02	public boolean updateCustomer(String[] customerInfo) {
03	boolean returnValue = false;
04	Connection conn = null;
05	CallableStatement cs = null;
06	try {
07	conn = objGetData.getSQLServerConn();
08	cs = conn.prepareCall("{ call updateCustomerInfo(?,?,?,?,?,?,?) }");

续表

序号	程序代码
09	cs.setString(1, customerInfo[0]);
10	cs.setString(2, customerInfo[1]);
11	cs.setString(3, customerInfo[2]);
12	cs.setString(4, customerInfo[3]);
13	cs.setString(5, customerInfo[4]);
14	cs.setString(6, customerInfo[5]);
15	cs.setString(7, customerInfo[6]);
16	if (cs.execute()) {
17	returnValue = true;
18	} else {
19	returnValue = false;
20	}
21	} catch (SQLException ex) {
22	ex.printStackTrace();
23	}
24	objGetData.closeConnection(conn);
25	return returnValue;
26	}

（6）编写 insertCustomer 方法的程序代码。

insertCustomer 方法的程序代码如表 8-57 所示，其主要功能是新增客户信息。

表 8-57　　　　　　类 OperationClass insertCustomer 方法的程序代码

/*方法名称：insertCustomer　　*/	
序号	程序代码
01	//新增客户信息
02	public boolean insertCustomer(String[] customerInfo) {
03	boolean returnValue = false;
04	Connection conn = null;
05	PreparedStatement ps = null;
06	try {
07	conn = objGetData.getSQLServerConn();
08	String strSql = "Insert Into 客户信息表(客户编号,客户名称,手机号码,Email,身份证号,
09	邮政编码,收货地址) Values(?,?,?,?,?,?,?)";
10	ps = conn.prepareStatement(strSql);
11	ps.setString(1, customerInfo[0]);
12	ps.setString(2, customerInfo[1]);
13	ps.setString(3, customerInfo[2]);
14	ps.setString(4, customerInfo[3]);
15	ps.setString(5, customerInfo[4]);
16	ps.setString(6, customerInfo[5]);
17	ps.setString(7, customerInfo[6]);
18	if (ps.executeUpdate() > 0) {//执行 SQL 语句，返回结果集
19	returnValue = true;
20	} else {
21	returnValue = false;
22	}

续表

序号	程序代码
23	} catch (SQLException ex) {
24	ex.printStackTrace();
25	}
26	objGetData.closeConnection(conn);
27	return returnValue;
28	}

【任务 8-5-3】 客户管理模块数据展示层的界面设计

（1）在 Java 应用程序项目 JavaApplication8 中创建 JFrame 窗体 JFrameCustomerManage，窗体的设计外观如图 8-19 所示，窗体中控件的属性设置如表 8-58 所示。

表 8-58　　　JFrame 窗体 JFrameCustomerManage 中控件的属性设置

控件类型	属性名称	属性值	属性名称	属性值
JLabel	变量名称	jlblCustomerCode	text	客户编号
	变量名称	jlblEmail	text	E-mail
	变量名称	jlblIDcardCode	text	身份证号
	变量名称	jlblAddress	text	收货地址
	变量名称	jlblCustomerName	text	客户名称
	变量名称	jlblPhone	text	联系电话
	变量名称	jlblPostalcode	text	邮政编码
JTextField	变量名称	jtfCustomerCode	text	（空）
	变量名称	jtfEmail	text	（空）
	变量名称	jtfIDcardCode	text	（空）
	变量名称	jtfAddress	text	（空）
	变量名称	jtfCustomerName	text	（空）
	变量名称	jtfPhone	text	（空）
	变量名称	jtfPostalcode	text	（空）
JButton	变量名称	jbtnFirst	text	首行
	变量名称	jbtnPrevious	text	上一行
	变量名称	jbtnNext	text	下一行
	变量名称	jbtnLast	text	末行
	变量名称	jbtnEditIConsignee	text	保存客户信息

（2）声明 JFrameCustomerManage 类的成员变量。

声明 JFrameCustomerManage 类的两个成员变量的代码如下。

```
OperationClass objOperation = new OperationClass();
ResultSet rs = null;
```

（3）编写构造函数 JFrameCustomerManage 的程序代码。

构造函数 JFrameCustomerManage 的程序代码如表 8-59 所示，其中语句"initComponents();"是创建 JFrame 窗体时系统自动生成的。

单元 8 基于多层架构的数据库程序设计

表 8-59　　　　　　　　　构造函数 JFrameCustomerManage 的程序代码

/*方法名称：JFrameCustomerManage　　*/	
序号	程序代码
01	public JFrameCustomerManage() {
02	initComponents();
03	jtfCustomerCode.setEditable(false);
04	rs = objOperation.getCustomer();
05	try {
06	rs.first();
07	} catch (SQLException ex) {
08	Logger.getLogger(JFrameCustomerManage.class.getName()).log(Level.SEVERE, null, ex);
09	}
10	initData();
11	}

（4）编写 initData 方法的程序代码。

initData 方法的程序代码如表 8-60 所示，其主要功能是设置控件的值。

表 8-60　　　　JFrame 窗体 JFrameCustomerManage 中 initData 方法的程序代码

/*方法名称：initData　　*/	
序号	程序代码
01	private void initData() {
02	try {
03	if (rs.getRow()>0) {
04	jtfCustomerCode.setText(rs.getString(1));
05	jtfCustomerName.setText(rs.getString(2));
06	jtfPhone.setText(rs.getString(3));
07	jtfEmail.setText(rs.getString(4));
08	jtfIDcardCode.setText(rs.getString(5));
09	jtfPostalcode.setText(rs.getString(6));
10	jtfAddress.setText(rs.getString(7));
11	}
12	} catch (SQLException ex) {
13	ex.printStackTrace();
14	}
15	}

（5）编写事件过程 jbtnEditIConsigneeActionPerformed 的程序代码。

事件过程 jbtnEditIConsigneeActionPerformed 的程序代码如表 8-61 所示，其主要功能是更新或新增客户信息。

表 8-61　　　　　　事件过程 jbtnEditIConsigneeActionPerformed 的程序代码

/*事件过程名称：jbtnEditIConsigneeActionPerformed　　*/	
序号	程序代码
01	private void jbtnEditIConsigneeActionPerformed(java.awt.event.ActionEvent evt) {
02	String[] CustomerInfo = new String[7];
03	CustomerInfo[0] = jtfCustomerCode.getText().trim();
04	CustomerInfo[1] = jtfCustomerName.getText().trim();

续表

序号	程序代码
05	CustomerInfo[2] = jtfPhone.getText().trim();
06	CustomerInfo[3] = jtfEmail.getText().trim();
07	CustomerInfo[4] = jtfIDcardCode.getText().trim();
08	CustomerInfo[5] = jtfPostalcode.getText().trim();
09	CustomerInfo[6] = jtfAddress.getText().trim();
10	if (objOperation.checkRecordNum("客户信息表", "客户编号", CustomerInfo[0])) {
11	if (objOperation.updateCustomer(CustomerInfo)) {
12	JOptionPane.showMessageDialog(null, "成功更新客户信息！");
13	} else {
14	JOptionPane.showMessageDialog(null, "更新客户信息失败！");
15	}
16	} else {
17	if (objOperation.insertCustomer(CustomerInfo)) {
18	JOptionPane.showMessageDialog(null, "成功新增客户信息！");
19	} else {
20	JOptionPane.showMessageDialog(null, "新增客户信息失败！");
21	}
22	}
23	}

（6）编写 Mouse 事件的程序代码实现记录位置的改变。

事件过程 jbtnFirstMouseClicked、jbtnPreviousMouseClicked、jbtnNextMouseClicked、jbtnLastMouseClicked 的程序代码如表 8-62 所示，其主要功能是实现记录位置的改变。

表 8-62 改变记录位置按钮 Mouse 事件的程序代码

/*事件过程名称：jbtnFirstMouseClicked、jbtnPreviousMouseClicked、jbtnNextMouseClicked、jbtnLastMouseClicked */	
序号	程序代码
01	private void jbtnFirstMouseClicked(java.awt.event.MouseEvent evt) {
02	try {
03	if (rs.getRow()>0) {
04	rs.first();
05	initData();
06	
07	}
08	} catch (SQLException ex) {
09	ex.printStackTrace();
10	}
11	}
12	private void jbtnPreviousMouseClicked(java.awt.event.MouseEvent evt) {
13	try {
14	if (!rs.isFirst()) {
15	rs.previous();
16	} else {
17	rs.last();
18	}
19	initData();

单元 8 基于多层架构的数据库程序设计

续表

序号	程序代码
20	} catch (SQLException ex) {
21	ex.printStackTrace();
22	}
23	}
24	private void jbtnNextMouseClicked(java.awt.event.MouseEvent evt) {
25	try {
26	if (!rs.isLast()) {
27	rs.next();
28	} else {
29	rs.first();
30	}
31	initData();
32	} catch (SQLException ex) {
33	ex.printStackTrace();
34	}
35	}
36	private void jbtnLastMouseClicked(java.awt.event.MouseEvent evt) {
37	try {
38	if (rs.getRow() > 0) {
39	rs.last();
40	initData();
41	}
42	} catch (SQLException ex) {
43	ex.printStackTrace();
44	}
45	}

【运行结果】

JFrame 窗体 JFrameCustomerManage 的运行结果如图 8-20 所示。

单击【下一行】按钮将显示下一条客户信息；单击【上一行】按钮将显示上一条客户信息；单击【首行】按钮将显示第一条客户信息；单击【末行】按钮将显示最后一条客户信息。

图 8-20　JFrame 窗体 JFrameCustomerManage 的运行结果

8.5　在 Java 平台中基于多层架构的数据库程序设计（使用 JDBC 方式访问 Oracle 数据库）

【任务 8-6】　在 Java 平台中基于多层架构实现用户管理

【任务描述】

（1）在公共数据访问类 GetDataClass 中创建 getOracleConn 方法。

257

（2）在公共业务逻辑类 OperationClass 中创建 getUserType、getCodeByName 和 addUser 方法。

（3）在 Java 应用程序项目 JavaApplication8 中添加 JAR 文件"ojdbc6_g.jar"。

（4）在 Java 应用程序项目 JavaApplication8 中创建 JFrame 窗体 JFrameUpdateUser，窗体的设计外观如图 8-21 所示。

（5）编写程序使用 JDBC 方式实现新增用户数据。

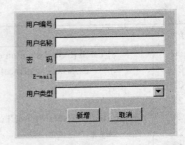

图 8-21　JFrame 窗体 JFrameUpdateUser 的设计外观

【任务实施】

【任务 8-6-1】　用户管理模块数据访问层的程序设计

在公共数据访问类 GetDataClass.java 中创建 getOracleConn 方法。

getOracleConn 方法的程序代码详见【任务 6-11】，这里不再列出。

【任务 8-6-2】　用户管理模块业务逻辑层的程序设计

（1）在业务逻辑类 OperationClass 中创建 getUserType 方法，该方法的程序代码如表 8-63 所示，其主要功能是从"用户类型表"中获取"类型名称"。

表 8-63　　　　类 OperationClass 中 getUserType 方法的程序代码

/*方法名称：getUserType　*/	
序号	程序代码
01	public ResultSet getUserType() {
02	Connection conn = objGetData.getOracleConn();
03	Statement statement = null;
04	ResultSet rs = null;
05	String strSql = "select 类型名称 from 用户类型表";
06	try {
07	statement = objGetData.getStatement(conn);
08	rs = statement.executeQuery(strSql);　　//执行 SQL 语句，返回结果集
09	} catch (SQLException ex) {
10	ex.printStackTrace();
11	}
12	//objGetData.closeStatement(statement);
13	objGetData.closeConnection(conn);
14	return rs;
15	}

（2）在业务逻辑类 OperationClass 中创建 getCodeByName 方法，该方法的程序代码如表 8-64 所示，其主要功能是根据"类型名称"从"用户类型表"中获取相应的"用户类型 ID"。

表 8-64　　　　类 OperationClass 中 getCodeByName 方法的程序代码

/*方法名称：getCodeByName　*/	
序号	程序代码
01	public String getCodeByName(String name) {
02	Connection conn = objGetData.getOracleConn();

续表

序号	程序代码
03	PreparedStatement ps = null;
04	ResultSet rs = null;
05	String code = "";
06	String strSql = "Select 用户类型 ID From 用户类型表 Where 类型名称=? ";
07	try {
08	ps = objGetData.getPreStatement(strSql, conn);
09	ps.setString(1, name);
10	rs = ps.executeQuery(); //执行 SQL 语句，返回结果集
11	if (rs.next()) {
12	code = rs.getString(1).trim();
13	}
14	objGetData.closePreparedStatement(ps);
15	objGetData.closeResultSet(rs); //释放资源
16	} catch (SQLException ex) {
17	ex.printStackTrace();
18	}
19	return code;
20	}

（3）在业务逻辑类 OperationClass 中创建 addUser 方法，该方法的程序代码如表 8-65 所示，其主要功能是新增用户数据。

表 8-65　　　　　　　　类 OperationClass 中 addUser 方法的程序代码

/*方法名称：addUser   */

序号	程序代码
01	public void addUser(String[] user) {
02	Connection conn = null;
03	PreparedStatement ps = null;
04	try {
05	conn = objGetData.getOracleConn();
06	String strSql = "Insert Into 用户表(用户编号,用户名,密码,Email,用户类型)
07	Values(?,?,?,?,?)";
08	ps = conn.prepareStatement(strSql);
09	ps.setString(1, user[0]);
10	ps.setString(2, user[1]);
11	ps.setString(3, user[2]);
12	ps.setString(4, user[3]);
13	ps.setString(5, user[4]);
14	if(ps.executeUpdate()>0){
15	JOptionPane.showMessageDialog(null, "新增用户数据成功！");
16	}
17	else
18	{
19	JOptionPane.showMessageDialog(null, "新增用户数据失败！");
20	}
21	} catch (Exception ex) {

续表

序号	程序代码
22	ex.printStackTrace();
23	} finally {
24	objGetData.closePreparedStatement(ps);
25	objGetData.closeConnection(conn);
26	}
27	}

【任务 8-6-3】 用户管理模块数据展示层的界面设计

（1）在 Java 应用程序项目 JavaApplication8 中创建 JFrame 窗体 JFrameUpdateUser，窗体的设计外观如图 8-21 所示，窗体中控件的属性设置如表 8-66 所示。

表 8-66　　　　　　　　JFrame 窗体 JFrameUpdateUser 中控件的属性设置

控件类型	属性名称	属性值	属性名称	属性值
JLabel	变量名称	jlblUserCode	text	用户编号
	变量名称	jlblUserName	text	用户名称
	变量名称	jlblPassword	text	密码
	变量名称	jlblEmail	text	E-mail
	变量名称	jlblUserType	text	用户类型
JTextField	变量名称	jtfUserCode	text	（空）
	变量名称	jtfUserName	text	（空）
	变量名称	jtfPassword	text	（空）
	变量名称	jtfEmail	text	（空）
JComboBox	变量名称	jcboUserType	text	（空）
JButton	变量名称	jbtnAdd	text	新增
	变量名称	jbtnCancel	text	取消

（2）声明 JFrameUpdateUser 类的成员变量。

声明 JFrameUpdateUser 类的一个成员变量的代码如下。

`OperationClass objOperation = new OperationClass();`

（3）编写构造函数 JFrameUpdateUser 的程序代码。

构造函数 JFrameUpdateUser 的程序代码如表 8-67 所示，其中语句"initComponents();"是创建 JFrame 窗体时系统自动生成的。

表 8-67　　　　　　　　构造函数 JFrameUpdateUser 的程序代码

/*方法名称：JFrameUpdateUser　　*/	
序号	程序代码
01	public JFrameUpdateUser() {
02	initComponents();
03	initUserType();
04	setUserInfo();
05	}

（4）编写 initUserType 方法的程序代码。

initUserType 方法的程序代码如表 8-68 所示，其主要功能是将用户类型添加到组合框中。

表 8-68　　　　JFrame 窗体 JFrameUpdateUser 中 initUserType 方法的程序代码

/*方法名称：initUserType　*/	
序号	程序代码
01	private void initUserType() {
02	ResultSet rs = null;
03	try {
04	rs = objOperation.getUserType();
05	while (rs.next()) {
06	jcboUserType.addItem(rs.getString(1).toString())；　　//将用户类型添加到组合框中
07	}
08	} catch (SQLException ex) {
09	ex.printStackTrace();
10	}
11	}

（5）编写 updateUser 方法的程序代码。

updateUser 方法的程序代码如表 8-69 所示，其主要功能是新增用户。

表 8-69　　　　JFrame 窗体 JFrameUpdateUser 中 updateUser 方法的程序代码

/*方法名称：updateUser　*/	
序号	程序代码
01	private void updateUser() {
02	String[] user = new String[5];
03	user[0] = jtfUserCode.getText().trim();
04	user[1] = jtfUserName.getText().trim();
05	user[2] = jtfPassword.getText().trim();
06	user[3] = jtfEmail.getText().trim();
07	user[4] = objOperation.getCodeByName(jcboUserType.getSelectedItem().toString());
08	objOperation.addUser(user);
09	}

（6）编写事件过程 jbtnAddMouseClicked 的程序代码。

事件过程 jbtnAddMouseClicked 的程序代码如下。

```
updateUser();
```

【运行结果】

JFrame 窗体 JFrameUpdateUser 的运行结果如图 8-22 所示，单击【新增】按钮，将弹出图 8-23 所示的提示"新增用户数据成功"的【消息】对话框。

【考核评价】

本单元的考核评价表如表 8-70 所示。

图 8-22　窗体 JFrameUpdateUser 中的运行结果　　图 8-23　提示"新增用户数据成功"

表 8-70　　　　　　　　　　　单元 8 的考核评价表

考核项目	任务描述	基本分
考核项目	（1）创建项目 StudentUnit8，在该项目中创建数据访问类 DataAccessClass 和业务逻辑类 OperationClass，添加窗体 Form8_1，在该窗体中添加必要的控件，编写程序在该窗体输出课程信息，并实现修改课程信息功能，对"课程信息"数据表的数据访问要求使用调用数据访问类的方法实现，数据处理要求使用调用业务逻辑类的方法实现	14
考核项目	（2）创建 ASP.NET 网站 WebSite8，在该网站中创建数据访问类 DataClass 和业务逻辑类 UserClass，添加 1 个 Web 窗体"Page8_2.aspx"，在该窗体中添加必要的控件，编写程序实现修改当前登录用户密码的功能，对"用户"数据表的数据访问要求使用调用数据访问类的方法实现，数据处理要求使用调用业务逻辑类的方法实现	10
评价方式	自我评价　　　　　　　　　　小组评价	教师评价
考核得分		

【知识疏理】

8.6　JDBC 的 CallableStatement 对象

CallableStatement 接口扩展了 PreparedStatement 接口，用于执行存储过程。

以下存储过程 updateCustomerInfo 用于修改"客户信息表"中指定编号的客户名称。

```
Create Procedure updateCustomerInfo
@customerCode char(6),
@customerName nvarchar(20),
As
Update 客户信息表 Set 客户名称=@customerName where 客户编号=@customerCode
```

CallableStatement 对象是使用 Connection 对象的 prepareCall()方法创建的，创建 PreparedStatement 对象的示例程序如下，其中包含对存储过程 updateCustomerInfo 的调用，该存储过程包含两个输入参数，但不包含输出参数。

```
boolean returnValue = false;
Connection conn = null;
CallableStatement cs = null;
```

```
conn = ……;    //这里省略了代码，具体代码请参见前面的单元
cs = conn.prepareCall("{ call updateCustomerInfo( ?,? ) }");
cs.setString(1, code);    //code 变量中存放客户编号值
cs.setString(2, name);    //name 变量中存放客户名称值
if (cs.execute()) {
   returnValue = true;
} else {
   returnValue = false;
}
```

创建 CallableStatement 对象的基本格式如下。

`Connection 对象名.prepareCall("{ call 存储过程名 }");`

调用存储过程有如下 4 种语法格式。

（1）调用无参数存储过程：{ call 存储过程名 }
（2）调用仅有输入参数的存储过程：{ call 存储过程名(?,?, …) }
（3）调用有一个输出参数的存储过程：{ ? = call 存储过程名 }
（4）调用既有输入参数又有输出参数的存储过程：{ ? = call 存储过程名(?,?, …) }

调用存储过程时，使用"?"作为输入参数的占位符，将输入参数的值传递给 CallableStatement 对象是通过 setXXX 方法完成的，该访法继承自 PreparedStatement 接口，所传入参数的类型决定了所用的 setXXX 方法类型。例如，如果参数是 Java 类型 String，则使用 setString 方法，即 cs.setString(1, code)，第一个参数表示要设置值的占位符的序列位置，第二个参数表示赋给该参数的值。

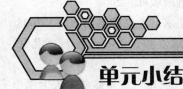

单元小结

本单元通过多个实例探讨数据访问类、数据实体类、业务逻辑类、Windows 窗体和 Web 页面的设计方法，使用调用数据访问类的方法实现数据库访问、使用数据实体类对数据库的数据进行封装、使用业务逻辑类实现业务功能和数据处理、使用 Windows 窗体或 Web 页面实现数据展示和交互等方面进行了具体分析。还介绍了 Java 平台中基于多层架构的数据库程序设计和 JDBC 的 CallableStatement 对象。

参考文献

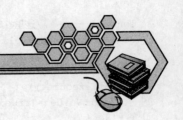

[1] 陈承欢. ADO.NET 数据库访问技术案例教程,北京:人民邮电出版社,2008
[2] 陈承欢. ASP.NET 网站开发实例教程,北京:高等教育出版社,2011
[3] 陈承欢. SQL Server 2008 数据库设计与管理,北京:高等教育出版社,2012
[4] 章立民. ADO.NET+VB.NET 数据库应用开发指南,北京:中国铁道出版社,2004
[5] 微软公司. 数据库访问技术——ADO.NET 程序设计. 北京:高等教育出版社,2004
[6] (美)斯科帕著,梁超,张莉译. ADO.NET 技术内幕,北京:清华大学出版社,2003
[7] 柴晟. ADO.NET 数据库访问技术案例式教程,北京:北京航空航天大学出版社,2006
[8] 明日科技. C#开发经验技巧宝典,北京:人民邮电出版社,2007
[9] 杨少敏,王红敏. Oracle 11g 数据库应用简明教程,北京:清华大学出版社,2011
[10] 侯利军. LINQ 数据库访问技术,北京:人民邮电出版社,2008
[11] 刘亮亮,潘中强. ASP.NET 2.0 数据绑定技术,北京:人民邮电出版社,2008
[12] 李晋,李妙妍,张悦. Java 程序设计——基于 JDK 6 和 NetBeans 实现,北京:清华大学出版社,2011
[13] 孙修东,王永红. Java 程序设计任务驱动式教程,北京:北京航空航天大学出版社,2010